DEUXIÈME ANNÉE D'HISTOIRE NATURELLE

GÉOLOGIE ET BOTANIQUE

par F. FAIDEAU et Aug. ROBIN

ENSEIGNEMENT SECONDAIRE DES JEUNES FILLES

LIBRAIRIE LAROUSSE, PARIS

ENSEIGNEMENT SECONDAIRE DES JEUNES FILLES

DEUXIÈME ANNÉE
D'HISTOIRE NATURELLE
NOTIONS DE GÉOLOGIE
CLASSIFICATION BOTANIQUE

AVEC 523 REPRODUCTIONS PHOTOGRAPHIQUES
OU DESSINS ET 7 PLANCHES EN COULEURS; PAR

F. FAIDEAU,	AUG. ROBIN,
PROFESSEUR DE SCIENCES NATURELLES A L'ÉCOLE JEAN-BAPTISTE SAY	CORRESPONDANT DU MUSÉUM NATIONAL D'HISTOIRE NATURELLE

DEUXIÈME ÉDITION

LIBRAIRIE LAROUSSE. — PARIS

13-17, RUE MONTPARNASSE. — SUCC^{LE}, 58, RUE DES ÉCOLES

ENSEIGNEMENT SECONDAIRE DES JEUNES FILLES
CONFORME AUX PROGRAMMES DU 27 JUILLET 1897

PREMIÈRE ANNÉE

ZOOLOGIE ÉLÉMENTAIRE
NOTIONS DE BOTANIQUE

DEUXIÈME ANNÉE

NOTIONS DE GÉOLOGIE
CLASSIFICATION BOTANIQUE

PRÉFACE

Ce volume continue l'étude des sciences les plus captivantes : celles qui constituent l'*Histoire naturelle;* il est divisé en deux parties distinctes avec paginations spéciales. La Première partie, consacrée à la *Géologie,* comprend d'abord l'étude sommaire des *Minéraux* et *roches* essentiels, avec l'indication des moyens très simples à l'aide desquels on peut les reconnaître. Nous passons ensuite aux *Phénomènes actuels;* c'est là un des chapitres les plus importants et qui éclaire d'une lumière très vive l'ensemble des *Phénomènes anciens*, par lesquels nous terminons. Ici, nous n'avons cité que les principales époques, avec les fossiles les plus caractéristiques, sans oublier cependant de montrer l'évolution grandiose qui n'a pas cessé de caractériser la vie organique depuis ses débuts.

La Seconde partie est une *Classification botanique,* dans laquelle sont étudiées toutes les familles de plantes à fleurs indiquées au programme, c'est-à-dire les Dicotylédones apétales et les Monocotylédones. Mais nous avons jugé indispensable de reprendre, au préalable, l'étude des Dialypétales et des Gamopétales, qui n'a été qu'ébauchée dans le cours de Première année. Cette classification forme donc un ensemble complet, comportant l'étude de vingt-trois familles de plantes à fleurs, choisies parmi les plus importantes, au double point de vue de la netteté de leurs caractères et du nombre et des applications des espèces qu'elles renferment. Une extension assez grande a été donnée à la *Botanique appliquée,* c'est-à-dire à la description des produits retirés du règne végétal, et à la *Géographie botanique,* science vivante et pittoresque qui montre les modifications des flores et la transformation du paysage végétal avec le climat et le milieu. Des conseils pour faire un *Herbier* et des tableaux permettant de reconnaître, par des caractères simples, les arbres de plusieurs groupes sont destinés à engager l'élève aux promenades botaniques et à l'observation directe, qui seule lui donnera l'exacte connaissance des plantes.

Les *résumés* nous ont paru indispensables pour mettre en évidence ce que le texte qui les précède comporte d'*essentiel*, et nous les avons multipliés en les plaçant à la fin de chaque paragraphe, c'est-à-dire dès que certains éléments pouvaient être utilement *condensés*. Ayant suivi le cours du professeur, il suffira donc à l'élève de *lire* et de bien *comprendre* le texte des paragraphes, puis de bien *retenir* le mot à mot des résumés.

Pour l'illustration et la construction générale du volume, nous avons fait de même qu'en Première année : les plus grands soins ont été apportés à la construction des *Tableaux-résumés*. Les *Index alphabétiques* placés à la fin de chacune des deux parties de cet ouvrage comportent plus de 2 000 renvois; nous y avons consigné toutes les étymologies utiles.

PROGRAMMES OFFICIELS DU 27 JUILLET 1897

GÉOLOGIE (1 HEURE PAR SEMAINE PENDANT UN SEMESTRE)

MATÉRIAUX QUI CONSTITUENT LE SOL.

Minéraux : Quartz (7); Mica (8); Feldspath (8'); Sel gemme (24); Gypse (9 et 24).
Roches essentielles : Roches feldspathiques : Granites (10 et 26); Porphyres (27); Laves (27).
    Roches siliceuses : Quartz, Silex (13); Meulière (22); Sable siliceux (21).
    Roches argileuses : Argiles (18); Schistes (20).
    Roches calcaires : Pierre à bâtir (14); Marbres (15); Craie (12).
    Roches marneuses (18).
    Roches combustibles : Houille, Lignite, Tourbe (23).

PHÉNOMÈNES ACTUELS.

Action du vent : Dunes (31).
    Pluies (33); Eaux de ruissellement (34); Torrents (35).
    Eaux d'infiltration (37); Sources (40); Puits artésiens (38).
    Action destructive de l'eau : Fleuves et rivières (48 à 52); Lacs, Mers (53 à 58); Ravinement (49); Creusement des vallées (51); Falaises (55).
    Terrains formés par les eaux : Alluvions, Cailloux roulés (51, 52), Sables, Limons. — Deltas (52); Débris d'êtres vivants : Fossiles (78, 79).
    Glaciers : Formation et mouvement (41 à 47).
    Volcans : Éruptions (63); Sources thermales (71); Mouvements lents du sol (73 à 75); Mouvements brusques, Tremblements de terre (76).

PHÉNOMÈNES GÉOLOGIQUES ANCIENS.

Rapprochement des phénomènes actuels et des phénomènes anciens (77); Roches stratifiées (11) et non stratifiées (25); Notions très sommaires sur la stratification, âge relatif des formations (79); Utilité des fossiles pour caractériser les terrains (79); Idée sommaire des grandes périodes géologiques, avec l'indication des formes animales les plus importantes 81 à 117.

BOTANIQUE (1 HEURE PAR SEMAINE PENDANT LE SECOND SEMESTRE)

Continuation de l'étude des principaux groupes de végétaux. (*On a repris, au préalable, l'étude des Dicotylédones dialypétales et gamopétales* (Paragraphes 1 à 62).)
    Arbres fruitiers (29 à 34).
    Dicotylédones apétales. Quelques exemples choisis parmi les arbres forestiers : Cupulifères (68 à 70); Bétulinées 71; Salicinées (73); Polygonées (67); Chénopodées (67).
    Monocotylédones 74. Étude de quelques types : Liliacées (75 à 78); Iridées (80); Orchidées (82 à 84); Graminées (88 à 92); Palmiers 85 à 87.
    Gymnospermes : Conifères (93 à 98).
    CRYPTOGAMES. *Cryptogames à racines* (99, 105); Fougères (100 à 102); Prêles 103; Lycopodiacées (104).
    Cryptogames sans racines : Mousses (106 à 109); Thallophytes 110 : Algues 111 à 118; Champignons 119 à 125; Lichens (126 à 128).
    Idée sommaire de la distribution des végétaux à la surface du globe (129 à 138).
    Principales régions de cultures en France 140, 141.

Phot. Tairraz.

Le point *culminant* de la France : le Mont-Blanc (4 810 mètres).

LE SOL ET SA PARURE

La surface de la Terre est infiniment variée dans ses aspects. Sur les continents, qui offrent toutes les formes de relief, la Nature a répandu ses beautés à profusion ; et l'eau des océans, en perpétuel mouvement, sculpte et modifie sans cesse les rivages qui l'enserrent.

Notre pays, à lui seul, est extrêmement riche à cet égard, et l'on s'en rendra compte au cours de ce volume. Il suffit de faire le tour de la France pour observer de nombreux aspects différant les uns des autres, car presque partout ses limites sont naturelles et pittoresques. La Manche et l'Océan Atlantique en bornent toute la partie occidentale sur une étendue de plus de 2 000 kilomètres.

Plages, dunes et falaises se succèdent jusqu'au Cotentin, où commencent de nouveaux aspects qui se précisent en Bretagne. Les contours de ce dernier pays sont particulièrement déchiquetés ; la mer s'est livrée dans cette région à un extraordinaire travail de sculpture jusqu'à l'embouchure de la Loire. Au sud, s'enfle majestueusement l'admirable chaîne des Pyrénées, poussant jusqu'à 3 404 mètres, dans le ciel espagnol, la masse noire des Monts-Maudits.

Jusqu'à l'embouchure du Rhône, les côtes de la mer Méditerranée sont basses et semées de lagunes. Après le Rhône, le rivage est rocheux, souvent élevé. Au sud et en mer, s'étend la Corse, verte et montagneuse.

La frontière de France adopte ensuite la ligne de crête des Alpes, suivant dans tous leurs caprices les sommets les plus vertigineux ; elle s'élance à 4 810 mètres au faîte du

Mont-Blanc (Voir Frontispice). C'est ensuite que se présentent les montagnes calcaires du Jura, le massif cristallin des Vosges et le relief disloqué des Ardennes.

L'intérieur de la France n'est pas moins varié. C'est ainsi que la région méridionale offre une énorme masse de granite servant de piédestal à de très nombreux volcans qui n'étaient pas encore éteints lorsque l'homme apparut sur la Terre. A l'est, et en se rapprochant de la frontière alpine, surgissent les belles montagnes de la Maurienne (3 860 m.), du Pelvoux (4 100 m.), etc.

On le voit, les roches qui composent la croûte terrestre sont, par leur diversité, l'un des éléments du paysage. Les plantes, qui les recouvrent d'une si riche parure, en sont un autre élément, d'une importance au moins égale. Tous les lieux où elles ne peuvent vivre, déserts, régions polaires, sommets glacés, sont l'image même de la mort et de la désolation.

Grâce à elles, les spectacles de la nature sont infiniment variés : forêts équatoriales avec leur inextricable fouillis de branches et de lianes, majestueuses forêts de chênes ou de hêtres centenaires, ou même le moindre talus du bord de nos routes avec son tapis de mousse et de pâquerettes ouvertes au soleil.

A chaque saison naissent de nouvelles fêtes pour la vue : c'est la clairière garnie de narcisses jaunes, de muguets ou de bruyères, ce sont les haies de prunelliers ou d'aubépines couvertes de la neige odorante des fleurs, la mer ondoyante des blés avec sa parure charmante de bluets et de coquelicots, les prés ornés du tapis violet des colchiques.

Dans la nature, les plantes ont un rôle primordial. Elles rendent peu à peu à l'air, sous forme de vapeur, l'eau infiltrée : la forêt conserve la montagne, entretient les sources, maintient l'égalité du climat.

Sans la plante l'animal ne peut vivre ; c'est à elle qu'il emprunte sa nourriture, directement, s'il est herbivore ; indirectement, s'il est carnivore. La plante dépend de la terre et du soleil ; l'animal dépend de la plante.

La Botanique étudie les végétaux à tous ces points de vue ; elle s'occupe aussi des utilisations qu'en fait l'homme. Celui-ci s'empare pour sa nourriture des matières mises en réserve dans les tubercules, les graines et les fruits ; il en nourrit le bétail, il en obtient ses boissons habituelles, il en retire le sucre, l'huile, l'amidon, l'alcool que la chimie transforme ensuite en une foule d'autres produits. De la plante l'homme tire des remèdes pour guérir ses maladies ; elle lui fournit son linge, une partie de ses vêtements et les matières pour les teindre. Elle lui donne une substance précieuse entre toutes, le bois, avec lequel il édifie une partie de sa maison, la meuble et la chauffe, avec lequel il construit des navires, façonne des outils, fabrique le papier.

Quittant l'utile pour l'agréable, on voit que des plantes l'homme tire les parfums les plus suaves. Avec les arbres il pare et assainit les rues ; il rassemble dans les jardins les espèces les plus belles et les plus curieuses ; il égaye de fleurs l'appartement.

Enfin, l'artiste, le décorateur, s'inspirent des formes gracieuses des corolles, des fruits, des feuillages, les sculptent sur les monuments, en ornent nos demeures et les mille objets qui les garnissent.

Fig. 1. — Altération progressive du *sous-sol*, visible dans un chemin creux.

GÉOLOGIE

I. ROCHES ET MINÉRAUX

1. Définition de la Géologie. — La Géologie est la science de la *structure* et de l'*histoire* de la Terre; elle explique notamment les causes qui ont déterminé les reliefs de la surface du globe. En effet, tout ce que la nature a produit sous le ciel : gorges et vallées, circulation souterraine des eaux, marche des glaciers, dessin des côtes, éruptions volcaniques, chaînes de montagnes, est décrit par la Géographie physique; mais c'est la Géologie qui éclaire ces phénomènes de ses lumières et en retrouve les origines. La *Géographie physique* s'occupe des formes *externes* du globe ; la *Géologie* en étudie l'anatomie *interne* et la *physiologie*. L'architecture de l'écorce terrestre et les causes qui modifient constamment cette architecture sont de son domaine. Elle nous apprend à reconnaître d'une part tout ce qui a une cause extérieure ; de l'autre, tout ce qui a une origine interne ; elle nous instruit aussi sur la merveilleuse collaboration de l'atmosphère et du feu central dans la construction de la partie solide de notre planète. C'est ce dont nous pourrons nous convaincre en étudiant les différents chapitres qui vont suivre.

La Géologie est la science de la structure et de l'histoire de la Terre; elle en étudie l'architecture et la physiologie; elle s'ajoute à la Géographie physique et en éclaire l'étude.

2. Structure du sol. — Lorsqu'on examine la surface du sol dans les régions cultivées, on se trouve en présence de la *terre végétale*, dans laquelle s'enfoncent les racines des plantes; dans les lieux incultes, ce sont des pierrailles de différentes grosseurs avec des matériaux poudreux et desséchés; tout cela constitue le *sol*. Ces différents états ne donnent donc aucune idée de la structure du *sous-sol*, car ils ne caractérisent qu'une épaisseur très faible. C'est ce que l'on peut facilement constater dans les chemins creux ou dans les tranchées de chemin de fer; il est alors aisé de voir que sous la terre végétale apparaissent des pierrailles de faible volume, puis beaucoup plus grosses, et que plus bas encore elles font place à de grandes masses plus ou moins dures, plus ou moins étendues, et quelquefois superposées en *couches;* ces couches sont toutes formées de *pierre*, et les différentes sortes de pierre ainsi disposées en grandes masses sont nommées *roches* (*fig.* 4). Or, toute l'écorce terrestre est constituée par des roches. C'est au flanc des falaises qui bordent la mer et dans les parties abruptes des montagnes que l'on peut comprendre leur importance en épaisseur et leur étendue.

❋ *Les matériaux meubles de la surface du sol sont très différents de ceux du sous-sol; ce dernier se présente en couches formées de pierre, auxquelles on donne le nom de roches. L'écorce terrestre est formée de roches.*

3. **Terre végétale.** — La terre végétale résulte de la démolition lente de la roche qui constitue le sous-sol. Cette démolition se produit sous l'action de l'humidité, des écarts de

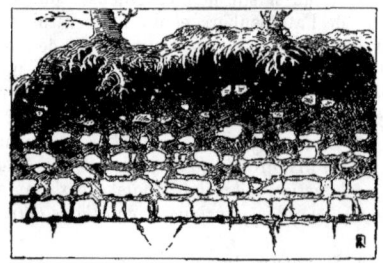

Fig. 2. — Formation de la *terre végétale* aux dépens du terrain qu'elle recouvre.

température et des plantes elles-mêmes. La terre végétale se compose des débris de cette roche, puis d'*humus*, ou produit de décomposition des plantes mortes, enfin d'une certaine quantité de poussières très variées apportées par le vent. Les tranchées dont nous venons de parler montrent bien de quelle manière la roche se transforme (*fig.* 1); on le comprendra aisément en observant le terrain de *bas en haut*. On remarque alors au-dessus de la roche intacte des couches dans lesquelles apparaissent des fissures. Au-dessus, la pierre se montre en éléments séparés, puis en pierrailles disséminées dans des matériaux de plus en plus terreux. Ces pierrailles disparaissent enfin dans la partie superficielle qui supporte les végétaux (*fig.* 2). Les racines des arbres ont une action très notable dans la démolition du sous-sol, car elles remplissent le rôle de coins dans les fissures.

❋ *La terre végétale résulte : 1° de l'altération progressive de la roche qui constitue le sous-sol, et 2° de la décomposition des plantes. L'altération de la roche a pour causes : l'humidité, les écarts de température et les racines des végétaux.*

4. **Écorce terrestre.** — Parlant plus loin des agents qui contribuent à la démolition superficielle du sol, nous allons étudier ici les roches les plus répandues, ainsi que les minéraux essentiels qui les composent. Auparavant, il est important de dire que la Terre est formée d'une partie centrale, dont la température est très élevée et que l'on croyait entièrement constituée par des matériaux en fusion : c'est ce que l'on appelle le *feu central;* mais cette question n'est pas encore résolue. Nous verrons plus loin que l'étendue de cette masse ignée doit être considérée comme beaucoup plus limitée qu'on ne le croyait autrefois. Les parties en fusion peuvent occuper une zone concentrique, ou bien être distribuées en plusieurs points. Quoi qu'il en soit, c'est sur cette substance que l'écorce terrestre s'est d'abord formée par le refroidissement et le durcissement des matières minérales liquides qui composaient dans le principe la totalité de notre globe. Ce re-

froidissement a donné naissance à des *roches cristallines* qui sont allées en s'épaississant vers la profondeur. De nombreuses injections *éruptives* ont ensuite traversé cette première écorce en tous sens, produisant un grand nombre de roches souvent fort belles. Enfin, des dépôts très étendus et très épais se sont plus tard formés au fond des mers et ont donné lieu à de nouvelles roches appelées roches *sédimentaires*.

❧ *Le centre de la Terre est occupé par des substances minérales en fusion, appelées feu central. L'écorce terrestre, qui est due au refroidissement partiel de ce milieu en fusion, est traversée par des injections éruptives et recouverte de dépôts sédimentaires.*

Phot. de M. Aug. Robin.

Fig. 4. — Escarpement montrant la *roche* disposée en couches.

MINÉRAUX

5. Roches et minéraux. — Toutes les grandes masses de pierre qui composent l'écorce terrestre sont donc des *roches*, les roches sont composées de *minéraux* qui s'en différencient très nettement. Les roches, en effet, sont généralement composées de plusieurs éléments groupés, enchevêtrés entre eux, et dont on peut obtenir le triage, la séparation, par des moyens divers. Ensuite elles ne peuvent pas être divisées en espèces, car elles comprennent un nombre prodigieux de variétés qui passent insensiblement de l'une à l'autre, ce qui en rend la classification très difficile. Enfin, la grande étendue occupée par la plupart d'entre elles doit être rappelée ici. Les *minéraux*, au contraire, représentent des *combinaisons chimiques* dans lesquelles les différents corps simples qui entrent dans leur composition sont absolument indiscernables, même à l'aide du microscope; l'analyse chimique seule révèle l'existence de ces corps simples. Les minéraux sont généralement peu volumineux et presque jamais en grandes masses; ils présentent le plus souvent une forme cristalline qui leur est propre et se classent en familles, genres et espèces, comme les animaux et les plantes.

❧ *Les roches sont formées d'un ou de plusieurs minéraux séparables; leurs variétés passent de l'une à l'autre. Les minéraux sont des combinaisons chimiques de corps simples; ils sont souvent cristallisés et classables en familles, genres et espèces.*

6. Caractères des minéraux. — Les minéraux entrent d'abord dans la composition de toutes les roches cristallines; ils se présentent encore dans le sol de différentes manières. On

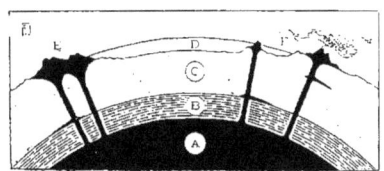

Fig. 3. — Schéma de l'Écorce terrestre.
A. Milieu en fusion ou feu central; B, Zone de première consolidation; C, Terrain sédimentaire; D, Océan. E, F, Injections éruptives anciennes et modernes.

Fig. 5.
Intérieur d'une *géode*.

les rencontre souvent à l'intérieur de géodes, c'est-à-dire de pierres creuses ou de cavités tapissées de cristaux (*fig.* 5). On les trouve aussi disséminés en grand nombre dans les roches *métamorphiques*, c'est-à-dire qui ont subi l'action mécanique des mouvements de l'écorce terrestre, ou bien dans celles qui ont éprouvé l'influence chimique des éruptions volcaniques. Les minéraux existent en masses plus considérables dans les filons, lesquels résultent du remplissage des fractures du sous-sol. Les minéraux sont formés d'un corps simple, ou d'une combinaison de plusieurs corps simples; ceux qui contiennent de l'eau à l'état de combinaison sont dits *hydratés*. Chaque espèce minérale est caractérisée par sa composition, sa dureté, son poids spécifique; on trouvera ces caractères indiqués dans les *Tableaux-résumés* des Minéraux et des Roches. La dureté se calcule de 1 à 10, le chiffre 1 représentant les minéraux les plus tendres (kaolin) et le chiffre 10 désignant le plus dur (diamant). Le poids spécifique est le poids de 1 centimètre cube de minéral considéré. En parlant, par exemple, du kaolin ou terre à porcelaine, qui représente une combinaison de silice, d'alumine et d'eau, nous dirons : kaolin, silicate hydraté d'alumine; dureté, 1; poids spécifique, 2,2. Ce dernier chiffre indique que le centimètre cube de kaolin pèse 2 gr. 2.

❧ *Les minéraux sont formés d'un ou de plusieurs corps simples combinés. Chaque espèce minérale est caractérisée par sa composition, sa dureté, son poids spécifique. Le poids spécifique est le poids de 1 centimètre cube du minéral considéré.*

7. Silice. — Nous commencerons par une espèce minérale très répandue, le *Quartz* ou Cristal de roche, formé de silice ou composé oxygéné de silicium. On le rencontre dans la nature à l'état incolore et transparent, souvent cristallisé, ou *quartz hyalin* (*fig.* 6 et 7); en masses blanc de lait, ou *quartz de filon*; en poudre, ou *sable siliceux*; etc. Les cristaux groupés sont formés de prismes à six pans, terminés par une pyramide à six faces; les cristaux isolés portent une pyramide à chacune de leurs extrémités. Exceptionnellement le quartz cristallisé se trouve avec une couleur de fumée (quartz enfumé), ou violet (Améthyste), ou bien impur et brun ou noir (Silex ou pierre à fusil, 13).

Également formée de silice, la *Calcédoine* comprend un certain nombre de variétés amorphes, c'est-à-dire non cristallisées, mais

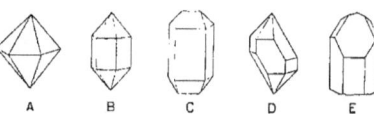

Fig. 6. — Différentes formes cristallines du *Quartz*.

Fig. 7.
Quartz hyalin en bouquet.

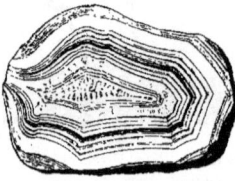

Fig. 8. — *Agate* très zonée.

remarquables par la beauté de leur coloration; on la rencontre rouge (Cornaline), verte avec petites taches rouges (Jaspe sanguin), curieusement rubanée (Agate, *fig.* 8). Cette dernière pierre offre un très grand nombre de variétés fort belles que l'industrie polit et transforme en camées ou autres objets d'art. Le *bois silicifié* doit être rapproché des agates. Le quartz, dont la dureté est grande, fait feu au briquet; il raye le verre et presque tous les minéraux; le quartz hyalin se taille, notamment pour l'optique.

✿ *Le* Quartz *ou* Cristal de roche *est formé de silice pure; sa cristallisation est un prisme à six pans avec pyramide à six faces. Il est souvent coloré par des matières étrangères; tels sont :* l'Améthyste, *qui est violette;* l'Agate, *qui est rubanée; et le* Silex, *plus ou moins impur.*

8. Silicates. — Les silicates sont des sels de silice; les plus répandus sont : Mica, Feldspath, Amphibole, Pyroxène et Péridot. Le *Mica* se présente en lamelles minces et brillantes, blanches ou noires. On le remarque en fines paillettes dans la composition des roches granitiques (*fig.* 13), ou bien en grandes lames empilées (*fig.* 9). C'est avec le mica blanc que l'on assure la fermeture transparente et incombustible de certains poêles ou cheminées mobiles. Le *Feldspath,* de teinte souvent blanche ou rose, entre dans la composition de presque toutes les roches éruptives; on peut signaler ici le *Kaolin* ou terre à porcelaine, qui résulte de la décomposition naturelle du feldspath et représente une argile très pure. Ces différents minéraux sont des silicates d'alumine.

L'amphibole et le pyroxène sont des silicates de chaux magnésiens. L'*Amphibole* figure à l'état d'éléments vert foncé dans certaines roches; son altération naturelle peut donner naissance à l'*amiante*, fibreuse et incombustible. Le *Pyroxène* est particulier aux roches volcaniques dans la pâte desquelles il apparaît en cristaux d'un noir brillant; il est ainsi très commun dans certaines laves de l'Auvergne. Le *Péridot*, qui est un silicate de magnésie, se trouve dans les mêmes roches; sa teinte est vert olive, ses cristaux translucides (voir *fig.* 10, A, B, C, D).

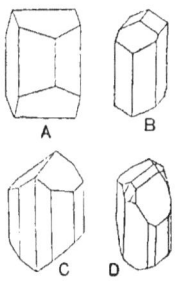

Fig. 10. — *Silicates :* A, Feldspath ; B, Amphibole; C, Pyroxène; D, Péridot.

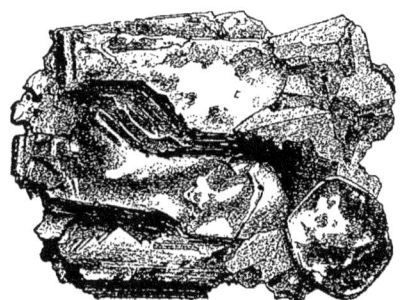

Fig. 9. — *Mica en grandes lames empilées.*

Les silicates sont extrêmement répandus dans la nature et comprennent un très grand nombre d'espèces et de variétés.

✿ *Les silicates sont des sels de silice. Le* Mica *se présente en paillettes brillantes, blanches ou noires. Le* Feldspath *est blanc ou rose; sa décomposition donne le kaolin ou terre à porcelaine.* L'Amphibole *est vert foncé; son altération produit l'amiante. Le* Pyroxène *et le* Péridot *appartiennent aux roches volcaniques.*

9. Calcite, Gypse, Diamant. — Si les minéraux feldspathiques sont les plus abondants dans les roches éruptives, ce sont les calcaires qui dominent dans la composition des roches sédimentaires. On reconnaît les calcaires à l'effervescence qu'ils produisent au contact des acides (12). L'espèce minérale calcaire est la *Calcite* ou carbonate de chaux. La calcite n'est absolument pure que dans la variété dite *Spath d'Islande*, qui cristallise en beaux rhomboèdres et permet, grâce à sa transparence

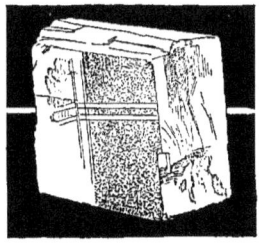

Fig. 11. — *Spath d'Islande* montrant la double réfraction.

NOTIONS DE GÉOLOGIE

parfaite, de constater un phénomène de double réfraction; il suffit pour s'en assurer de tracer une ligne noire sur une feuille de papier; cette ligne vue à travers un cristal de calcite apparaîtra double (*fig.* 11). Les veines blanches des marbres et les stalactites des grottes sont formées de calcite. Le *Gypse* ou sulfate hydraté de chaux, que nous étudierons plus loin comme roche (24), figure parmi les minéraux en grands cristaux lenticulaires, souvent jaunâtres; c'est la section du groupement de deux cristaux lenticulaires qui produit le *fer de lance* (*fig.* 12).

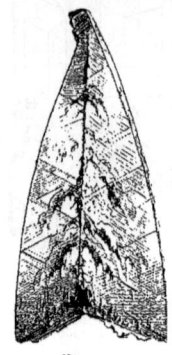

Fig. 12.
Gypse *fer de lance*.

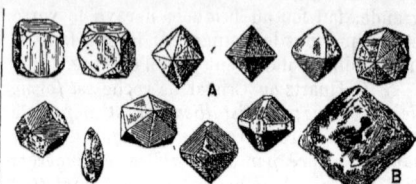

Fig. 13. — *Diamant* :
A, Formes cristallines; B, Cristal sortant de la gangue.

Certains minéraux sont combustibles; ils sont formés de carbone. Le carbone pur cristallisé est le *Diamant* (*fig.* 13), qui est le plus dur des corps connus; il coupe le verre et ne peut être taillé que par un autre diamant; mais alors que les autres charbons naturels brûlent et se consument dans l'air atmosphérique, le diamant ne brûle que dans le gaz oxygène pur. Le prix de ce minéral est très élevé; on l'exploite activement dans l'Afrique australe.

❀ *On reconnaît les* calcaires *à l'effervescence qu'ils produisent au contact des acides. La* Calcite *dite* Spath d'Islande *est un calcaire très pur. Le* Gypse *ou sulfate hydraté de chaux cristallise souvent en groupements de grosses lentilles. Le* Diamant *est formé de carbone pur; c'est le plus dur des corps connus.*

I. — TABLEAU-RÉSUMÉ DES MINÉRAUX.

ESPÈCES.	COMPOSITION.	COULEUR.	DURETÉ.	POIDS SPÉCIFIQUE MOYEN.	CARACTÈRES PRINCIPAUX.
QUARTZ	Silice	Blanc ou incolore	7	2.7	Opaque ou transparent.
AMÉTHYSTE	Silice	Violet	7	2.6	Généralem' transparente.
SILEX	Silice	Blond ou noir	7	2.6	Opaque.
AGATE	Silice	Variable	7	2.6	Translucide.
MICAS { blanc / noir }	Silicate hydraté d'alumine et potasse / Silicate hydraté d'alumine et magnésie	Blanc ou noir	2.7 à 3,2	2,9	Paillettes à éclat métallique.
FELDSPATH	Silicate d'alumine et d'une base	Blanc ou rose	6	2.56	
KAOLIN	Silicate hydraté d'alumine	Blanc	1	2.2	Se pétrit avec l'eau.
AMPHIBOLE	Silicate de chaux magnésien	Vert très foncé	5,5	3.2	
AMIANTE	Silicate hydraté de chaux et de magnésie	Blanc	5,5		Fibreuse, incombustible.
PYROXÈNE	Silicate de chaux magnésien	Noir	6	3,4	
PÉRIDOT	Silicate de magnésie	Vert olive	6.5 à 7	3.3	
CALCITE	Carbonate de chaux	Incolore ou variable	3	2,72	Opaque ou transparente.
GYPSE	Sulfate hydraté de chaux	Jaunâtre ou incolore	1.5 à 2	2.32	Translucide ou transparent.
DIAMANT	Carbone pur	Incolore	10	3.5	Transparent.

Fig. 14. — Aspect des différentes *couches* ou *strates* dans une *carrière* en exploitation.

10. Roches simples ou composées. — Les roches peuvent être formées d'une seule espèce minérale : ce sont, dans ce cas, des roches *simples;* mais elles sont ordinairement constituées par plusieurs minéraux et sont alors des roches *composées*. C'est ainsi que le Grès siliceux, dans lequel on taille les pavés, n'est composé que d'une seule espèce minérale, qui est la silice ou quartz : c'est une roche simple. D'autre part, le Granite, employé pour faire les bordures de trottoirs, est constitué par trois minéraux, qui sont la *silice* ou quartz, le *mica* et le *feldspath* : c'est une roche composée. Examinons un morceau de *Granite* fraîchement brisé (*fig.* 15) ; ce qui paraît dominer dans sa structure est un minéral sans éclat, blanc chez certaines variétés et rose chez d'autres, c'est le *feldspath*. En outre, l'œil est attiré par des lamelles noires très brillantes, c'est le *mica*. Enfin, çà et là, nous remarquons des petites masses vitreuses, incolores, presque transparentes, c'est le *quartz*. Ces trois espèces minérales sont cristallines et intimement serrées les unes contre les autres, et si serrées, que le polissage du granite donne une

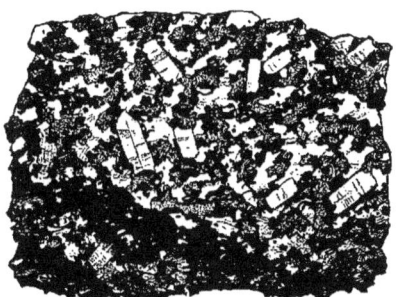

Fig. 15. — Fragment de *Granite*.

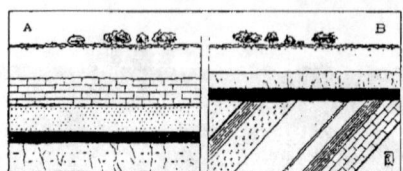

Fig. 16. — Disposition des roches *stratifiées* :
A. Stratification concordante ; B. Stratification discordante.

surface absolument compacte. Après cet exemple, nous allons étudier les principales roches *sédimentaires* et *éruptives*, ainsi qu'un troisième type, à la fois cristallisé et feuilleté, dont l'origine n'est pas encore certaine et qui est représenté par les roches dites *cristallophylliennes*.

✱ *Les roches* simples *sont formées d'une seule espèce minérale, comme le* Grès siliceux ; *les roches* composées *sont formées de plusieurs minéraux, comme le* Granite, *qui comprend des éléments de quartz, de mica et de feldspath serrés entre eux.*

ROCHES SÉDIMENTAIRES

11. Allure, divisions. — Les roches sédimentaires sont étagées les unes sur les autres en couches ou *strates* ; aussi les appelle-t-on souvent roches *stratifiées* (*fig.* 16). C'est une disposition qu'il est intéressant d'observer dans les *carrières*, excavations plus ou moins vastes d'où on extrait la pierre (*fig.* 14). On y remarque souvent que les couches y ont des qualités différentes, et que pour cette raison elles ne sont pas employées aux mêmes usages. C'est parce qu'elles résultent de dépôts formés par la mer à des époques généralement éloignées les unes des autres.

Toutes les roches sédimentaires se différencient par leur composition minérale, leur dureté, leur structure ; il existe des roches qui se décomposent par la chaleur, ou bien qui font effervescence au contact des acides. Tous ces caractères variés permettent de reconnaître très facilement un certain nombre de types et vont nous servir bientôt.

Nous grouperons les roches sédimentaires en roches *calcaires* : craie, calcaires grossiers, marbres, calcaire lithographique ; en roches *argileuses* : argile, marne, schiste ; en roches *siliceuses* : sable, grès, meulière ; en roches *combustibles* : houille, tourbe ; et en roches différentes des précédentes telles que gypse, sel gemme.

✱ *Les roches* sédimentaires *ont été déposées au fond de la mer et sont* stratifiées ; *elles se différencient par leur composition, leur dureté, leur structure. On les divise en roches* calcaires, argileuses, siliceuses, combustibles.

12. Examen de la Craie. — Avant d'étudier les principales roches dans l'ordre que nous venons d'indiquer, il est bon d'examiner deux corps minéraux très *différents* : leurs caractères opposés nous feront mieux comprendre la manière dont on doit s'y prendre pour chercher à déterminer les pierres. Si nous visitons une carrière en Champagne, ou si nous faisons une excursion au pied des belles falaises qui constituent les rivages du département de la Seine-Inférieure (*fig.* 60), nous avons toutes chances de trouver une roche parfaitement blanche se présentant sur une grande épaisseur et sur une très grande étendue. A nos pieds nous en trouvons des morceaux *fig.* 17 : au premier coup d'œil nous constatons que la cassure de cette roche est mate et irrégulière, que le grain en est extrêmement fin, que nous pouvons la rayer avec l'ongle et qu'elle blanchit les doigts ; si nous avions un tableau noir à la portée de notre main, nous pourrions y tracer en blanc des lignes, des chiffres ou des lettres, car c'est dans cette roche que l'on taille les petits bâtons blancs qui servent à écrire au tableau. En poursuivant notre étude, nous remarquons que notre échantillon se brise facilement, et si nous y versons quelques gouttes de vinaigre ou d'acide acétique, et mieux encore d'acide chlorhydrique, il se produira immédiatement un bouillonnement que l'on appelle *effervescence*. L'effervescence caractérise les calcaires en général, et les différents caractères que nous venons d'énumérer sont ceux de la craie : notre roche blanche est donc de la *Craie*.

Ajoutons ici que la craie, comme les autres calcaires, comme la calcite étudiée plus haut (**9**), est formée de carbonate de chaux ou combinaison d'acide carbonique et de chaux ; le bouillonnement ou effervescence représente le départ du gaz acide carbonique chassé par l'acide liquide dont on s'est servi. La craie est composée des débris d'organismes microscopiques appelés « foraminifères » et qui vivaient dans la mer. Après l'avoir écrasée sous des meules on en fabrique le blanc d'Espagne.

❋ *Les caractères de la* Craie *sont : cassure mate et irrégulière, grain très fin, rayable à l'ongle, blanchit les doigts, traçante au tableau noir, effervescente au contact des acides. La craie, comme tous les calcaires, est formée de carbonate de chaux.*

13. Examen du Silex. — Cherchons encore à nos pieds, dans la même carrière : voici une pierre dure en forme de rognon irrégulier ; sa surface est blanche parce qu'elle sort de la craie (*fig.* 17). Brisons-la, soit avec un marteau, soit avec un autre rognon semblable, nous produirons une cassure noire qu'il est important d'examiner. Cette cassure est luisante, la substance est tout à fait compacte et l'ongle n'y produit aucune rayure. La pointe de notre couteau de poche ne peut pas non plus l'entamer, cependant elle laisse une trace brillante ; or, si nous mouillons cette trace, elle sera rouge de rouille en moins de 24 heures, car c'est l'acier de notre couteau qui est resté sur la pierre, plus dure que lui. En outre cette pierre raye facilement le verre.

Brisons-la vigoureusement à plusieurs reprises, nous remarquerons sur les cassures un caractère particulier : c'est une petite bosse sur l'une des faces, correspondant à un creux sur l'autre ; l'une est d'ailleurs l'exacte contre-partie de l'autre ; c'est ce qu'on appelle la cassure *conchoïdale* ou en forme de *coquille*. Maintenant fermons notre couteau et frappons une des arêtes de notre pierre avec le dos de la lame, il se produira des étincelles ; ces étincelles sont formées par des petites parcelles d'acier arrachées à notre couteau par l'arête de la pierre et que la violence du choc a échauffées jusqu'à l'incandescence. Les briquets avec lesquels les fumeurs allument leur pipe en plein vent se composent d'une lame d'acier, d'un fragment de pierre semblable à celui que nous étudions, et d'un morceau d'amadou que la première étincelle allume immédiatement. Ajoutons que les acides ne produisent ici aucune effervescence. Tous ces caractères réunis sont ceux des pierres formées de silice, et notamment du silex ; notre pierre noire est un *Silex*. On l'emploie généralement à l'empierrement des routes.

❋ *Les caractères du* Silex *sont : cassure luisante, conchoïdale et compacte, non rayable au canif, fait feu au briquet, non effervescent. Le* Silex *est de la silice impure.*

14. Calcaires grossiers. — Après ces deux exemples, nous allons dire quelques mots des autres roches calcaires ; nous avons vu la craie, examinons une autre pierre. Celle-ci est constamment employée comme pierre de construction, notamment à Paris. Sa couleur est d'un blanc jaunâtre, sa cassure très irrégulière, son grain très grossier. Sa substance représente l'agglomération de fragments d'organismes brisés, de sorte qu'elle n'est pas toujours parfaitement compacte. Cette roche est en outre plus dure que la craie, car l'ongle ne peut l'entamer ; pour la même raison elle ne pour-

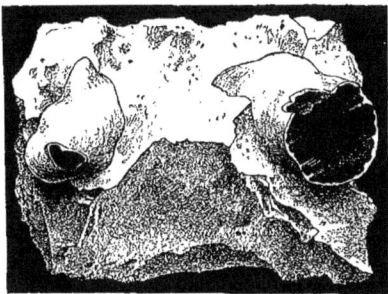

Fig. 17. — Fragment de *craie blanche* contenant des rognons de *silex*.

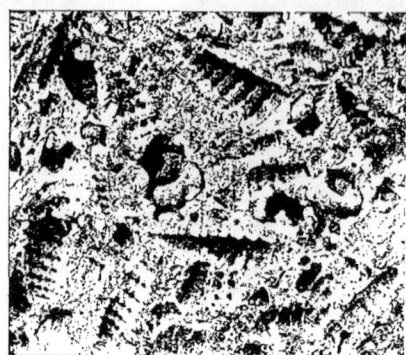

Fig. 18. — *Calcaire grossier*, avec nombreuses empreintes de coquilles *fossiles*.

rait rien tracer au tableau noir; mais elle se laisse rayer par un couteau. Elle fait effervescence aux acides comme tous les calcaires. Cette pierre est souvent criblée de trous dont la forme correspond à celle de différents coquillages (*fig.* 18), et ce sont en effet des empreintes de mollusques fossiles, qui indiquent bien qu'elle a été formée au fond des eaux, et plus exactement au fond de la mer; notre échantillon est du *Calcaire grossier*.

Le calcaire grossier est exploité comme pierre de construction aux environs de Paris dans une foule de carrières. Cette grande ville est sortie d'abord du sous-sol qui la porte; puis elle n'a pas cessé de s'agrandir avec les pierres extraites en Seine, Seine-et-Oise et Oise. Les *Catacombes* de Paris représentent d'anciennes carrières souterraines.

❋ *Les caractères du* Calcaire grossier *sont : cassure irrégulière, grain très grossier, non rayable à l'ongle, rayable au canif, effervescent, souvent criblé d'empreintes de coquilles fossiles.*

15. Marbres. — La couleur des *Marbres* est extrêmement variée : nous ne pouvons donc pas en tirer un caractère ; mais la structure est toujours cristalline, de sorte que si l'on brise un morceau de marbre blanc, la cassure ressemble beaucoup à celle du sucre : on dit alors que la cassure est *saccharoïde*. La compacité est parfaite et permet d'obtenir les plus beaux polis ; la dureté est faible et le moindre canif peut rayer le marbre profondément. L'effervescence au contact de l'acide est très vive. Les marbres unis sont peu recherchés, mais les variétés veinées (*fig.* 19) sont très exploitées lorsque leur teinte est belle. Les marbres sont des roches calcaires qui ont généralement été brisées, concassées, dans le sous-sol par les mouvements lents de l'écorce terrestre; la calcite est alors venue remplir les cassures en s'y cristallisant, c'est pourquoi les veines du marbre sont ordinairement blanches. Certaines variétés ont des petites taches blanches, rondes ou ovales, ce sont des coquilles fossiles également transformées en calcite. Les plus beaux types sont le marbre blanc de Carrare (Italie), recherché par les statuaires, le *griotte* et le *campan* des Pyrénées exploités pour la décoration.

❋ *Les caractères du* Marbre *sont : structure saccharoïde et compacte, polissable, rayable au canif, effervescent. Les marbres sont généralement veinés, et de teintes variées.*

16. Calcaire lithographique. — Voici une roche fort intéressante sur laquelle est basée la gravure sur pierre. Elle se reconnaît immédiatement à l'extrême finesse de son grain, à sa compacité parfaite, à sa teinte jaunâtre : sa cassure est conchoïdale, mais avec un

Fig. 19. — *Marbre noir veiné.*

dessin parfois assez compliqué ; sa dureté est supérieure à celle du marbre, mais elle

Fig. 20. — Pierre *lithographique* prête à être mordue par l'acide.

se raye au canif comme tous les calcaires.

L'emploi du *Calcaire lithographique* en gravure s'explique par la propriété qu'ont les calcaires de se décomposer au contact des acides. Sur une surface parfaitement plane, l'artiste dessine à l'aide d'un crayon gras (*fig.* 20) : lorsque le dessin est terminé, on attaque la pierre avec un acide; il se produit alors une effervescence indiquant la dissolution ou *morsure* du calcaire partout où le crayon ne le recouvre pas. Dès que l'opération est terminée, on constate en effet que toutes les parties qui ont été protégées par le crayon sont nettement en relief par rapport aux parties qui ont été attaquées. On se trouve alors en présence d'un véritable cliché qu'il suffit d'enduire d'encre pour tirer du dessin lithographique autant d'épreuves qu'on en désire.

Signalons ici les calcaires *Oolithique* et *Pisolithique*, formés chacun de petits grains sphériques agglutinés.

❀ *Les caractères du calcaire lithographique sont : cassure conchoïdale, grain très fin, compacité parfaite, rayable au canif, effervescent. Il est employé dans l'art de la gravure.*

17. Chaux, Mortier. — Pour obtenir la chaux, il suffit de décomposer une roche calcaire par la chaleur. Les calcaires convenant le mieux à cette opération sont dits *pierre à chaux*. La décomposition de la pierre se pratique dans des fours à chaux en maçonnerie (*fig.* 21) et revêtus intérieurement de briques *réfractaires*, c'est-à-dire capables de résister à une température très élevée. En effet, le calcaire y est porté au rouge pendant plusieurs heures; il perd ainsi tout son acide carbonique.

Fig. 21. — Four à chaux.

La chaux qui sort du four est de la *chaux vive;* elle présente une grande avidité pour l'eau, et quand on l'arrose elle se fendille, son volume augmente, sa température s'élève à + 300° et elle s'épourdre; c'est alors de la *chaux éteinte.* Cette chaux éteinte est fabriquée par les maçons au fur et à mesure de leurs besoins. Ils établissent sur le sol une sorte de bassin formé de gravier fin; dans le milieu ils mettent de la chaux vive qu'ils arrosent aussitôt. Il ne leur reste plus alors qu'à mélanger le gravier à la chaux éteinte pour avoir du *mortier*. Le mortier présente un très grand avantage : il durcit à l'air; aussi l'emploie-t-on couramment dans la maçonnerie pour rattacher les pierres les unes aux autres. Durci, le mortier est redevenu du calcaire, car il a repris à l'air l'acide carbonique qu'il avait perdu dans le four.

❀ *En se décomposant par la chaleur, le calcaire perd son acide carbonique et se transforme en* chaux vive. *Arrosée, la chaux vive devient de la* chaux éteinte *qui, mélangée de gravier, constitue le* mortier *des maçons.*

18. Argile, Marne. — L'*Argile* est une roche très différente de celles que nous avons étudiées; sa couleur, ordinairement grise, est néanmoins variable. Elle est très douce au toucher, sa cassure est irrégulière, sa pâte extrêmement fine, sa compacité parfaite. Sa dureté est très faible; c'est même une roche tendre, car elle se raye à l'ongle plus aisément encore que la craie. Ensuite elle happe à la langue, elle semble s'y coller en produisant une sensation de sécheresse; enfin, mélangée à l'eau, elle s'amollit, se pétrit, elle est malléable. C'est pourquoi elle est couramment employée par les sculpteurs pour modeler les ébauches de leurs statues. Au contraire, lorsqu'elle est exposée au soleil, ou seulement à l'air sec, elle se fendille et diminue ainsi de volume. L'argile est un silicate hydraté d'alumine, comme le kaolin (8), mais au lieu de se décomposer et de se détruire sous l'action de la chaleur comme le font les calcaires, elle acquiert par la cuisson une grande dureté. Il existe des argiles qui sont naturellement mélangées d'une certaine quantité de calcaire, c'est alors de la *Marne*; cette marne joint à tous les caractères de l'argile la propriété de faire effervescence au contact des acides comme les calcaires; elle est ainsi aisément reconnaissable. C'est en chauffant les marnes que l'on fabrique le ciment.

✿ *Les caractères de l'*Argile *sont: douce au toucher, cassure irrégulière, pâte très fine et compacte, facilement rayable à l'ongle, happe à la langue, se pétrit avec l'eau, se fendille au soleil. La* Marne *est une argile mélangée de calcaire et effervescente.*

19. Briques, Tuiles, Poteries. — La propriété reconnue à l'argile de se durcir à la cuisson a été utilisée par l'industrie pour la fabrication des *briques*, *tuiles*, etc. Par le même procédé, les argiles suffisamment pures servent à fabriquer des objets en *faïence*, et les argiles fines telles que le kaolin sont employées pour obtenir la *porcelaine*. Dans la fabrication des briques, l'argile est d'abord gâchée dans des malaxeurs ; c'est ensuite que l'on pratique le moulage. Le moule est un cadre de bois posé sur une table ; il est saupoudré de sable pour éviter l'adhérence et est rempli d'argile ; les bavures sont enlevées à la plane, sorte de couteau de bois, qui ressemble à un couteau à papier. En sortant du moule, les briques sont exposées à l'air pour sécher. Vient ensuite la cuisson : les briques de bonne qualité sont cuites au four ; l'opération dure douze jours et le refroidissement six jours. Les usines à briques, ou briqueteries, fabriquent aussi des tuiles pour toitures, des tuyaux pour le drainage, des pots à fleurs, etc. Pour obtenir la faïence, on recouvre l'argile cuite d'une couche de vernis blanc à l'étain ; les vaisselles communes sont en faïence. Celles en porcelaine sont recouvertes d'un vernis transparent à base de feldspath.

✿ *L'argile présente l'avantage de durcir à la cuisson. Les qualités communes servent à la fabrication des briques, tuiles, pots à fleurs ; les qualités plus fines permettent d'obtenir la faïence. L'argile pure ou kaolin donne la porcelaine.*

20. Schiste, Ardoise. — Lorsque les argiles ont subi dans l'écorce terrestre de grandes pressions, elles perdent tous leurs caractères. C'est toujours une roche constituée par du silicate d'alumine, mais elle est devenue noire et sa cassure est très particulière. En brisant cette roche, on s'aperçoit qu'elle se sépare dans un sens plutôt que dans l'autre ; elle se fend plutôt qu'elle ne se brise, c'est ce que veut dire le mot de *Schiste* qui lui a été donné. En effet, sa structure est feuilletée et certaines variétés se fendent facilement en feuillets très minces ; l'industrie les exploite activement comme *Ardoise*. Le grain de cette roche a souvent un aspect cristallin, mais elle n'est que partiellement cristalline ; la dureté n'est pas très grande, car les surfaces de cassure se rayent au couteau. Un bâton d'ardoise trace sur une ardoise plane, comme la craie sur le tableau noir ; aussi des lames rectangulaires de cette roche sont-elles fréquemment encadrées de bois pour servir de petits tableaux portatifs. On exploite l'ardoise dans les Ardennes et aux environs d'Angers (Maine-et-Loire). On établit de larges et profondes carrières souterraines d'où l'on extrait la roche par des puits ; elle est principalement employée pour la couverture des maisons.

✿ *Les caractères du* Schiste *sont: structure feuilletée partiellement cristalline; plus ou moins fendable, rayable au canif. Les schistes sont des argiles qui ont subi de grandes pressions dans les profondeurs du sous-sol.*

21. Sable, Grès. — Le *Sable*, qu'il ne faut pas confondre avec le gravier des rivières, est une poudre fine de silice. Cette poudre est blanche lorsqu'elle est pure, mais elle est souvent jaunâtre ou rougeâtre ; elle dépolit le verre. Sur nos côtes, le sable résulte ordinairement de la pulvérisation par la mer des roches siliceuses du rivage ; sur le littoral du département de la Seine-Inférieure, le sable des plages représente la pulvérisation du silex que l'on trouve dans la craie des falaises (**13**). Le *Grès* est du sable également siliceux dont tous les grains ont été collés entre eux, agglomérés, par un corps minéral venu à l'état dissous et qui peut être la silice ou le calcaire. Lorsque des galets ou cailloux roulés ont été agglomérés avec le sable, la roche qui en résulte est un *poudingue* ou *conglomérat* (*fig.* 22). Le grès à ciment siliceux est très dur, raye le verre et fait feu au briquet comme le silex ; sa teinte est blanchâtre, sa cassure plutôt irrégulière. La finesse de son grain dépend de la finesse du sable qui lui a donné naissance.

Le sable blanc est principalement utilisé dans la verrerie pour la fabrication des bouteilles, vitres, glaces. Dans ce but, avant de faire fondre le sable siliceux, on le mélange avec différents corps minéraux (soude, chaux), ce qui le transforme en silicates ; le résultat est ainsi beaucoup moins cassant. Le grès est activement exploité pour le pavage des rues.

❀ *Le Sable est de la silice en poudre ; il forme de grandes plages au bord de la mer. Si des eaux contenant de la silice dissoute pénètrent le sable, celui-ci s'agglutine et se transforme en Grès non rayable au canif et faisant feu au briquet.*

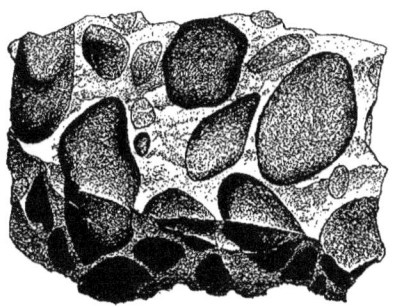

Fig. 22. — Fragment de *Conglomérat*.

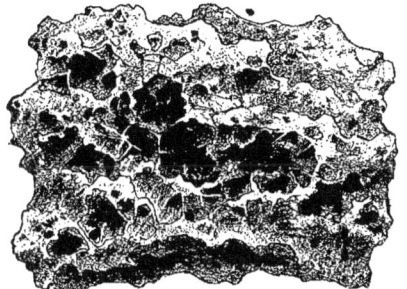

Fig. 23. — Fragment de *Meulière* caverneuse.

22. Meulière. — Voici une autre pierre siliceuse dont l'aspect est bizarre : elle est trouée, caverneuse ; sa teinte est jaunâtre ou rougeâtre ; elle semble parfois avoir été cuite. Dans les parties compactes sa cassure ressemble cependant à celle du silex ; elle est fort dure, raye le verre et fait feu au briquet comme toutes les roches siliceuses : c'est la pierre *Meulière* (*fig.* 23). On l'appelle

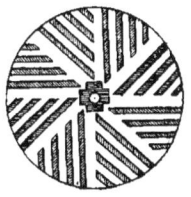

Fig. 24. — *Meule* en pierre meulière.

ainsi parce qu'elle sert à faire des meules pour moudre le grain (*fig.* 24) ; les plus belles meules se fabriquent à La Ferté-sous-Jouarre (Seine-et-Marne). Mais c'est surtout pour les constructions solides que la meulière est employée ; c'est d'abord une pierre qui, par sa résistance à l'humidité, est inaltérable ; ensuite, lorsqu'on la maçonne, le mortier ou le ciment pénètrent dans tous les trous qu'elle présente et font corps avec elle ; aussi l'emploie-t-on pour construire les fondations des édifices, les égouts, les voûtes des tunnels et pour toutes les maçonneries qui doivent être solides et imperméables. On extrait cette roche dans la région parisienne, où elle se trouve en blocs de différentes grosseurs noyés dans une argile grossière et bariolée.

❀ *Les caractères de la* **Meulière** *sont : struc-*

ture caverneuse, quelquefois compacte, non rayable au canif, fait feu au briquet. La meulière est employée pour les constructions très résistantes.

23. Houille, Tourbe. — La Houille, ou charbon de terre, se présente dans les profondeurs du sol en variétés nombreuses. Nous savons tous que sa couleur est noire; sa cassure donne des petites surfaces planes très brillantes (*fig.* 25); sa dureté est faible, cependant l'ongle ne peut rayer que les variétés grasses. La houille noircit les doigts et se brise très facilement. On l'exploite dans des mines souvent profondes, notamment sur la frontière franco-belge; c'est un excellent combustible dont la marine, les chemins de fer et les usines consomment énormément. Cette roche sert aussi à fournir la force et la lumière électrique et à fabriquer le gaz d'éclairage; le coke est le résidu de cette dernière opération. Le *Lignite* est une sorte de houille ligneuse très incomplètement carbonisée.

La *Tourbe* est de teinte brun noirâtre; sa structure est fibreuse; son poids spécifique est faible. Elle résulte de la carbonisation sous l'eau, et par conséquent à l'abri de l'air, de divers végétaux, notamment de mousses. Elle se forme actuellement dans les marais où les eaux se renouvellent et sont limpides. La carbonisation des mousses est lente; elle se produit progressivement de bas en haut, de sorte que la partie la plus inférieure est assez compacte, alors que celle qui est voisine de la surface est encore mousseuse et peu combustible. La Tourbe donne beaucoup de fumée et de cendres.

Les caractères de la Houille *sont : cassure facile à petites surfaces planes, couleur noir brillant, généralement non rayable à l'ongle. Le* Lignite *est de structure ligneuse; la structure de la* Tourbe *est fibreuse; leur couleur brun foncé.*

24. Gypse, Plâtre. — Si nous pénétrons dans une des grandes carrières de Noisy-le-Sec ou de Romainville, nous nous trouvons en présence d'une roche de teinte blanc jaunâtre et dont la cassure est irrégulière. Cette cassure montre une structure cristalline et saccharoïde comme le marbre blanc de Carrare (**15**). Mais aucune effervescence n'apparaît au contact des acides; ce n'est donc pas un calcaire. La dureté de notre échantillon est d'ailleurs moins grande que celle du marbre, car il se raye facilement à l'ongle, il se brise sans grand effort au marteau. Cette roche est le *Gypse* ou *pierre à plâtre*. Le gypse est un sulfate de chaux hydraté, c'est-à-dire contenant de l'eau à l'état de combinaison chimique. Pour fabriquer le plâtre, il faut retirer cette eau; dans ce but, on accumule des morceaux de gypse dans des fours spéciaux (*fig.* 26) et l'on brûle des fagots en dessous. Une température beaucoup moins élevée que celle des fours à chaux suffit; l'eau s'échappe à la

Fig. 25. — Fragment de *Houille*.

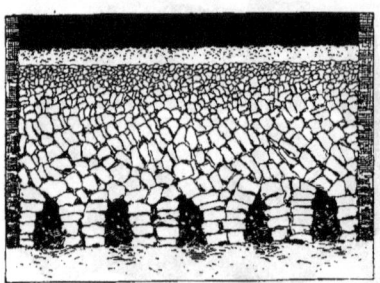

Fig. 26. — Disposition d'un *four à plâtre*.

partie supérieure sous forme de vapeur, et lorsqu'il ne s'en produit plus on laisse éteindre le four et on en laisse refroidir le chargement. Prenons un morceau du gypse desséché par le four, brisons-le : il est blanc, sa structure n'est plus cristalline, il est friable ; c'est du plâtre que des meules vont écraser. On le vendra en poudre dans des sacs et les maçons n'auront plus qu'à le gâcher avec de l'eau pour lui rendre sa composition première, et en séchant dans la maçonnerie il redeviendra une sorte de gypse ; seule la structure cristalline lui fera défaut. Signalons aussi le *Sel gemme*, ou chlorure de sodium, vitreux, incolore, exploité dans l'est de la France.

❋ *Les caractères du Gypse sont : cassure irrégulière, structure saccharoïde, non effervescent, rayable à l'ongle, facilement brisable. En perdant, sous l'influence de la chaleur, son eau de combinaison, il donne le* plâtre.

II. — TABLEAU-RÉSUMÉ DES ROCHES SÉDIMENTAIRES.

	TYPES.	COMPOSITION.	COULEUR.	DURETÉ.	CARACTÈRES PRINCIPAUX.		USAGES.
Calcaires	CRAIE	Carbonate de chaux.	Blanc.	Se raye à l'ongle.	Effervescents.	Grain tr. fin.	Chaux.
	CALCAIRE GROSSIER.	Carbonate de chaux.	Blanc jaunâtre.	Se raye au canif.		Gr. grossier.	Construction.
	MARBRE	Carbonate de chaux cristallin.	Variable.	Se raye au canif.		Structure saccharoïde.	Décoration.
	CALCAIRE LITH^{que}	Carbonate de chaux.	Jaunâtre.	Se raye au canif.		Grain tr. fin.	Gravure.
Argileux	ARGILE	Silicate hydraté d'alumine.	Variable.	Se raye à l'ongle.		Se pétrit av. l'eau.	Briques.
	MARNE	Argile calcarifère.	Variable.	Se raye à l'ongle.		Effervescente, se pétrit	Ciment.
	SCHISTE		Gris très foncé.	Se raye au canif.		Se divise en feuillets.	Couverture.
Siliceux	SABLE	Silice.	Blanc ou jaune.	Dépolit le verre.		Structure poudreuse.	Verrerie.
	GRÈS	Sable aggloméré.	Blanc grisâtre.	Raye le verre.		Str. granuleuse.	Pavage.
	MEULIÈRE	Silice impure.	Jaunâtre ou rougeâtre.	Raye le verre.		Str. caverneuse.	Fondations.
Comb^{les}	HOUILLE	Carbone : 85 0/0.	Noir brillant.	Se raye au canif.		Se brise en surfaces planes.	Chauffage.
	LIGNITE	Carbone : 65 0/0.	Brun foncé.	Se raye à l'ongle.		Struct. ligneuse.	Chauffage.
	TOURBE	Carbone : 59 0/0.	Brun foncé.	Se raye à l'ongle.		Struct. fibreuse.	Chauffage.
	GYPSE	Sulfate hydraté de chaux.	Blanc jaunâtre.	Se raye à l'ongle.		Structure saccharoïde.	Plâtre.
	SEL GEMME	Chlorure de sodium.	Incolore.	Se raye à l'ongle.		Soluble dans l'eau.	Alimentation.

Indiquons ici que la dureté de *l'ongle* est de 3, celle du *verre* 5, et celle de *l'acier du canif* 6.

ROCHES CRISTALLINES

25. Caractères. — Comme nous l'avons dit plus haut (4), les roches cristallines éruptives se sont injectées à travers l'écorce terrestre à la manière des laves volcaniques (*fig. 3*). Il y a eu des éruptions dès que cette écorce a été formée, il y en aura encore durant d'incalculables siècles. On distingue très facilement les roches de cette catégorie. En effet, en étudiant les roches sédimentaires, nous avons appris qu'elles sont stratifiées ; ajoutons que beaucoup d'entre elles contiennent des fossiles. Les roches éruptives, au contraire, ne sont pas stratifiées ; elles se présentent en grandes masses venues à peu près verticalement des profondeurs et se sont épanchées en coulées ; elles ne contiennent naturellement aucun fossile et leur structure est cristalline. Quelquefois ces émissions se sont élevées à travers les terrains sans atteindre la surface du sol ; elles ont ainsi rempli de grandes cas-

Fig. 27. — Rochers *granulitiques* de la Pointe-du-Raz (Finistère).

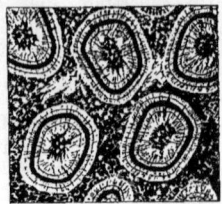

Fig. 29. — *Diorite* : Structure de la variété dite « orbiculaire ».

sures de l'écorce terrestre en formant ce qu'on appelle des « filons éruptifs ».

On connaît un très grand nombre de roches éruptives ; elles sont infiniment plus nombreuses que les roches sédimentaires et leur étude est très compliquée. Nous ne citerons ici que les types essentiels : Granite, Granulite, Pegmatite, Diorite, qui sont des roches à structure *granitoïde*, c'est-à-dire analogues à celle du granite, puis : Porphyre, Trachyte, Basalte, dont la structure est *porphyroïde*.

❃ *Les roches éruptives sont des injections produites par le feu central dans les fractures de l'écorce terrestre. Elles se sont épanchées souvent à la surface du sol et ont acquis par refroidissement la structure cristalline.*

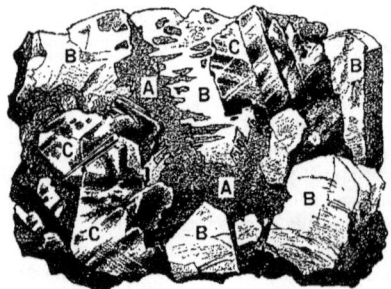

Fig. 28. — Fragment de *Pegmatite* :
A, Quartz ; B, Feldspath ; C, Mica.

26. Types granitoïdes.

— Nous ne recommencerons pas la description déjà faite du *Granite* (**10**), mais nous ajouterons un détail : le quartz du granite est disposé en petites masses sinueuses et enveloppantes ; rappelons que son mica est noir. Dans la *Granulite*, roche au moins aussi répandue, le quartz se présente en grains isolés avec une tendance à la forme cristallisée ; en outre, on reconnaît dans cette roche la présence des deux micas, l'un blanc et l'autre noir. En France, ces roches constituent le sol de plusieurs vastes régions dans le Cotentin, la Bretagne (*fig.* 27), le Morvan, le Massif-Central, etc. Elles sont exploitées comme pierres de construction et aussi pour l'empierrement des routes ; les variétés à grands cristaux de feldspath sont parfois employées dans la décoration. La *Pegmatite* est une granulite à très gros éléments : de larges lamelles empilées de mica blanc sont incrustées parmi les gros cristaux de quartz et de feldspath (*fig.* 28). La *Diorite* présente une structure analogue à celle des granites, mais n'est composée que de deux minéraux essentiels, qui sont le feldspath et l'amphibole : la figure 29 en représente une variété.

❃ *Le Granite et la Granulite se composent de quartz, mica et feldspath et ne diffèrent entre eux que par l'arrangement des éléments. La Pegmatite est une granulite à éléments très gros. La Diorite a l'aspect du granite, mais ne se compose que de feldspath et d'amphibole.*

Fig. 30. — Colonnades *basaltiques* de la Chaussée des Géants, à Antrim (Irlande).

27. Types porphyroïdes. — Si nous prenons un morceau de *Porphyre*, nous remarquons tout de suite son caractère principal : c'est sa compacité; ses éléments minéraux, feldspath et quartz, ne sont pas enchevêtrés comme ceux des types précédents, ils sont disséminés et noyés dans une pâte feldspathique sombre, dure et très compacte (*fig.* 31); c'est une roche lourde, résistante, fréquemment exploitée pour l'empierrement des routes. Certaines variétés ont été employées de tout temps pour la décoration; tels sont le *Porphyre rouge antique* d'Égypte et le *Porphyre vert antique* de Grèce. Les roches éruptives qu'il nous reste maintenant à signaler sont plus récentes; elles sont abondantes dans les déjections de nos volcans d'Auvergne, où elles forment de grandes coulées de laves. Ce sont le *Trachyte*, qui est rugueux, formé d'une pâte feldspathique parsemée de cristaux de feldspath, et le *Basalte*, noir, compact, dur et lourd, constitué par une pâte également feldspathique avec cristaux de pyroxène et de péridot. Les coulées de basalte forment parfois de belles colonnades prismatiques dues au refroidissement brusque de la lave liquide dans les points où elle a rencontré les eaux d'une rivière ou de la mer; c'est ainsi que l'on en observe dans certaines vallées de notre Massif-Central et sur les côtes d'Irlande (*fig.* 30).

Fig. 31. — Fragment de *Porphyre*.

NOTIONS DE GÉOLOGIE.

✤ *Alors que la structure* granitoïde *montre des éléments cristallins serrés les uns contre les autres, la structure* porphyroïde *montre des cristaux disséminés et* noyés dans une pâte compacte. Tels sont le Porphyre, le Trachyte et le Basalte.

28. Roches cristallophylliennes. — Voici une roche qui ressemble au granite. La loupe confirme l'impression de notre premier coup d'œil : le feldspath et le mica s'y trouvent réunis, et avec un peu d'attention nous distinguons le quartz. Ces trois éléments sont bien enchevêtrés, mais cette roche présente un caractère essentiel : sa structure rappelle celle des schistes, elle est constituée par des feuillets souvent un peu confus et la cassure se produit de préférence dans le sens de ces feuillets. En poursuivant l'examen de cette roche, on aperçoit la cause de cette particularité : toutes les lamelles de mica sont disposées à plat et parallèles entre elles, et leur abondance est plus grande entre les feuillets : cette roche est du *Gneiss* (*fig.* 32). Un autre type cristallin est plus finement feuilleté, c'est le *Micaschiste*, essentiellement composé de mica et d'un peu de quartz ; le mica seul est visible au premier abord. C'est une roche très brillante, particulièrement jolie lorsqu'elle est formée de mica blanc. Le gneiss et le micaschiste sont répandus en France dans les mêmes régions que le granite. Lorsque ces roches offrent les qualités convenables, on les exploite pour le dallage et la couverture des habitations.

✤ *Les roches* cristallophylliennes *montrent une tendance plus ou moins marquée à se diviser en feuillets comme le schiste. Tels sont :* le Gneiss, *dont la structure est granitoïde, et le* Micaschiste, *qui est presque entièrement formé de mica.*

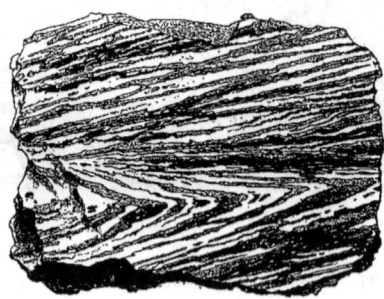

Fig. 32. — Fragment de *Gneiss*.

III. — TABLEAU-RÉSUMÉ DES ROCHES CRISTALLINES.

TYPES.	COMPOSITION ESSENTIELLE.	DENSITÉ MOYENNE.	CARACTÈRES PRINCIPAUX.		USAGES.
ROCHES ÉRUPTIVES :					
GRANITE	Quartz en masses sinueuses et enveloppantes, mica noir et feldspath	2,69	Structure granitoïde.	Éléments serrés les uns contre les autres.	Construction, décoration ou empierrement des routes.
GRANULITE	Quartz en grains isolés à tendance cristalline, micas blanc et noir et feldspath	2,69			
PEGMATITE	Très gros éléments de quartz, mica et feldspath				
DIORITE	Feldspath et amphibole	2,95			
PORPHYRE	Feldspath et quartz dans une pâte feldspathique	2,78	Structure porphyr.[?]	Éléments noyés dans une pâte.	Empierrement ou construction.
TRACHYTE	Feldspath dans une pâte feldspathique	2,75			
BASALTE	Pyroxène et péridot dans une pâte feldspathique	2,94			
ROCHES CRISTALLOPHYLLIENNES :					
GNEISS	Quartz, feldspath, mica en paillettes parallèles		Structure feuilletée.		Dalles, couv^{res} des maisons.
MICASCHISTE	Mica (presque totalement) et quartz				

Fig. 33. — Aspect des *dunes maritimes* de Berck-sur-Mer (Pas-de-Calais).

II. PHÉNOMÈNES EXTERNES

L'ATMOSPHÈRE

29. Composition de l'air. — Après avoir jeté un coup d'œil général sur les roches et les minéraux qui constituent l'écorce terrestre, nous allons suivre avec attention tous les phénomènes géologiques qui se produisent actuellement à la surface de la Terre. Les uns ont leur source dans la masse atmosphérique, les autres au centre même du globe. Nous étudierons d'abord les premiers, c'est-à-dire les phénomènes d'origine *externe*.

La masse atmosphérique est gazeuse, transparente et invisible ; lorsqu'elle est calme, la respiration seule nous révèle son existence. Cependant, si nous fouettons violemment l'air à l'aide d'une canne, il se produit une sorte de sifflement, de déchirement ; si nous courons, nous éprouvons encore la résistance de l'air, sans laquelle nous sentons bien que notre course serait plus rapide. Enfin, le vent est la manifestation par laquelle l'atmosphère nous indique nettement son existence et sa force. L'air est un mélange gazeux, principalement composé d'*oxygène* et d'*azote* ; il s'y trouve en outre du *gaz carbonique* dans une proportion de 3 à 4/10000, puis de la *vapeur d'eau* en quantité très variable. L'oxygène attaque les métaux lorsque l'air est humide ; en se combinant avec le fer, il forme l'oxyde de fer ou *rouille* ; avec le cuivre, il produit l'oxyde de cuivre, ou *vert-de-gris*. L'oxygène est indispensable à la vie animale ; il l'est aussi, avec l'acide carbonique, à la vie des plantes. La vapeur d'eau résulte de l'évaporation des eaux continentales et océaniques ; lorsqu'elle est en excès, elle donne naissance aux nuages.

Le litre d'air atmosphérique ne pèse que 1 gramme 3, soit 770 fois moins que l'eau.

A mesure que l'on s'élève dans l'atmosphère, la densité de l'air diminue; la densité des couches inférieures est plus grande parce qu'elles subissent le poids des couches supérieures; c'est ainsi qu'à l'altitude de 6 000 mètres sa pression est la moitié de celle qu'il exerce à la surface du sol; cette dernière pression dépasse 100 kilogrammes par décimètre carré. Quant à la hauteur de l'atmosphère, elle est inconnue; mais elle n'est pas inférieure à 100 kilomètres.

❋ *L'air qui constitue l'atmosphère est transparent et invisible; il est formé d'oxygène indispensable à la respiration des animaux, indispensable aussi, avec l'acide carbonique, à la vie des plantes; puis de vapeur d'eau, formant les nuages, et d'azote. L'air est de moins en moins dense à mesure qu'on s'élève dans l'atmosphère.*

30. Vents, cyclones. — L'atmosphère est en perpétuel mouvement; ses déplacements sont connus sous le nom de *vents*. On remarque ainsi presque chaque jour des nuages qui, grâce à ces grands courants d'air, avancent majestueusement devant le ciel bleu; on en distingue même qui marchent en sens contraires parce qu'ils occupent des altitudes différentes et que la direction des vents est capricieuse. Les vents les plus constants sont les *alizés*, qui sont chauds et soufflent de l'équateur vers les pôles, et les *contre-alizés*, qui sont froids et soufflent des pôles vers l'équateur. On a reconnu que ces vents sont dus aux températures très variables de l'air selon les saisons et les latitudes.

Lorsque certaines conditions atmosphériques se trouvent réalisées, les vents peuvent acquérir une vitesse formidable accompagnée de mouvements tourbillonnaires; tels sont les cyclones et les trombes. Les *cyclones* (*fig.* 34) sont des masses atmosphériques qui peuvent avoir un diamètre de plusieurs centaines de lieues, dont le centre est calme et qui se déplacent avec une rapidité de 60 kilomètres à l'heure. Rien ne résiste à de pareils souffles; ils coûtent la vie à de nombreuses personnes et ont laissé dans toute l'étendue

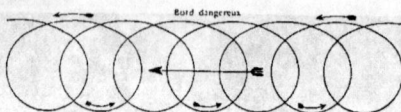

Fig. 34. — Marche d'un *cyclone*.

de la mer des Antilles de terribles souvenirs.

Les *trombes* forment des tourbillons dont le diamètre ne dépasse pas quelques centaines de mètres; elles n'ont pas de centre calme; elles aspirent les poussières, les sables ou les eaux, déplaçant ainsi avec rapidité de grands cônes renversés et sombres qui se diffusent tout à coup.

❋ *Les vents sont dus au déplacement de masses d'air de températures différentes. Les principaux vents sont les alizés et les contre-alizés. Les vents tourbillonnants engendrent les terribles cyclones et les trombes.*

31. Dunes maritimes. — La poussière, la neige, les feuilles mortes sont aisément soulevées par la brise; il en est de même de tous les terrains sableux privés de végétation : ils sont à la merci du vent; c'est le cas des plages de sable fin accumulé par la mer, et aussi des déserts dont le sol est généralement ruiné par la sécheresse et les grands écarts de température. Dans les deux cas la manifestation la plus remarquable de l'action du vent est celle des *dunes* (*fig.* 33). Les dunes sont des collines de sable dont le caractère principal est de se déplacer dans une direction qui est celle des vents dominants; aussi les dunes maritimes menacent-elles toujours l'intérieur des terres. Le mécanisme de la progression des dunes est fort simple (*fig.* 33). La pente qui regarde la mer est douce et le vent y pousse sans effort les grains siliceux du rivage;

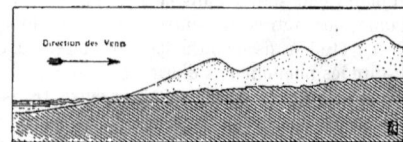

Fig. 35. — Formation des *dunes maritimes*.

Fig. 36. — Vue panoramique prise dans le *désert* du Sahara.

la pente opposée est un talus de chute de 45°. La première pente est donc constamment balayée et la seconde toujours augmentée ; il en résulte que la dune s'avance progressivement vers les terres et que d'autres naissent sur le bord du rivage pour la remplacer. Les dunes de Gascogne s'étendent aux bords de l'Océan Atlantique sur une longueur de 200 kilomètres, elles atteignent par endroits près de 80 mètres. Elles s'avançaient autrefois de 25 mètres par an ; c'est l'ingénieur français Brémontier qui a trouvé le moyen de les fixer en les boisant ; elles portent aujourd'hui de belles forêts. Des dunes dites *continentales* existent dans les déserts sableux ; il s'en trouve de grands massifs dans le Sahara.

❀ *Le vent soulève les sables ; il les accumule aux bords de la mer et dans les déserts, sous forme de dunes. Poussées par les vents de mer, elles se multiplient et menacent les terres. Les dunes de Gascogne ont été fixées par Brémontier.*

32. Sécheresse de l'air. Déserts. — Dès que la quantité de *vapeur d'eau* atmosphérique devient insuffisante, les pluies se font plus rares, la végétation qui protégeait le sol disparaît et les matériaux qui constituent ce sol perdent leur cohésion : c'est le *désert* qui se produit. L'ancien continent est ainsi traversé d'une longue chaîne de déserts qui franchit l'Asie et l'Afrique, depuis celui de Gobi, en Chine, jusqu'au Sahara, sur une étendue de 15 000 kilomètres ; le plus connu est le *Sahara (fig. 36)*. C'est dans le régime des vents probablement qu'il faut chercher l'origine des déserts, la *vapeur d'eau* qu'ils apportent en cette région étant insuffisante pour saturer l'air surchauffé. Les déserts sont sillonnés d'érosions larges et profondes, d'interminables ravins qui paraissent être les lits de fleuves desséchés ; on pense qu'ils ont reculé peu à peu vers leurs sources : ce sont les *oueds*. Comme les cours d'eau, les grands lacs ont payé leur tribut à l'évaporation ; ils sont devenus des masses d'eau salée très dense, comme il en existe encore en certains points du Sahara : ce sont les *chotts*. Dans l'immensité du désert aux sables brûlants apparaît quelquefois autour d'une source la silhouette d'un groupe de palmiers : c'est une oasis.

❊ *Privé d'humidité, le sol perd sa végétation et sa cohésion; il devient un désert. Les déserts sont dus à l'insuffisance de la vapeur d'eau qui leur est apportée par les vents. Les* oueds *sont des fleuves desséchés; les* chotts *sont des lacs évaporés; les rares sources provoquent les* oasis.

L'EAU SAUVAGE

33. Pluie. — Lorsque l'air atmosphérique subit un abaissement de température, les nuages quittent leur forme gazeuse, se condensent et se transforment en gouttes d'eau que leur propre poids précipite sur le sol. La quantité de *pluie* tombée varie avec le relief du pays et avec la direction du vent. C'est ainsi que son abondance augmente avec l'altitude et que le versant d'une chaîne de montagnes frappé par le vent reçoit plus d'eau que l'autre versant, le premier obligeant les nuages à s'élever, à se refroidir et à se condenser.

Fig. 37. — Une *Cheminée des Fées*, à Saint-Gervais (Haute-Savoie).

Dès que la goutte d'eau de *pluie* touche le sol, elle agit, et déplace les matériaux sableux; elle dissout lentement les roches solubles, forme dans les terrains peu résistants des ravins curieusement ramifiés, et donne naissance aux pittoresques *pyramides d'érosion* comme les *Cheminées des Fées* de Saint-Gervais, Haute-Savoie (*fig.* 37). Ces pyramides se forment dans les matériaux de peu de cohésion. Si au cours de l'érosion une pierre dénudée apparaît au jour, elle remplit immédiatement le rôle de *parapluie* et tout ce qui est en dessous est protégé et demeure, car la pluie n'emporte que ce qu'elle peut atteindre (*fig.* 38). A mesure que le terrain qui l'entoure est emporté, la pyramide s'allonge et persiste tant que la pierre protectrice reste à sa place.

❊ *Le refroidissement des nuages provoque la pluie; il en résulte que celle-ci augmente avec l'altitude. La pluie ravine les terrains peu résistants. Les grosses pierres plates dénudées servent de* parapluies *à certaines portions de terrain et ménagent ainsi de grandes colonnes appelées* pyramides d'érosion.

34. Ruissellement. — Lorsqu'il pleut sur la végétation, les gouttes d'eau sont partiellement absorbées par la terre végétale, qui remplit ainsi le rôle d'une éponge; mais ce qui tombe sur un sol sans végétation s'écoule en partie à la surface et forme

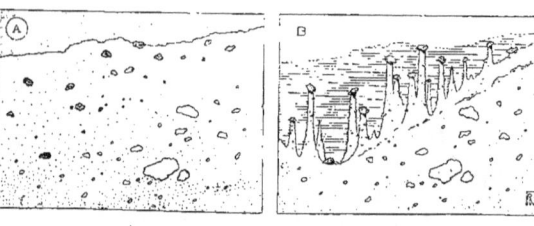

Fig. 38. — Formation des *Pyramides d'érosion*.
A. Coupe du gisement primitif. — B. Le même terrain après érosion partielle.
(Les pierres ombrées en A sont dénudées et perchées en B.)

des rigoles plus ou moins nombreuses ; c'est le *ruissellement*, qui agit de deux manières très différentes : il a une action *mécanique*, par laquelle il entraîne les matériaux légers, et une action *chimique*, due à l'acide carbonique dissous dans l'eau de pluie dans la proportion de 2 1/2 pour 100 ; il émousse ainsi les aspérités des roches calcaires. Le ruissellement se manifeste principalement en terrain *imperméable*; si ce terrain est en outre incliné, la concentration des eaux se produit très rapidement, donnant naissance aux *torrents temporaires*.

Fig. 39. — Paysage *ruiniforme* de Montpellier-le-Vieux (Aveyron).

Mais le ruissellement, sans atteindre ce maximum d'effet, donne lieu aux paysages *ruiniformes* en pays calcaires, et aux *chaos* dans les contrées granitiques et dans certains terrains de grès, comme ceux de Fontainebleau. En dissolvant progressivement les parois des cassures naturelles des calcaires, la pluie finit par les élargir ; en émoussant les arêtes et les aspérités des masses ainsi détachées, elle les arrondit, et il en résulte des murailles bizarres, des tours énormes, des portiques en ruine comme à Montpellier-le-Vieux, Aveyron (*fig.* 39). Les *chaos* se forment d'une manière toute différente. L'assise des sables de Fontainebleau notamment renferme à sa partie supérieure des bancs de grès plus ou moins brisés (*fig.* 40) ; les grains de sable ont été progressivement entraînés et la surface des grès a été mise à nu ; la pluie les a ensuite dénudés sur toute leur épaisseur, puis dépouillés à leur base, les privant peu à peu de point d'appui ; les blocs se sont alors inclinés, ont glissé les uns sur les autres, s'empilant peu à peu pour la beauté du paysage.

Fig. 40. — Formation des *chaos* de Fontainebleau (Seine-et-Marne). A, Surface primitive des sables. — B, B, Emplacement des bancs de grès avant l'érosion et la descente des blocs.

✿ *L'eau des pluies* ruisselle *à la surface des sols* imperméables ; *elle* ronge *les terrains* calcaires *et leur donne des aspects de* ruines. *Elle entraîne les sables et*

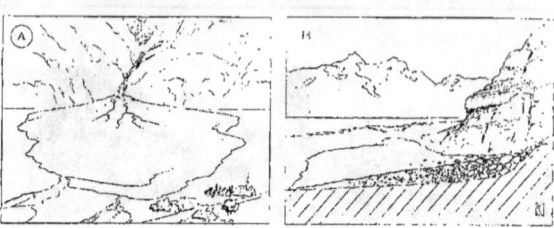

Fig. 41. — Dessin montrant en A la forme, et en B la coupe d'un *cône de déjection* torrentiel.

dénude les blocs de grès ou de granite qu'ils contiennent ; ceux-ci s'empilent et forment des chaos.

35. Torrents temporaires. — Pour comprendre ce qu'est un torrent temporaire, il suffit de considérer les eaux d'orage qui se précipitent coléreuses dans l'ornière d'un

Phot. de M. Ch. Russ.
Fig. 42. — *Correction* du lit d'un torrent.

chemin incliné en emportant de la terre et en bousculant des cailloux. Le torrent fait en grand ce qui se fait en petit dans l'ornière.

Dans la montagne, toute la région de ruissellement qui donne naissance à un torrent constitue le *bassin de réception* de ce torrent. Une fois formé, le torrent se grossit encore par le ruissellement de ses berges et par les torrents secondaires qu'il rencontre sur son chemin ; il peut ainsi acquérir une puissance qui est fort dangereuse, car la concentration des eaux de pluie est toujours très rapide. De semblables masses d'eau en se précipitant sur les pentes produisent dans le flanc des montagnes de terribles *affouillements* et peuvent entraîner de grandes catastrophes.

Quand le torrent de montagne aboutit à une vallée, la pente plus faible du sol ralentit subitement son cours : les blocs charriés se déposent les premiers, les autres matériaux vont un peu plus loin et les limons s'arrêtent les derniers. Il en résulte ce qu'on appelle un *cône de déjection* torrentiel (*fig. 41*).

❋ *Les eaux d'orage qui se précipitent dans l'ornière d'un chemin incliné représentent, en petit, un torrent de montagne. Le bassin de réception d'un torrent est la région dont les eaux de ruissellement en se réunissant donnent naissance à ce torrent. Au point où le torrent atteint la vallée, il dépose ses matériaux et forme ainsi un cône de déjection.*

36. Reboisement des montagnes. — Dans les terrains calcaires, par exemple, le mal créé par les torrents est considérable. En bien des points les Alpes du Dauphiné ne dominent que les ruines de leurs flancs déchirés. L'homme, qui veut immédiatement tirer un bénéfice de toutes choses, a livré les antiques forêts aux scieries mécaniques. La petite végétation du sol qui prospérait à l'abri des feuillages n'a pas pu résister au grand soleil ; en mourant, elle a laissé le sol sans protection ; elle l'a abandonné à l'action du ruissellement. Les pluies ont emporté la terre végétale, et la montagne, privée du manteau que la nature lui avait donné, voit aujourd'hui ses flancs ravagés par les torrents.

Dès 1846 la nécessité d'une loi de protection s'imposa et l'on reconnut que le rétablissement de la végétation était indispensable. Les travaux de restauration commencent par la *correction* des torrents : il faut régulariser la vitesse de leurs eaux afin d'assurer la solidité de leurs berges. Dans ce but on construit des *barrages* en maçonnerie (*fig.* 42). Ensuite, en établissant convenablement leur hauteur et leur écartement, on arrive à donner une pente très douce à chacun des *biefs*, c'est-à-dire aux parties du lit qui s'étendent entre chaque barrage. C'est après ces travaux de *correction* que l'on entreprend le *reboisement*. On l'obtient au moyen de *semis* ou de *plantations*.

❧ *Dans les montagnes où l'homme a détruit les forêts, les pluies ont emporté la* terre végétale *et créé les* torrents. *La* correction des torrents *s'obtient à l'aide de* barrages *et le reboisement au moyen de* semis *ou* plantations.

L'EAU SOUTERRAINE

37. Infiltration, dissolution. — Les eaux de pluie qui n'ont pas été restituées à l'atmosphère par l'évaporation et que le ruissellement n'a pas entraînées jusqu'aux cours d'eau s'infiltrent dans le sol si celui-ci est formé d'une roche ou terrain *perméable*, comme les sables, ou bien *fissuré* comme les calcaires ; elles le pénètrent tant qu'elles ne sont pas arrêtées par la présence d'une roche *imperméable*, comme l'argile. Les eaux d'*infiltration* par leur propriété *dissolvante* jouent un rôle géologique considérable. En effet, nous avons dit que l'eau de pluie contient environ 2 1/2 pour 100 d'acide carbonique dissous, et en pénétrant dans le sol elle en dissout plus encore, surtout au contact des matières organiques, ce qui augmente son action à l'égard des roches solubles, des roches calcaires notamment.

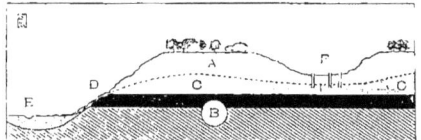

Fig. 43. — Disposition d'une *nappe aquifère*.
A. Couche perméable. — B. Couche imperméable sur laquelle se sont arrêtées les eaux d'infiltration qui constituent la nappe aquifère C C. — D. Source dont les eaux vont alimenter le cours d'eau E. — F. Vallée sèche avec puits.

L'*infiltration* s'arrête à la rencontre d'une couche imperméable, argile ou schiste compact, par exemple. Sur cette couche les eaux s'accumulent, imprégnant la partie inférieure de la roche traversée. Si cette roche est sableuse, c'est une *nappe aquifère* ; s'il s'agit d'une roche compacte mais fissurée, c'est un *niveau d'eau*. La disposition la plus simple d'une nappe aquifère comporte une couche imperméable horizontale, affleurant au flanc d'une vallée avec une ou plusieurs sources ou suintements constants (*fig.* 43).

Les niveaux d'eau s'observent facilement aux flancs de certaines falaises où des sources abondantes, se succédant horizontalement, à la suite les unes des autres, indiquent le point où le terrain fissuré repose sur une couche imperméable (*fig.* 44).

❧ *Les eaux de pluie s'infiltrent dans les terrains perméables ou fissurés. Dans ce tra-*

Fig. 44. — Disposition d'un *niveau d'eau*.
A. Roche imperméable arrêtant les infiltrations de la roche fissurée B. — C, C, Sources.

jet, l'eau, chargée d'acide carbonique, dissout les roches calcaires. A la rencontre d'une couche imperméable *les eaux forment une nappe aquifère dans les terrains sableux ou un niveau d'eau dans les roches fissurées.*

38. Puits artésiens. — Il arrive quelquefois qu'une *nappe* est complètement inaccessible, non pas seulement à cause de sa grande profondeur, mais parce qu'elle est séparée des terrains qui la recouvrent par une couche *imperméable* qui lui sert de *plafond*. Les eaux emprisonnées se trouvent alors dans les conditions que réalise le bassin géologique de Paris (*fig.* 45). En effet, les couches qui constituent ce bassin forment une série d'immenses *cuvettes* exactement *emboîtées* les unes dans les autres et dont les bords viennent affleurer au jour à une assez grande distance de la capitale.

On voit quelle pression d'eau doit se manifester sous Paris et on comprend que si cette eau est mise en communication avec la surface du sol par une conduite verticale, elle jaillira jusqu'à une hauteur voisine de celle de ses surfaces d'infiltration, obéissant ainsi à la loi des *vases communicants*. C'est alors une *nappe jaillissante* ouverte par un *puits artésien*. Paris possède quatre puits artésiens ; la France en a foré un grand nombre en Algérie pour le développement des oasis.

✻ *La nappe aquifère peut se trouver retenue entre deux couches imperméables, comme dans le bassin géologique de Paris, où l'on a pu l'atteindre et la faire* jaillir *à la surface du sol au moyen de puits artésiens.*

Phot. de M. E.-A. Martel.
Fig. 46. — Un *gouffre* du département des H^tes-Alpes.

39. Gouffres. Grottes. — A la surface des grands plateaux calcaires ou *causses* de la région des Cévennes s'ouvrent parfois de véritables précipices dont on n'aperçoit pas le fond. Ces *gouffres* et *abîmes* (*fig.* 46), que l'on désigne par une foule de noms différents selon les pays, présentent souvent une forme de cône, d'entonnoir renversé, de bouteille, dont la pointe se trouve par conséquent en haut et la partie évasée en bas ; tels sont les *avens* des causses du Tarn. Tous communiquent d'une manière plus ou moins directe, plus ou moins apparente, avec les grottes dans lesquelles se manifeste la *circulation souterraine* des eaux. Les gouffres représentent l'élargissement progressif des cassures du sous-sol par les eaux d'infiltration chargées d'acide carbonique.

Mais ici les *eaux d'infiltration*, au lieu de remplir les fissures naturelles pour constituer un niveau d'eau, forent des grottes plus ou moins considérables, dans lesquelles elles se réunissent pour former de véritables *cours d'eau* souterrains ; les eaux circulent alors dans des longs couloirs ou boyaux dont la coupe, l'allure ou l'inclinaison sont en apparence

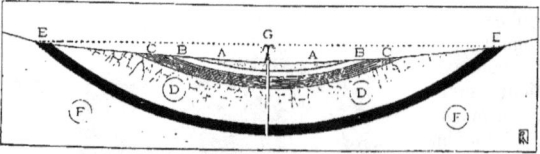

Fig. 45. — Disposition d'un *puits artésien* de Paris.
A, B, C, D, Couches diverses. — E E, Argile imperméable. — F F, Sables verts contenant la nappe aquifère. — G, Orifice du *puits artésien*.

PHÉNOMÈNES EXTERNES

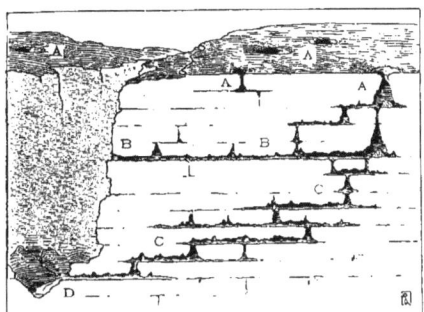

Fig. 47. — Relations existant entre les gouffres, les grottes et les *cassures* du sous-sol.

A, A, Gouffres d'absorption s'ouvrant à la surface d'un plateau calcaire. — B B, Grotte desséchée et abandonnée par la descente progressive des eaux. — C C, Grotte étagée suivant les couches du sol et dans laquelle circulent les eaux. — D, Source.

des plus capricieuses ; les couloirs sont souvent recoupés perpendiculairement par des puits verticaux. Certaines grottes présentent ainsi plusieurs étages successifs. L'allure des grottes résulte directement de l'allure des cassures naturelles du sous-sol (*fig.* 47). Ajoutons que l'*enfouissement* progressif des eaux souterraines dans tous les pays calcaires est un danger menaçant pour bien des régions.

✿ *En rongeant les cassures du sous-sol, les eaux d'infiltration les élargissent et creusent des vides, gouffres et grottes, dans lesquels elles alimentent des rivières souterraines. Les grottes sont formées de longs couloirs qui peuvent constituer plusieurs étages réunis par des puits verticaux.*

40. Stalactites, stalagmites. Sources. — Un certain nombre de grottes offrent des stalactites et des stalagmites. Les *stalactites*, suspendues en franges gigantesques à la partie supérieure des grottes ou en draperies contre leurs parois ; les *stalagmites*, qui s'élancent en cierges géants, en clochers, en minarets (*fig.* 48), résultent les unes et les autres de la dissolution par les eaux d'*infiltration* des couches calcaires supérieures. Chaque goutte d'eau a apporté sa parcelle de calcaire cristallisé ou *calcite* et l'a déposée, formant avec le temps les plus belles décorations.

Les *sources* constituent la réapparition au jour des eaux de pluie retenues momentanément par l'infiltration. L'emplacement des sources coïncide toujours avec l'affleurement d'une couche *imperméable* qui a empêché les eaux de descendre plus profondément. Lorsque les sources représentent le déversoir d'une nappe aquifère, elles ne se manifestent généralement que par des *suintements*. Quant aux niveaux d'eau, la réapparition de leurs eaux forme des sources souvent abondantes ; elles sont déjà *rivières souterraines* avant d'être rivières aériennes et il en est qui, à peine sorties du sous-sol, mettent en mouvement des moulins ou des turbines.

✿ *En déposant le calcaire qu'elles ont dissous dans leur trajet, les eaux d'infiltration donnent naissance aux stalactites et stalagmites. Les sources apparaissent à l'affleurement des nappes ou des niveaux d'eau.*

Phot. de M. Lasson.

Fig. 48. — *Stalagmites* de la grotte de Dargilan.

L'EAU SOLIDE

41. Action du gel. — Au-dessus d'une certaine altitude, la *pluie* est remplacée par la *neige* ; cette altitude varie de 2 700 à 3 000 mètres dans les Alpes et y marque le niveau des *neiges persistantes*. Ce niveau indique le point à partir duquel les températures froides accumulent plus de neige que les températures tièdes n'en peuvent dissoudre.

C'est la fonte superficielle de la neige, à toutes les altitudes, qui est le grand agent de démolition des montagnes (*fig.* 51) et fait que les hauts sommets s'écroulent avec rapidité. Les cimes, en effet, se dressent presque verticales et la neige ne peut s'y fixer qu'en très petite quantité, profitant de toutes les aspérités et des moindres creux. Ainsi blottie, la neige n'attend que le soleil pour accomplir son œuvre ; alors l'eau de fusion qui en résulte suinte sur le roc, pénétrant dans les moindres fêlures. Pendant la nuit, l'eau se congèle en augmentant de volume, elle remplit le rôle d'un coin au fond de chaque fêlure, et il se produit un soulèvement et un écartement imperceptibles de toutes les parties de la roche qui ont été atteintes par le suintement des eaux. Au jour, le soleil, en venant réchauffer l'air, amène la fonte de la glace, et d'innombrables fragments de pierre, encore fixés la veille, ne font plus corps avec la montagne.

C'est en suivant de grandes érosions appelées *cheminées* que les pierrailles détachées par le gel descendent des sommets. Celles qui rencontrent le sol fixe d'une vallée forment à la base de la montagne un amas plus ou moins considérable qui va s'épanouissant : c'est un *cône d'éboulis*.

✱ *L'eau de neige fondue s'insinue dans les fêlures de la roche, se congèle durant la nuit en augmentant de volume, et descelle toutes les parties qu'elle atteint. Ainsi le gel démolit les montagnes, et les pierrailles détachées forment à la base des montagnes des cônes d'éboulis.*

Fig. 49. — Formes étoilées des cristaux de *neige*.

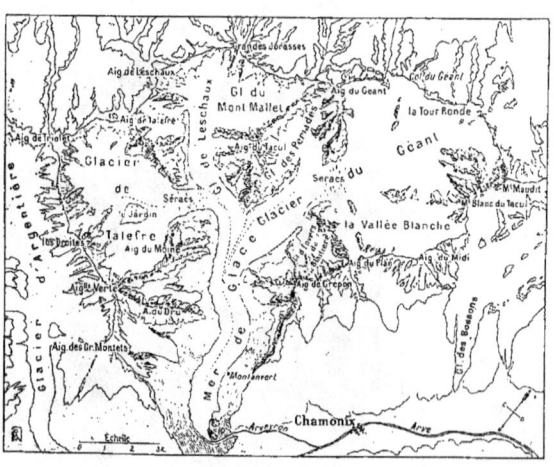

Fig. 50. — Type de *bassin glaciaire* : Bassin de la Mer de Glace.
On remarquera que ce glacier résulte de la réunion de plusieurs glaciers secondaires ayant chacun leur *bassin d'alimentation*.

42. Neige. Névé. — La neige qui s'est formée dans une atmosphère calme est constituée par des *cristaux étoilés* (*fig.* 49) ; ces cristaux groupés constituent les *flocons* de neige. La neige se substitue à la pluie dès que la température est inférieure à 0°. Dans les montagnes, la neige s'accumule dans des cirques appelés *bassins d'alimentation* parce que toute la neige qui tombe dans un ou plusieurs cirques se communiquant *alimentera* un même glacier (*fig.* 50 et Planche en couleurs de l'*Eau*

Fig. 51. — Profil des montagnes démolies par le *gel* et le *dégel* des eaux de suintement.

solide A). En effet, cette neige, d'abord *poudreuse*, descendra peu à peu et finira par se concentrer pour donner naissance à un glacier ; mais la neige ne deviendra *glace* qu'en passant par l'état de *névé*. Ce premier changement résulte du tassement de la neige et de la pénétration des eaux de fusion superficielle. Le tassement se produit à toutes les altitudes, mais il n'apporte à la neige aucune cohésion ; la cohésion est amenée par la petite quantité des eaux de fusion qui, en s'insinuant d'abord entre les cristaux de neige et en se congelant ensuite, les soude entre eux et forme ainsi une masse grenue, très parsemée de bulles d'air ; ce n'est que peu à peu qu'elle se transformera en glace absolument compacte. Les neiges accumulées au-dessus des vallées peuvent s'effondrer tout à coup sous forme d'*avalanches*, et causer de véritables catastrophes.

❈ *La* neige *se substitue à la pluie dès que la température est inférieure à 0°. La neige poudreuse se transforme en* glace *en passant par l'état de* névé. *Le névé résulte du tassement, puis de la pénétration et du regel des eaux de fonte superficielle.*

43. Formation des glaciers. — L'existence des glaciers dépend de l'*alimentation* en neige et de l'*ablation* ou fusion de la glace ; il n'y a donc de glacier possible que là où l'alimentation apporte plus d'eau solide que la fusion n'en détruit. En dehors des neiges, l'alimentation des glaciers est assurée par les petits glaciers secondaires qui se déversent dans leur lit, soit directement, soit sous forme d'avalanches.

La *progression* ou marche des glaciers est connue depuis fort longtemps. Des savants, comme Agassiz et Tyndall, ont démontré que les glaciers sont des fleuves d'eau solide et qu'ils ne se différencient des cours d'eau

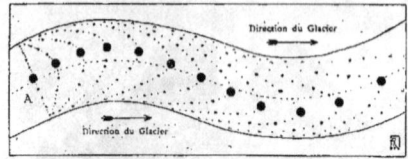

Fig. 52. — Déformation annuelle d'une ligne transversale de pierres A, sous l'influence de la *marche d'un glacier*. Déviation vers chaque rive concave de la grosse pierre centrale sous l'influence des courbes du glacier.

liquide que par la lenteur de leur marche : 100 mètres par an, en moyenne. En effet, le mouvement descendant des glaciers est plus rapide au milieu du courant que sur les bords et sur le fond, parce que les rives rocheuses et le fond du lit remplissent le rôle de freins (*fig.* 52) ; la marche est plus lente lorsque le lit s'élargit, plus rapide lorsqu'il se rétrécit. Au tournant des vallées, le courant se précipite sur la rive concave, il se ralentit et se soulève contre la rive convexe, comme cela est visible aux détours de la Mer de Glace. Toutes ces remarques s'appliquent aux rivières. La marche d'un glacier résulte de son propre *poids* sur la *pente* de son lit ; il est en outre *poussé* par la masse toujours renouvelée des névés de son bassin d'alimentation.

❦ *Un glacier n'existe que là où l'alimentation apporte plus de glace que la fusion n'en détruit. Grâce à la pente de leur lit et à la poussée d'en haut, les glaciers marchent comme les autres cours d'eau, mais plus lentement.*

44. Creusement des vallées glaciaires. — En marchant les glaciers creusent leur vallée ; avec le temps ils pulvérisent la montagne et la livrent miette à miette aux torrents, puis aux fleuves, qui en assurent le transport dans la mer. La force d'érosion s'accuse avec la vitesse de progression du glacier, et cette vitesse varie avec la pente du lit, avec la poussée des *névés* du bassin d'alimentation, avec l'épaisseur du glacier, c'est-à-dire avec son poids sur le fond. Le glacier arrache donc des matériaux sur son passage ; il en reçoit aussi.

En dehors de ce qui demeure à la surface du glacier, toute l'étendue du lit est criblée de pierrailles qui cheminent ainsi entre la glace et la roche. En les poussant dans son mouvement de progression, le glacier se transforme en une râpe gigantesque ; plus la pente est forte et le passage étroit, plus l'action érosive est efficace, plus le glacier rabote, mord et burine son lit. Les roches qui ont subi le contact d'un glacier sont ainsi facilement reconnaissables ; dans leur aspect général elles sont arrondies, *moutonnées*; en les regardant de près on s'aperçoit qu'elles sont gravées, *striées* de mille rayures grossièrement parallèles.

❦ *Le glacier creuse sa vallée à l'aide des pierres qui sont prises entre sa masse et le fond de son lit. En les poussant de tout son poids, il mord la roche, la pulvérise et y laisse des surfaces moutonnées et striées.*

Phot. Tairraz.
Fig. 53. — Une *crevasse* dans le haut glacier des Bossons (Mont-Blanc)

Fig. 54. — Les deux *moraines latérales* du glacier d'Argentières (Haute-Savoie).

45. — **Moraines. Crevasses.** — Les matériaux reçus par le glacier ou arrachés par lui ne cheminent pas tous sur les parois du lit, et tout ce qu'il transporte à sa surface n'y reste pas non plus. Par son mouvement de progression et la plus grande vitesse de sa partie centrale, le glacier rejette *de côté* tout ce qui l'encombre; il accumule pierres et blocs le long de ses rives. Il en résulte d'énormes levées de terre et de pierrailles appelées *moraines*. Les moraines sont dites *latérales* sur les rives (*fig.* 54, et *médianes* lorsqu'elles occupent le milieu d'un glacier : une moraine médiane est créée par le confluent ou réunion de deux glaciers; dans ce cas, en effet, la moraine latérale gauche de l'un se réunit à la moraine latérale droite de l'autre et forme une nouvelle moraine. Certains glaciers résultant de la réunion de plusieurs glaciers transportent ainsi plusieurs moraines médianes. (Voy. PLANCHE en coul. de l'*Eau solide*, B.)

Lorsqu'un glacier doit franchir un obstacle considérable, un tournant trop brusque, il éprouve tout un système de déchirures, de *crevasses*, qui lui permettent de passer (*fig.* 53 et PLANCHE de l'*Eau solide*, A). Plus bas, le glacier reprendra peu à peu son aspect primitif, car la plupart des crevasses se refermeront d'elles-mêmes. Quand la dénivellation du fond de la vallée est trop considérable et trop brusque, le glacier se brise complètement et donne lieu à une véritable cataracte d'eau solide formant un chaos de blocs gigantesques auxquels on donne le nom de *séracs*.

❊ *Les pierres transportées par le glacier sont rejetées sur ses rives pour former les moraines latérales. Au confluent de deux glaciers il se forme une moraine médiane. Les crevasses sont des déchirures et les séracs des chaos de glace qui se produisent sur les dénivellations trop brusques du lit.*

46. Variations. Fusion. — Tous les glaciers éprouvent des *variations* de volume et, partant, de longueur. L'étude de ces variations exige de longues années, parce que l'effet est toujours très éloigné de la cause. Les causes sont : 1° les *neiges* très abondantes qui peuvent se produire au cours d'un ou de plusieurs hivers consécutifs, et 2° le phénomène connu sous le nom de *capture* de glacier. Le phénomène de capture est un des effets qui accompagnent fatalement l'abaissement des massifs montagneux. En effet, un glacier en voie de recul, comme le sont tous les glaciers en général, peut tout à coup recouvrir assez rapidement le terrain abandonné si un accident est venu lui apporter une plus importante quantité de glace. C'est ce que produit la destruction par érosion d'une *arête* qui séparait la partie supérieure de deux glaciers, de deux bassins d'alimentation, par exemple : cette issue nouvelle provoque toujours de la part de l'un des glaciers une perte dont l'autre bénéficie. (Voy. Planche en couleurs de l'*Eau solide*, C.)

Sous l'influence de la température, il se produit d'un bout à l'autre d'un glacier, depuis les névés qui l'alimentent jusqu'à son extrémité inférieure, une *fusion* ou *ablation* qui se manifeste principalement vers cette extrémité. Les eaux de *fusion* ou de fonte se réunissent sous les glaciers, suivent les pentes du fond rocheux et sortent à l'extrémité du glacier pour former un torrent *persistant*.

❋ *Les variations de longueur des glaciers sont dues soit à des chutes de neige exceptionnelles, soit à un phénomène de capture résultant de la rupture d'une arête rocheuse. La fusion glaciaire est la somme de glace fondue par la température de l'air. Les eaux de fusion forment une source glaciaire et un torrent persistant.*

47. Glaciers polaires. — Les *glaciers polaires* recouvrent des pays entiers d'une seule *calotte de glace* à laquelle les géologues scandinaves ont donné le nom de *inlandsis*. Ces glaces s'arrêtent à une petite distance des côtes et de là projettent quelques glaciers proprement dits jusque dans les flots de la mer. Ces derniers sont beaucoup plus puissants que les glaciers alpins ; ils arrivent en mer sous la forme de hautes falaises bleues, trouées de crevasses énormes, et qui s'élèvent à pic jusqu'à 100 ou 120 mètres au-dessus des eaux de la mer ; elles s'étendent à perte de vue, immenses, sur une largeur qui atteint fréquemment 20 kilomètres.

L'extrémité inférieure des glaciers polaires est le siège d'une *fusion* assez active qui agrandit les crevasses, les réunit et divise la masse glacée en portions énormes qui, détachées par l'effort des vagues, s'en vont flotter au gré des courants marins. C'est ainsi qu'au cours de chaque printemps la partie nord de l'Océan Atlantique est toute parsemée de *glaces flottantes* ; les navigateurs connaissent le plus gros de ces blocs sous le nom anglo-allemand de *iceberg* ou montagne de glace. Les glaces côtières ou *banquises* (*fig.* 55) résultent de la congélation de l'eau de mer contre les rivages ; l'épaisseur gelée au cours d'un hiver peut atteindre 6 mètres ; elle n'est en moyenne que de 1 à 2 mètres. L'épaisseur totale des banquises peut atteindre 30 mètres.

Fig. 55. — Une *banquise* dans les régions boréales.

❋ *Les glaciers polaires se présentent sous la forme d'immenses calottes de glace ou inlandsis qui recouvrent des pays entiers. L'inlandsis déverse son trop-plein en mer sous forme de glaciers que la fusion divise en glaces flottantes. La congélation de la mer contre les côtes forme des banquises.*

L'EAU SOLIDE

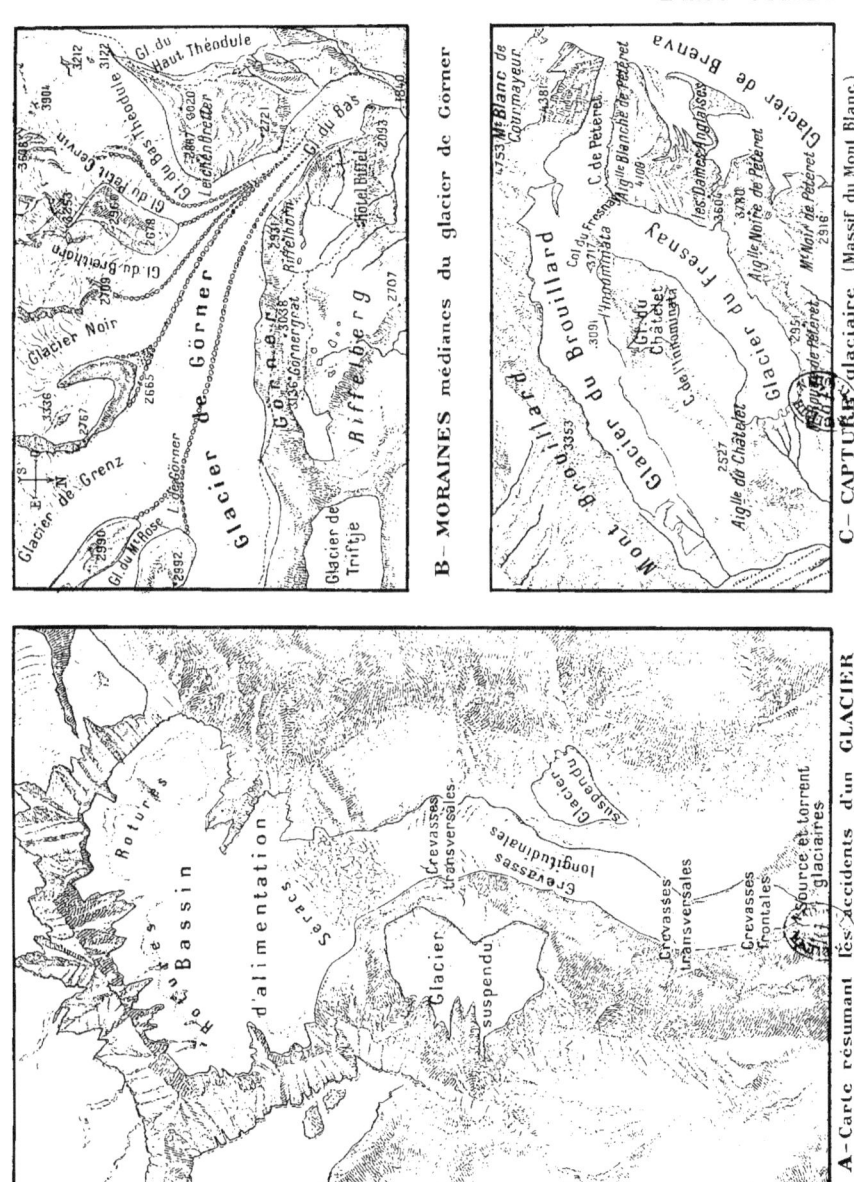

A - Carte résumant les accidents d'un GLACIER

B - MORAINES médianes du glacier de Görner

C - CAPTURES glaciaire (Massif du Mont Blanc)

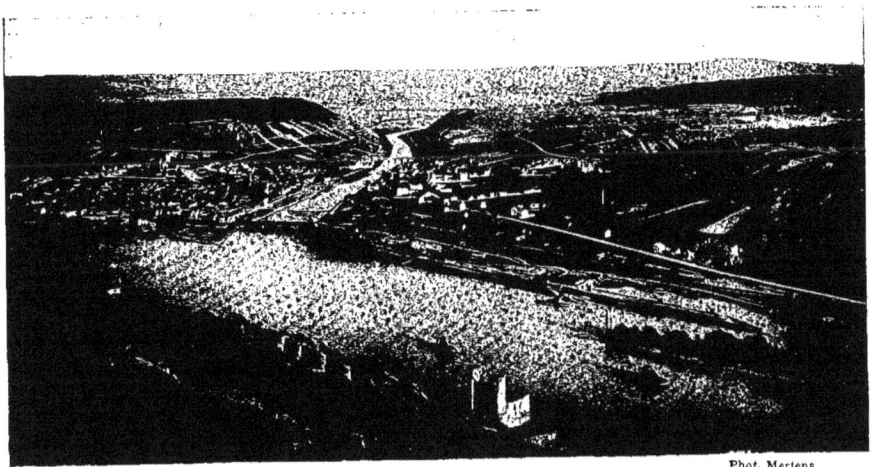

Fig. 56. — Les *Vallées* du Rhin et de son affluent la Nahe, à Bingen (Allemagne).

LES COURS D'EAU

48. Bassin hydrographique. — Les sources des eaux souterraines et les sources glaciaires donnent naissance aux *cours d'eau*, que nous allons accompagner jusqu'à la *mer*; le moindre ruisseau y conduit, en effet, soit directement, soit par les rivières et les fleuves. Toute la zone de ruissellement, toutes les sources et tous les cours d'eau qui contribuent à l'alimentation d'un même fleuve constituent un *bassin hydrographique*, et c'est ainsi que la France est partagée en quatre grands bassins principaux, qui sont ceux de la Seine, de la Loire, de la Garonne et du Rhône, auxquels on peut ajouter celui de l'Adour, les autres n'ayant que peu d'importance.

Le *débit* d'une rivière en un point déterminé de son cours est le volume de la *tranche d'eau* qui a le temps de passer durant une seconde en ce point. Le débit varie avec les saisons. La *vitesse* d'un cours d'eau dépend de la pente du sol et de son débit. De même que dans les glaciers, la vitesse des eaux est plus grande au milieu de la surface que sur les bords et sur le fond, car le frottement sur les parois du lit ralentit le courant.

Le bassin hydrographique *d'un fleuve est la région dont tout le ruissellement, toutes les sources et toutes les rivières* concentrent *leurs eaux vers le lit de ce fleuve. Le débit et la* vitesse *des cours d'eau sont très variables.*

49. Gorges et cañons. — Les cours d'eau tranquilles s'écoulent dans de larges *vallées*, comme celles de la Seine ou du Rhin (*fig.* 56); les rivières torrentielles roulent leurs eaux dans des *cañons* ou *cagnons* (*fig.* 57) et les torrents persistants les précipitent dans des *gorges* profondes (*fig.* 58). L'action érosive des torrents est, en effet, trop intense pour avoir le temps de se manifester en largeur. Par le poids et le déplacement rapide des matériaux qu'ils transportent, des blocs qu'ils roulent, les torrents agissent à travers les couches géologiques comme de véritables scies et certaines gorges offrent ainsi de profondes coupures aux parois usées par les eaux. Les gorges du Fier, de Triège, en Haute-Savoie, sont fort belles. Dans les cañons, les eaux sont moins serrées et se hâtent parmi des bancs de galets qu'elles remanient sans cesse. En

Fig. 57. — Le *Cañon* du Tarn (Lozère).

France, les merveilleuses gorges du Verdon (Basses-Alpes) et celles du Tarn (Lozère) sont des cañons typiques (*fig. 57*). Les torrents et les rivières torrentielles ont *creusé* et continuent chaque jour de *creuser* leurs gorges et leurs cañons; leurs eaux s'enfoncent chaque jour plus profondément, même dans les roches les plus dures.

✻ *Les gorges étroites et profondes ont été creusées par les* torrents persistants; *les cañons, plus larges, l'ont été par des* rivières torrentielles, *comme le Tarn. Les gorges et les cañons continuent d'être creusés par ces cours d'eau.*

50. Rapides, chutes. — Il se présente souvent dans le lit de certaines rivières des dénivellations du sol se manifestant sur une certaine étendue sous forme de pente un peu plus raide que la pente moyenne du cours d'eau; il en résulte un état torrentiel momentané qui arrête toute navigation et auquel on a donné le nom de *rapide*. Ces dénivellations résultent de l'inégalité de résistance des roches qui constituent le lit : les plus dures résistent davantage à l'érosion et forment une sorte de seuil que les eaux emploieront plus de temps à raser. Les fameuses Cataractes du Nil ne sont que des rapides.

Selon leur importance, on désigne les *chutes* sous différents noms. Les *cascades* sont de petites dénivellations brusques donnant lieu à la chute verticale des eaux. Les *chutes* proprement dites sont caractérisées soit par une masse d'eau plus considérable, soit par une hauteur de chute plus grande. Parmi les premières, il faut citer la chute du Rhin, à Schaffhausen (Suisse); parmi les secondes, on peut signaler, en Suisse, les chutes du Reichenbach, sur le torrent du même nom (*fig. 38*), et de la Handeck, dans la vallée de l'Aar.

On donne plus spécialement le nom de *cataractes* aux chutes très abondantes, très larges et très élevées, aux dénivellations brusques des grands cours d'eau. Telles sont les Cataractes du Niagara. Les chutes reculent dans la direction amont des cours d'eau, par érosion lente et parfois par éboulement progressif du seuil rocheux qui les porte.

✻ *Les* rapides *représentent un état* torrentiel *d'étendue variable, provoqué dans un cours d'eau tranquille par une pente plus forte de son lit. Les* chutes *sont dues à des dénivellations brusques du lit des cours d'eau. Le seuil rocheux des chutes recule vers l'amont.*

51. Creusement des vallées. — Les fleuves et les rivières tracent à la surface des continents de larges érosions au milieu desquelles le cours de leurs eaux apparaît comme un mince ruban; c'est cette disproportion *apparente* entre la largeur des *vallées* et celle de leurs rivières qui avait fait attribuer leur creusement à de grands courants diluviens.

M. Stanislas Meunier a démontré depuis longtemps qu'il s'agit d'un travail d'érosion très lent, qui se poursuit de nos jours et dont le premier auteur est la *pluie*. Les dépressions qui ne contiennent pas encore de cours d'eau s'érodent par le fait du *ruissellement* sur toute la surface de leurs versants, elles reçoivent encore le suintement de l'*infiltration*, et l'érosion s'accuse sur le fond par l'écoulement temporaire de ces eaux réunies. Lorsque le vallon, en s'approfondissant, arrive au voisinage d'un terrain imperméable, il rencontre une nappe aquifère qui assure au cours d'eau un débit constant.

Une fois nés, les cours d'eau, dont les rives paraissent immobiles, vont se déplacer et agir avec le temps sur toute la surface du fond de leur vallée. En effet, les rivières présentent d'un bout à l'autre de leur cours une série de courbes qui, lorsqu'elles sont très accusées, prennent le nom de *méandres;* ces courbes sont dues aux irrégularités du lit, le moindre obstacle rejetant le courant de côté. Or, là où se transporte le courant se produit l'*érosion* et, du même coup, la *courbe*. Chaque sinuosité d'une rivière présente donc une rive dont la courbe est *concave* et une rive dont la courbe est *convexe;* or, les eaux affouillent toujours les rives concaves et déposent sur les rives convexes. Dès que se présente une courbe, le courant principal, emporté par la vitesse acquise, se précipite sur la rive concave et l'attaque; en même temps, le minimum de vitesse se manifeste sur la rive convexe et provoque la chute des matériaux entraînés formant un *alluvionnement*, c'est-à-dire un banc de sable ou de cailloux. De cette rive concave le courant est rejeté sur la rive concave suivante, où le même phénomène se produit. Les rives concaves reculent donc constamment et les rives convexes avancent toujours; il en résulte que le cours d'eau tout entier se déplace d'une façon insensible et continue, arrivant ainsi à *balayer* et à *remanier* successivement tous les points du fond de sa vallée, ce qui en explique la largeur.

✺ *Les cours d'eau tranquilles ont creusé des vallées larges, grâce au déplacement de leurs courbes ou méandres; ce déplacement résulte de l'affouillement des rives concaves et de l'alluvionnement des rives convexes.*

52. Alluvions. — Les cours d'eau transportent sans cesse les matériaux qu'ils arrachent à leurs rives et dont la grosseur varie avec la

Fig. 58. — *Chute* du Reichenbach (Suisse).

vitesse du courant. C'est ainsi que les éléments entraînés par la vitesse des crues d'une rivière sont plus gros que ceux qui sont déplacés durant les époques de faible débit. Pour la même raison, les rivières torrentielles déplacent des matériaux beaucoup plus gros que les cours d'eau tranquilles.

Tous les cours d'eau qui arrivent à la mer précipitent presque aussitôt leurs matériaux d'alluvions; ils comblent alors plus ou moins leur *estuaire*, c'est-à-dire le vaste espace triangulaire compris entre l'écartement de leurs rives et l'*embouchure* ou entrée des eaux douces en mer. L'estuaire est une érosion large et profonde due à l'action combinée du fleuve et des marées dans les océans. Lorsque ces alluvions ont acquis une émergence suffisante, elles sont confisquées par l'homme et utilisées pour l'agriculture. Certains grands fleuves, dont les apports sont considérables et qui se jettent dans des mers intérieures

Phot. de M. Faideau.
Fig. 59. — Effondrement à la base d'une *falaise*.

peu profondes, déposent des amas d'alluvions qui occupent des surfaces énormes. Ces amas donnent naissance à des terres qui gagnent peu à peu sur les eaux et augmentent la superficie des continents; ce sont les *deltas*. En France, le principal delta est celui du Rhône, dont la partie centrale est la Camargue. (Voy. Planche en couleurs des *Cours d'eau*.)

❃ Les alluvions *sont les sables, graviers et cailloux charriés et* déposés *par les cours d'eau. En s'arrêtant contre la masse des eaux de la mer, les cours d'eau* précipitent *leurs alluvions et* comblent *leur estuaire. Ils peuvent aussi former un delta devant leur embouchure.*

LA MER

53. Marées. — Nous voici parvenu au grand réservoir qui reçoit toutes les eaux superficielles et auquel l'atmosphère emprunte la plus grande partie de la vapeur d'eau qui lui est nécessaire pour l'arrosage des continents. L'eau des mers est plus ou moins salée, elle contient en moyenne 27 grammes de sel par litre.

La mer s'éloigne chaque jour à une distance plus ou moins grande du rivage et revient sur ses pas en quelques heures; on désigne ce phénomène sous le nom de *marée*. Les marées sont dues à l'influence prédominante de la Lune, elles se produisent deux fois en 24 h. 50 m. : la mer monte durant 6 heures, c'est le *flux* ou *flot;* après un repos assez court durant lequel elle est *étale*, elle redescend, c'est le *reflux* ou *jusant*. Les marées hautes correspondent aux passages de la Lune au méridien, les marées basses aux levers et couchers de la Lune. A l'influence de notre satellite vient périodiquement s'ajouter celle du Soleil. Lorsque les deux influences s'associent, elles produisent les *grandes marées* de syzygies, dont l'amplitude maximum se manifeste aux équinoxes; quand elles se contrarient, elles donnent lieu aux marées de quadrature ou faibles marées. C'est à ces différences d'intensité que sont dues les *laisses* de mer ou amas de goémons déposés en lignes parallèles sur les grèves. Les océans donnent à peu près 0^m,70 d'écart en pleine mer entre la haute et la basse mer.

❃ *Les* marées *se produisent deux fois en 24 h. 50 m. ; elles sont dues à l'influence de la* Lune. *Quand l'influence du* Soleil *s'y ajoute, elle donne lieu aux* grandes marées.

54. Courants marins. — Comme l'atmosphère, les mers sont animées de grands courants ; les *courants* marins sont formés de grandes masses d'eau chaude qui se dirigent des régions tropicales vers les régions polaires ; elles recouvrent ou côtoient des courants froids qui suivent une direction contraire. Les courants marins, comme les courants atmosphériques, sont dus à des différences de température. Les eaux chaudes étant plus légères et les eaux froides plus lourdes, elles sont obligées de rechercher sans cesse un état d'équilibre qui leur échappe toujours à cause des

LES COURS D'EAU

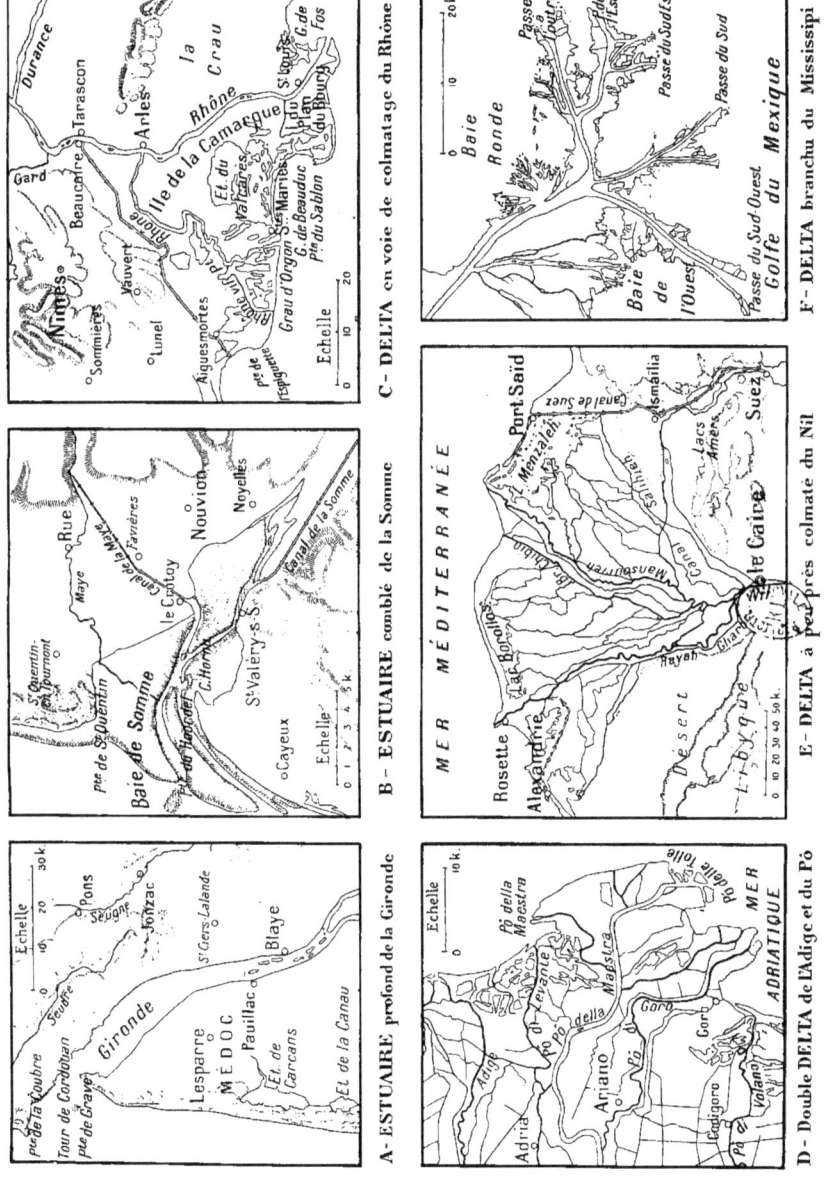

A - ESTUAIRE profond de la Gironde
B - ESTUAIRE comblé de la Somme
C - DELTA en voie de colmatage du Rhône
D - Double DELTA de l'Adige et du Pô
E - DELTA à peu près colmaté du Nil
F - DELTA branchu du Mississipi

Fig. 60. — *Falaises* de craie, à Étretat, avec la « Porte d'Aval » et l'« Aiguille ».

différents climats. Le courant le plus important de l'Atlantique et qui intéresse plus directement l'Europe est le courant du golfe du Mexique ou Gulf-Stream ; ses eaux tièdes se déplacent avec une vitesse qui dépasse celle des eaux du Mississipi et du fleuve des Amazones. Ce courant se forme au large de l'Afrique occidentale, se dirige sur l'Amérique centrale, gagne le golfe du Mexique dans lequel il dessine un large circuit, et s'échappe par le détroit de la Floride ; il prend alors le chemin de l'Europe, caresse les îles Britanniques et porte jusqu'aux rivages de Norvège les bois flottés qui l'ont suivi depuis les Antilles.

❧ *Les courants marins sont dus aux différences de température des eaux ; les uns vont de l'équateur vers les pôles, les autres marchent dans le sens contraire. Le Gulf-Stream est le plus important de l'Atlantique.*

55. **Travail d'érosion.** — Avec la masse de ses eaux toujours en *mouvement*, le jeu régulier de ses marées, la mer est un puissant agent de démolition. Le roulement continu des vagues sur le rivage finit par raboter le sol entre le niveau de la *marée haute* et celui de la *marée basse*. C'est toute cette étendue que les flots franchissent quatre fois par jour ; il en résulte une large zone presque plate que l'on appelle *plateforme littorale*.

Sur toute l'étendue des côtes élevées l'érosion se manifeste, en outre, sous forme de *falaises* (*fig.* 60). Ce sont les terrains calcaires qui en réalisent le type le plus parfait, notamment les assises de craie ; les falaises crayeuses d'Étretat sont typiques. Ces murailles à pic, sculptées par la mer, sont continuellement attaquées et rongées à leur base, et des masses de roches privées d'appui s'effondrent de temps en temps sur les grèves (*fig.* 59). La côte recule ainsi lentement devant la mer et chaque année elle perd un peu de sa substance ; en certains points de la côte anglaise on a calculé un recul moyen annuel de 1 mètre. Mais une même roche présente fréquemment des parties de résistances différentes; c'est ainsi que la mer respecte des *aiguilles* ou des îlots, et qu'elle fore des *arches* et des *grottes* (*fig.* 60).

✽ *En rongeant l'espace parcouru chaque jour par les marées, la mer aplanit une zone parallèle au rivage ou* plateforme littorale. *Les falaises sont des parois à pic dues à la démolition de la côte par les attaques de la mer. Les flots y sculptent des* aiguilles, *des* arches, *et y creusent des* grottes.

56. Plages, galets.
— Les éléments déposés par la mer le long du littoral sont des *sables* et des *galets*. Ces divers matériaux offrent toutes les grosseurs et ne sont jamais mélangés, car les eaux opèrent un *triage* très remarquable. Les galets correspondent à la haute mer, qui les repousse toujours, et le sable n'apparaît qu'à marée basse, comme au Havre. Ces dépôts résultent en grande partie de la démolition des rivages. Prenons comme exemple les belles falaises blanches du département de la Seine-Inférieure; elles se composent de *craie* et de rognons de *silex* (**12** et **13**). La mer attaque la craie, qui finit par se délayer et fournit une grande quantité de vase calcaire impalpable aux dépôts profonds du large. Quant aux rognons de silex, roulés sans cesse, ils s'arrondissent en *galets,* puis, heurtés entre eux, brisés, pulvérisés, ils deviennent le beau *sable* des plages. Tous les rivages de roches dures donnent des galets que le roulement et les chocs finissent par réduire à l'état de sable.

✽ *La mer accumule sur les rivages du* sable *ou des* galets *résultant de la démolition des côtes. Les galets sont des silex ou des fragments de roche dure roulés par les flots. La pulvérisation des galets produit le sable.*

57. Cordons littoraux, lagunes.
— Quand certaines conditions se trouvent réalisées, les sables et les galets forment des levées qui émergent de la mer à une distance plus ou moins grande du rivage. Ces levées se produisent sur les côtes basses, à l'entrée des baies ou autres échancrures des rivages, et en eau peu profonde. Elles prolongent la ligne moyenne des côtes en traçant la *corde* de l'*arc* formé par la baie; on a donné à ces digues naturelles le nom de *cordons littoraux*.

Entre le *cordon littoral* édifié par la mer et l'ancien rivage maintenant protégé contre les vagues venant du large, de vastes étendues d'eau calme persistent : ce sont des *lagunes*. En France, il y a beaucoup de lagunes. On en observe notamment en Gascogne et sur les côtes de la Méditerranée dans la région de Cette (Hérault).

✽ *Les* cordons littoraux *sont des levées de sables ou de galets édifiées par la mer à une certaine distance des rivages et généralement à l'entrée des baies. Les* lagunes *sont les étendues d'eau resserrées entre les cordons littoraux et l'ancien rivage.*

58. Dépôts divers.
— Au fond des mers, deux sédiments d'origines différentes se forment et progressent d'une manière continue : ce sont les dépôts *terrigènes* et les dépôts *organiques*. Les dépôts terrigènes sont ainsi appelés parce que leurs éléments sont empruntés à la terre ferme; ils se forment très lentement et résultent de la précipitation de tous les matériaux impalpables, sables très fins, argile, calcaire, que la mer a pu tenir quelque temps en suspension après les avoir délayés sur la côte. Ces éléments ne se trouvent pas à plus de 250 kilomètres du littoral.

Les dépôts profonds sont essentiellement formés de débris d'origine animale et végétale. Certaines vases marines sont seulement composées de l'accumulation lente d'êtres microscopiques; un microorganisme meurt, sa dépouille invisible tombe lentement sur le fond et coopère au dépôt, qui, avec le temps, pourra atteindre plusieurs centaines de mètres d'épaisseur. Tous ces dépôts sont des *sédiments*, et lorsque les mouvements lents du sous-sol les auront soulevés doucement au-dessus des eaux, ils formeront les *roches sédimentaires* dont nous avons parlé plus haut (**11** à **24**).

✽ *Les dépôts* terrigènes *sont formés d'éléments légers résultant de la démolition de la terre ferme; les dépôts profonds sont formés*

PHÉNOMÈNES EXTERNES

de *débris* animaux *et* végétaux ; *tous sont des sédiments. Leur émersion en fera des roches sédimentaires.*

LES ORGANISMES

59. Coraux constructeurs. — L'influence des êtres est très grande en géologie. Dans les formations coralliennes l'animal vivant travaille directement à la croissance du dépôt. Ces êtres appartiennent au groupe des polypes coloniaux, ils vivent en associations et comptent un très grand nombre d'espèces extrêmement variées ; les formes plus ou moins ramifiées de leur support les faisaient autrefois considérer comme des plantes, et auparavant on les avait pris pour des pierres. La faculté qu'ils possèdent de fixer le calcaire dissous dans l'eau, et leur accumulation sur une grande étendue leur permettent de constituer d'immenses récifs qui arrivent à sortir des eaux pour donner naissance à des terres nouvelles qui sont les récifs coralliens et les îles coralliennes. Les *récifs coralliens (fig.* 61) bordent immédiatement les côtes. Les *îles coralliennes* présentent la forme d'un anneau irrégulier renfermant un lac intérieur appelé *lagon* ; l'anneau est plus ou moins complet ; une île ainsi constituée est un *atoll*. Les formations coralliennes sont très développées dans la Micronésie.

✿ *Les coraux appartiennent au groupe des polypes coloniaux et sont associés sur de grandes étendues. Ils peuvent fixer le calcaire dissous dans la mer et construire d'immenses récifs qui bordent les côtes. Les îles coralliennes ou atolls sont des anneaux émergés entourant l'eau restée à l'intérieur ou lagon.*

60. Formation de la tourbe. — La *tourbe* représente la carbonisation de végétaux à l'abri de l'air. Ce sont généralement des mousses, ordinairement des sphaignes dont la prospérité exige : 1° un climat humide ; 2° une température moyenne de 8 degrés ne permettant qu'une faible évaporation, et 3° une eau non calcarifère très limpide. La présence d'une eau abondante n'est pas indispensable, car le pouvoir absorbant des sphaignes est considérable ; ces végétaux sont tellement spongieux qu'il existe des tourbières sur des pentes où toute eau libre ne pourrait pas séjourner. Dans ce cas, les mousses s'alimentent à de petites sources ou suintements du sol dont elles retiennent l'eau.

Les sphaignes se développent par la partie supérieure et meurent par la base ; cette base va s'épaississant lentement, se carbonisant à mesure, grâce à la présence de l'eau qui l'isole de l'air. Lorsqu'on fait une entaille dans une tourbière, on trouve sous la mousse vivante la mousse *morte*, puis la tourbe encore *mousseuse* ; vient ensuite la tourbe *feuilletée*, puis la tourbe *compacte*, qui contient 65 pour 100 de carbone. L'accroissement de la tourbe paraît osciller entre 0^m,60 et 3 mètres par siècle. Les plus grandes *tourbières* se trouvent dans le nord de l'Europe. En France, les tourbières de la vallée de la Somme sont fort intéressantes ; celles de la Grande-Brière, au nord de Saint-Nazaire, ont une étendue de 200 kilomètres carrés.

✿ *La tourbe résulte de la carbonisation des mousses, que la présence de l'eau met à l'abri de l'air. La tourbe se développe par en haut et meurt par la base. Les plus grandes tourbières sont celles du nord de l'Europe.*

Fig. 61. — Un *récif corallien* à marée basse.

IV. — TABLEAU-RÉSUMÉ DE L'ACTION GÉOLOGIQUE DES AGENTS EXTÉRIEURS.

	ÉROSIONS ET CORROSIONS.	DÉPOTS DIVERS.
L'ATMOSPHÈRE	Sable déplacé par le vent.	Vents : Dunes maritimes et continentales.
L'EAU SAUVAGE	Pluie : Ravinements et pyramides d'érosion. Ruissellement : Calcaires ruiniformes et chaos. Torrents temporaires : Affouillements, déboisement des montagnes.	Torrents temporaires : Cônes de déjection.
L'EAU SOUTERRAINE	Infiltration et dissolution : Gouffres, grottes, enfouissement des eaux en pays calcaires.	Dissolution : Stalactites et stalagmites.
L'EAU SOLIDE	Gel : Démolition des sommets. Glaciers : Creusement des vallées glaciaires, roches moutonnées et striées.	Gel : Cônes d'éboulis. Glaciers : Moraines.
LES COURS D'EAU	Creusement des gorges, cañons et vallées, méandres, recul des chutes.	Alluvions, comblement des estuaires, deltas.
LA MER	Marées et plateformes littorales, falaises, aiguilles, îlots, arches, grottes marines.	Plages de sable, galets, cordons littoraux, dépôts terrigènes et des grandes profondeurs.
LES ORGANISMES	Animaux lithophages : oursins, pholades.	Animaux : Récifs coralliens et atolls. Dépôts organiques de grandes profondeurs. Végétaux : Tourbe.

III. PHÉNOMÈNES INTERNES

61. Température du sol. — Nous avons parlé plus haut de l'origine du feu central (4) : il s'agit d'en retrouver les influences dans l'écorce de la Terre. En effet, les éruptions volcaniques et la nature de leurs déjections permettent de supposer qu'il existe dans les profondeurs du sol un ou plusieurs points où les matières minérales sont à l'*état de fusion*. On en trouve encore une preuve dans la température du sol ; c'est ainsi qu'à Paris, et à 10 mètres de profondeur, elle est constamment égale à $+10°,8$, en hiver comme en été ; elle y est insensible à la température extérieure. Au-dessous de ce niveau la chaleur augmente à mesure que l'on pénètre plus avant dans le sous-sol : plus une mine est profonde, plus la température y est élevée. Le *degré géothermique moyen*, fixé à 31 mètres, est la profondeur verticale qu'il est nécessaire de franchir pour augmenter de 1 degré la température du sous-sol. Ce chiffre permettrait d'attribuer à l'écorce terrestre une épaisseur moyenne d'une soixantaine de kilomètres ; mais la densité moyenne de la Terre, densité légèrement supérieure à 5, ne permet pas de croire à la fusion totale de l'intérieur du globe.

❊ *L'existence du feu central est indiquée par les volcans et par l'augmentation de la température avec la profondeur. Cette température augmente de 1 degré en moyenne par 31 mètres de profondeur verticale.*

62. Cônes volcaniques, cratères. — Un *volcan* est un appareil mettant le feu souterrain en relation avec la surface du sol par l'intermédiaire des grandes cassures de l'écorce terrestre. Cet appareil se présente extérieurement comme une montagne ; cette forme conique est due à l'accumulation des matériaux rejetés pendant les éruptions. Les *cônes* sont ainsi formés de *laves* ou bien de *débris* meubles : scories, cendres (*fig.* 63).

PHÉNOMÈNES INTERNES

Phot. Sommer.
Fig. 62. — La *Colonne de fumée* du Vésuve au début de l'éruption de 1872.

Certains volcans présentent sur leurs flancs, et en dehors du cône principal, des petits cônes secondaires nommés *cônes adventifs;* il en existe un très grand nombre sur les pentes de l'Etna.

Une ouverture plus ou moins évasée, ou *cratère*, s'ouvre au sommet de chaque cône et surmonte immédiatement la *cheminée*. Il y a donc à peu près autant de cratères que de cônes sur la masse d'un volcan : c'est ainsi que l'on compte 30 *cratères adventifs* sur le Vésuve et 700 sur l'Etna. La *cheminée* résulte des ruptures de l'écorce terrestre.

✼ *Les cônes volcaniques sont formés de laves, ou bien de débris. Sur les flancs des volcans s'ouvrent souvent des petits cônes secondaires ou* adventifs. *Le cratère s'évase au centre du cône. La* cheminée *est une fracture de l'écorce terrestre.*

63. Éruptions, explosions. — Les *éruptions* volcaniques s'annoncent généralement par une grande émission de vapeurs, par des grondements souterrains et par le tarissement des sources. Des manifestations explosives dues aux gaz intérieurs se produisent bientôt. La phase des explosions se manifeste subitement par la *colonne de fumée* caractéristique (*fig.* 62 et 64) ; cette colonne est généralement verticale et

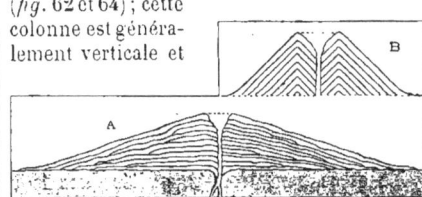

Fig. 63. — Structure des cônes volcaniques.
A. Cône de laves. — B. Cône de débris.

se termine à une très grande hauteur par un panache gigantesque en forme de parasol ; le panache peut s'élever à une hauteur de plusieurs milliers de mètres.

La phase des manifestations explosives cesse ordinairement avec l'arrivée des *laves*, qui s'écoulent plus ou moins abondantes et aussi plus ou moins vite, ce qui dépend de la pente et de leur fluidité. A la suite d'*éruptions* particulièrement violentes, il est des volcans dont le cône arraché a été remplacé par un vaste gouffre de plusieurs kilomètres de diamètre. On se souvient encore de l'explosion du volcan Krakatoa (Archipel de la Sonde) qui s'est produite en 1883, après deux siècles de tranquillité. Nous parlerons bientôt des explosions de la Montagne-Pelée (*fig.* 64) qui anéantirent en 1902 la ville de Saint-Pierre, capitale de la Martinique (**67**).

❋ *Les éruptions volcaniques commencent par une épaisse colonne de fumée qui, poussée par de violentes explosions, s'élève à plusieurs milliers de mètres et se termine par un panache en forme de parasol.*

64. Émission des laves. — Les *laves* rejetées par les volcans représentent de la roche en *fusion* et forment de gigantesques courants ou *coulées* qui recouvrent de grandes surfaces du sol. La sortie des laves se produit généralement par les fissures qui s'ouvrent soit à la base du cône, soit sur les flancs du volcan. Les laves qui s'épanchent se précipitent vers les pentes comme les liquides, puis se solidifient assez rapidement au contact de l'air ; leur surface se couvre de scories flottantes qui se bousculent comme les glaçons d'une débâcle ; c'est à ce mécanisme qu'est due la structure tourmentée de certaines coulées de laves. (Voy. PLANCHE en coul. des *Volcans*, A.) Dans la partie superficielle des coulées, la *lave* est plus ou moins remplie de cellules sphériques vides. Ces cellules sont dues à des gaz qui se sont dégagés en bulles dans la lave liquide et se sont trouvés arrêtés dans leur ascension par la solidification de la lave. Les *scories* et les *bombes* proviennent de la surface de la lave liquide du cratère ; c'est, en quelque sorte, l'écume de cette lave qui, soulevée, projetée par l'action du gaz, retombe en fragments qui se durcissent au contact de l'air pendant leur chute ; leur structure est déchiquetée et caverneuse.

❋ *Les laves sont de la roche en* fusion ; *elles s'échappent ordinairement par des cratères secondaires, s'écoulent vers les pentes et se solidifient rapidement. La partie superficielle des laves est remplie de bulles dues aux gaz qui se dégageaient au moment de leur écoulement.*

65. Cendres, fumerolles. — Les *cendres* volcaniques sont composées de fragments vitreux extrêmement ténus et de petits cristaux, complets ou brisés, de différents minéraux ; elles résultent de la pulvérisation de la lave par les explosions avec refroidissement rapide. Ces cendres sont facilement transportables par le vent, car elles peuvent être entraînées à 2 000 kilomètres du volcan qui les a produites. Celles qui furent projetées en **1883** par l'explosion du Krakatoa paraissent être restées plusieurs mois dans les hauteurs de l'atmosphère.

Les *fumerolles* sont des émissions de gaz qui se produisent soit à la surface des coulées de laves, soit à l'ouverture des fentes du sol ; elles se manifestent durant les périodes d'activité d'un volcan et persistent parfois pendant un très grand nombre d'années après la fin des éruptions ; elles déposent souvent du soufre cristallisé autour de leur point de sortie.

❋ *Les cendres sont formées de lave pulvérisée par les explosions, puis cristallisée au moment du refroidissement ; elles peuvent être transportées fort loin par le vent. Les fumerolles sont gazeuses ; elles accompagnent et suivent les éruptions ; il en est qui déposent du soufre.*

66. Volcans actifs. — Les volcans actuellement en activité sont assez nombreux à la surface du globe ; mais il est impossible de préciser leur nombre, parce que les éruptions sont souvent séparées entre elles par des périodes de calme extrêmement prolongées,

C'est ainsi que des volcans que l'on considérait comme absolument éteints se sont brusquement réveillés, surprenant les populations dans leur parfaite quiétude. On ne peut donc pas dire qu'un volcan est éteint.

Parmi les volcans actifs, il faut remarquer d'abord ceux de l'Europe. Il en existe quatre : l'Etna en Sicile, le Vésuve en Italie continentale, le Stromboli et le Vulcano dans les îles Lipari. La dernière éruption de l'Etna fut très violente ; elle date de 1892. Le Vésuve *(fig. 62 et* PLANCHE *en couleurs des Volcans, A)* fut terrible en 1900 et 1906. Le Stromboli est en perpétuelle activité ; ses explosions se répètent de quart d'heure en quart d'heure. Le Vulcano, calme depuis 1890, présente des fumerolles sulfureuses.

On a remarqué depuis longtemps que tous les volcans actifs se trouvent distribués sur les îles ou près de la mer, et ensuite que les plus nombreux entourent l'immensité de l'Océan Pacifique d'une chaîne continue. C'est ainsi que l'on compte 49 volcans actifs dans l'archipel Malais, dont 28 à Java. Le Japon compte 33 volcans. Il y en a 16 aux îles Kouriles, 12 au Kamtchatka et 34 aux îles Aléoutiennes. L'Océan Atlantique est plus pauvre ; cependant il faut y citer les volcans d'Islande, des Antilles, des Açores, des Canaries et des îles du Cap-Vert. Signalons encore ceux de la Réunion, dans l'océan Indien.

❋ *Les volcans d'Europe sont : l'Etna, le Vésuve, le Stromboli et le Vulcano.* Dans

Fig. 64. — *Nuée ardente* sortant de la Montagne-Pelée (Martinique).
Phot. de M. A. Lacroix, extraite de *La Montagne-Pelée* (Masson et Cie).

l'Océan Pacifique on compte de nombreux volcans, à Java, et au Japon. Dans l'Atlantique, citons ceux d'Islande et des Antilles.

67. Montagne-Pelée. — L'épouvantable éruption de la Montagne-Pelée (Martinique) s'est produite en 1902. On a évalué à 35 000, dont 3000 de race blanche, le nombre de ceux qui y ont trouvé la mort. Voici le récit d'un témoin qui, du haut d'une colline, a pu voir de ses yeux l'anéantissement de la malheureuse ville de Saint-Pierre :

« Le matin du 8 mai, à huit heures moins dix, nous entendîmes une première détonation, puis une seconde très forte. En même temps, j'ai vu sortir du cratère une masse énorme de fumées lourdes, excessivement noires. Ces fumées s'épanchaient en moutonnant avec un bruit sinistre. On sentait que cela était pesant, puissant; on eût dit un gigantesque bélier roulant. On entendait le bruit de tout ce que cette trombe roulante brisait, arrachait, broyait sur son passage. Ces fumées lourdes suivirent avec fracas les vallées qui se creusent sur les flancs du volcan et s'étendirent sur la ville de Saint-Pierre comme un noir linceul. Cette avalanche ne mit pas plus d'une minute et demie à terminer sa course. Puis, avec la vitesse même de la pensée, j'ai vu toute la masse noire fulgurer dans un éclat de tonnerre. Et, toujours dans le noir, ce fut sur la ville des lueurs d'incendie. » Les dix-huit navires qui se trouvaient dans la rade subirent le même sort, sauf un qui put s'enfuir, désemparé, avec une partie de son équipage carbonisé.

M. A. Lacroix a donné à ces vapeurs lourdes le nom de *nuées ardentes* (*fig.* 64). Elles sont principalement composées de vapeur d'eau; quant à leur densité excessive et à leur température élevée, elles sont dues à la grande quantité de cendres plus ou moins incandescentes qu'elles apportent. La Montagne-Pelée a émis un grand nombre de nuées ardentes; plusieurs ont contribué à pulvériser les ruines résultant de la première explosion. Depuis, le volcan s'est calmé; la ville renaît doucement de ses cendres.

❊ *L'éruption de la* Montagne-Pelée *s'est produite sous forme de projections de vapeurs lourdes et noires, surchargées de cendres brûlantes, et appelées* nuées ardentes. *C'est la nuée ardente du 8 mai 1902 qui a détruit la ville de Saint-Pierre.*

68. Solfatares. Massif-Central. — Les *solfatares* sont des cratères par les fissures desquels sortent des vapeurs plus ou moins *sulfureuses*. Autrefois toutes les solfatares étaient considérées comme des volcans en voie d'extinction et dont la force d'éruption était définitivement épuisée. On les considère maintenant comme des volcans en repos temporaire, et non comme des volcans éteints. La *solfatare* la plus connue est celle de Pouzzoles, située en Italie, dans les Champs-Phlégréens, près de Naples. (Voy. Planche en couleurs des *Volcans*, B.)

Il existe en France un massif volcanique fort curieux et que l'on a l'habitude de considérer comme éteint; il repose sur le *Massif-Central*. Il s'agit là d'éruptions successives et superposées qu'indiquent de nombreux cônes volcaniques : ce sont les Monts-Dômes (*fig.* 65), merveilleusement conservés, puis les Monts-Dore et ceux du Cantal, qui représentent les *volcans d'Auvergne*. Le Velay et le Vivarais présentent aussi de très nombreux cratères.

❊ *Les* solfatares *sont des volcans en repos temporaire. De nombreux volcans probablement éteints occupent le Massif-Central français; les* Monts-Dômes *sont les plus curieux et les mieux conservés.*

69. Volcanisme. — Après avoir étudié les manifestations extérieures des volcans, et avoir indiqué la source profonde à laquelle ils empruntent leurs déjections, il est important de parler du *volcanisme*, c'est-à-dire de leur mode de fonctionnement. Nous verrons bientôt que l'écorce terrestre est soumise à des mouvements de contraction dus à la diminution lente et progressive du feu central (73 et 74); il en résulte des plissements et des *cassures*. Or les grands efforts de contraction produisent parfois des cassures assez

PLANCHE VI. LES VOLCANS

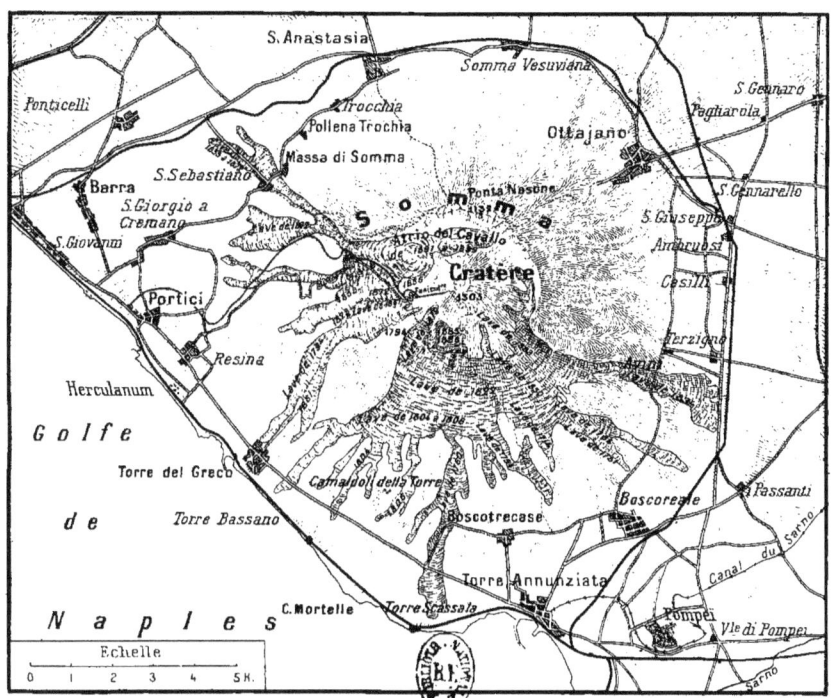

A - Massif et coulées historiques du VÉSUVE

B - CRATÈRES des Champs Phlégréens ou Champs brûlants

grandes pour ouvrir une communication entre le centre du globe et la surface du sol : voici donc une *cheminée volcanique* réalisée. D'ailleurs les chaînes de volcans suivent toujours les grandes lignes de dislocations de l'écorce terrestre ; en outre, les plus actifs sont groupés là où se croisent plusieurs lignes de dislocations.

Le moteur des volcans est indiscutablement la *vapeur d'eau*, dissoute en si grande quantité dans la masse minérale en fusion ; on peut alors supposer que si les mouvements de l'écorce terrestre ouvrent une issue, les propriétés foisonnantes de la vapeur d'eau s'exercent, d'abord sous forme d'épaisse colonne de fumée (*fig.* 62) ou de nuées ardentes (*fig.* 64), ensuite par l'extravasion des laves. L'action de la vapeur d'eau d'un volcan serait ainsi comparable à celle de l'acide carbonique d'un siphon d'eau de Seltz.

Fig. 63. — Le *Puy de Dôme*, point culminant des Monts-Dômes.

❈ *Le* volcanisme *ou fonction volcanique s'explique d'abord par le feu central et par les grandes cassures de l'écorce terrestre. L'éruption paraît due aux propriétés foisonnantes de la* vapeur d'eau *dissoute en très grande quantité dans la masse minérale en fusion.*

LES ÉMANATIONS

70. Geysers, soufflards. — Les *geysers* sont groupés dans certains terrains éruptifs ; ce sont des sources *chaudes*, essentiellement *jaillissantes*, avec dégagements sulfureux. Ces sources sont caractérisées par une quantité considérable de vapeur d'eau et d'eau liquide, par l'intermittence de leur jet et par le dépôt minéral, calcaire ou siliceux, souvent très abondant, qu'elles produisent. Les geysers ont été étudiés pour la première fois en Islande, puis en Nouvelle-Zélande, où leurs manifestations ont plus d'intensité, enfin aux États-Unis dans le « Parc National » du Yellowstone, où le phénomène qui nous intéresse se présente avec une ampleur grandiose.

Les principaux geysers d'Amérique sont : le *Géant*, dont le jet atteint 60 mètres ; la *Ruche d'abeilles* (70 mètres) ; le *Vieux Fidèle*, qui fonctionne toutes les 65 minutes ; le *Geyser Architectural* est remarquable par l'allure désordonnée de ses jets multiples.

Les *soufflards* sont des dégagements de vapeur d'eau dont la température dépasse généralement + 100°. Les *soffioni* de la Toscane (Italie) sont des soufflards ; ils sont groupés le long des fractures du sol dans la région de Volterra. La condensation de ces jets de vapeur donne naissance à une certaine quantité d'acide borique, qui se réunit dans les bassins appelés *lagoni* et y dépose du soufre et du gypse ; l'*albâtre* de Volterra n'a pas d'autre origine que ce dépôt gypseux. L'exploitation de l'acide borique y est assez active. Il y a aussi de nombreux soufflards dans l'Amérique du Nord.

❈ *Les* geysers *sont des sources chaudes, jaillissantes et intermittentes ; il en existe en Islande, en Nouvelle-Zélande et aux États-Unis. Les* soufflards *sont des dégagements de vapeur d'eau accompagnés d'acide borique.*

71. Volcans de boue, sources chaudes. — Les *salses* ou *volcans de boue* se présentent comme de petits cônes argileux émettant de la boue souvent salée, avec dégagements gazeux très abondants. Les principales régions de salses sont le nord de l'Italie, la Sicile, le Caucase, l'Islande et l'Amérique du Nord. En Sicile, la Salse de Paterno s'ouvre au voisinage de l'Etna; la *Maccaluba* de Girgenti est une colline argileuse de 50 mètres de hauteur qui présente à son sommet une centaine de petits cônes offrant chacun un cratère étonnant de perfection. Les salses du Caucase sont les plus importantes; leurs cônes atteignent une hauteur de 120 à 400 mètres.

Les *sources chaudes* ou *thermo-minérales* donnent lieu parfois à des formations d'une grande beauté, car leur pouvoir dissolvant est grand et elles sont ainsi très minéralisées. Dans le district américain de Yellowstone, dont nous avons parlé à propos des geysers, elles arrivent au jour avec une température moyenne de + 70° et déposent, à mesure qu'elles se refroidissent au contact de l'air, du carbonate de chaux cristallisé ou *travertin*. Les plus belles sont celles des *White Mountain*, appelées aussi *Sources du Mammouth*; elles forment une imposante succession de bassins étagés; leurs eaux fumantes tombent de vasque en vasque.

※ *Les volcans de* boue *ou salses sont des cônes d'argile avec cratères émettant de la boue salée et des gaz. Les sources chaudes ont un pouvoir dissolvant considérable; elles sont donc très minéralisées et forment d'importants dépôts de travertin.*

72. Sources froides; mofettes. — Les *eaux minérales froides*, dont on fait une si grande consommation, paraissent se rattacher encore à l'influence du feu souterrain. On s'intéresse à ces eaux parce qu'on les considère ou comme des boissons agréables ou comme des médicaments. Nous citerons notamment les eaux bien connues de *Saint-Galmier* (Loire), *Vals* (Ardèche), *Vichy* (Allier), etc.

Les *mofettes* sont des émanations de gaz carbonique qui se produisent fréquemment dans les terrains volcaniques. Dans les dépressions et dans les grottes, il arrive que le gaz s'accumule; plus lourd que l'air, il reste sur le sol, formant une couche dans laquelle une bougie allumée s'éteint aussitôt et où un animal serait tout à fait asphyxié s'il y était retenu. A Royat (Puy-de-Dôme), comme à Naples (Italie), il y a une *grotte du Chien*, ainsi nommée parce que c'est un chien qui sert à la démonstration du phénomène.

※ *Les eaux minérales froides sont employées comme boissons ou comme médicaments. Les* mofettes *sont des émanations de gaz carbonique. Par son poids, ce gaz s'accumule dans certaines cavernes (grottes du Chien).*

LES DISLOCATIONS

73. Contractions du sol. — Le *feu central* ne produit pas seulement le volcanisme, il remplit un rôle géologique beaucoup plus considérable par son refroidissement et la *diminution* progressive de son *volume*. Pour rester en contact avec cette masse en fusion, l'écorce terrestre est obligée de se contracter; comme le vêtement d'un homme qui maigrit, elle fait des plis; mais comme elle est moins souple qu'un vêtement, il arrive aussi qu'elle se brise; ce sont les plis et les brisures du sol que nous allons étudier; cette science des dislocations du sous-sol est l'*orogénie*. Certaines régions sont extraordinairement plissées; c'est notamment le cas des Ardennes et du Jura (*fig.* 67), où les plis sont souvent très visibles sur les pentes des vallées et les parois des gorges. Le maximum de plissement est représenté par les chaînes de montagnes; les Alpes, les Py-

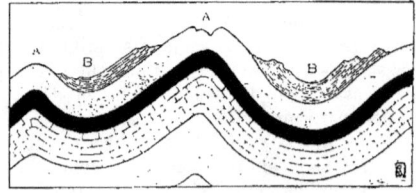

Fig. 66. — Coupe transversale des plis *anticlinaux* (A, A) et *synclinaux* (B, B).

PHÉNOMÈNES INTERNES

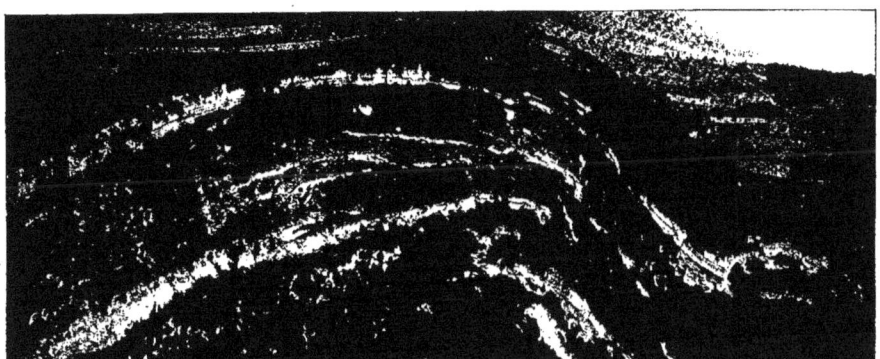

Phot. de M. Aug. Robin.
Fig. 67. — Grand pli *anticlinal* dans la *Cluse* de Valorbes (Jura suisse).

rénées, etc., sont des *rides* gigantesques dues aux efforts de contraction de l'écorce terrestre.

❊ *En se refroidissant, le feu central* diminue *de volume. Pour rester en contact avec cette masse minérale en fusion, l'écorce terrestre se* plisse *comme un vêtement trop large et se brise; les plus grands plis sont représentés par les* chaînes *de montagnes.*

74. Plis, cassures. — Il y a plusieurs sortes de plis (*fig.* 66) : ceux qui se présentent en bosse sont des plis *anticlinaux* (*fig.* 67); leur partie supérieure est une crête *anticlinale*. Les plis qui se présentent en creux, en cuvettes, sont des plis *synclinaux*, formant des vallées *synclinales*. Il arrive parfois que des plis anticlinaux déjà très accusés, et continuant de subir une poussée latérale, se couchent sur des terrains plus récents, puis s'amincissent et présentent même un étranglement entre la tête du pli et sa base ou racine. Si l'effort continue, une rupture se produit à l'étranglement, et la portion ainsi détachée, transportée plus ou moins loin de sa base par les efforts de contraction du sol, forme ces immenses terrains auxquels on donne maintenant le nom de *nappes de charriage* ou *massifs* de *recouvrement*.

À côté des plissements, il faut parler des *cassures* ou *fractures* qui fendent le sol jusqu'à des profondeurs considérables; ce sont les *géoclases*. Très souvent ces cassures sont accompagnées de *rejet*, c'est-à-dire d'une dénivellation notable des couches fendues; il s'agit alors d'une *faille*. Enfin certaines fractures coupent transversalement les chaînes de montagnes; il en résulte, lorsque les parois en sont écartées, une gorge ou vallée à laquelle on donne dans le Jura le nom de *cluse* (*fig.* 67).

❊ *On distingue les plis en bosse ou* anticlinaux *et les plis en creux ou synclinaux. Certains plis poussés latéralement, puis couchés, rompus et transportés loin de leur base, constituent les* nappes *de* charriage. *On appelle* géoclases *les grandes cassures de l'écorce terrestre.*

75. Oscillations des rivages. — Les contractions de l'écorce terrestre donnent également lieu à des *soulèvements* et à des *affaissements* lents que l'on a remarqués depuis longtemps sur les rivages de certains pays parce que le niveau de la mer y constitue un point de repère qui en facilite la constatation. C'est ainsi que des plages se sont élevées au-dessus de l'influence des eaux, et que des lieux qui dominaient les flots s'y sont lentement engloutis; on peut citer d'abord le pays hollandais, où les grands marécages et les forêts de l'époque romaine sont devenus des fonds de mer. En France, la baie du Mont-Saint-Michel, autrefois habitée, s'est affaissée; il en est de même des vallées de la Rance et du Trieux en Bretagne. Sur les côtes de l'Océan, au nord de la Gironde, il y a une émersion très nette, et l'ancien port de Brouage, par exemple, se trouve maintenant à quelque distance de la côte. Les oscillations de rivages les plus importantes sont celles produites en Scandinavie, où les côtes de la Norvège présentent de grandes *vallées affaissées*, remplies par la mer, et que l'on nomme des *fjords*.

❀ *Les contractions de l'écorce terrestre produisent des* soulèvements *et des* affaissements. *En Norvège, les* fjords *sont des vallées affaissées et envahies par la mer.*

76. **Tremblements de terre.** — Les *tremblements de terre* ou *séismes* appartiennent à la diminution du *feu central;* ils représentent des épisodes, parfois violents, de la contraction lente de l'écorce terrestre. Ils se manifestent de façon très variable, donnant naissance à des secousses presque insensibles comme aux plus terribles catastrophes. Parmi ces dernières, on cite souvent celle de **1755**, à Lisbonne, où la ville fut détruite et où 30 000 personnes périrent. Les secousses séismiques, qui peuvent présenter des allures très variées, entraînent assez souvent des ruptures du sol ou *crevasses*, affectant la forme de longues lézardes ou bien une disposition étoilée ; la forme en lézardes peut s'étendre sur plus de **100** kilomètres. Les crevasses peuvent s'ouvrir et se refermer aussitôt; d'autres restent toujours béantes. Parfois il y a *dénivellation,* les bords de la crevasse ne sont plus de niveau, il y a eu *rejet;* la rupture qui offre cette particularité constitue dans le sol une *faille* (**74**). Ces différents accidents se produisent aux points de moindre résistance, notamment à la jonction, à la surface du sol, de terrains différents. Citons ici les derniers grands tremblements de terre : ceux qui dévastèrent la Calabre en septembre **1905**, San Francisco en avril **1906**, Valparaiso (août **1906**), Kingston (janvier **1907**), Sicile et Calabre (décembre **1908**). En France, les secousses séismiques sont fréquentes, mais faibles, et sont révélées par un instrument enregistreur qui est le *séismographe.* Le séisme de Provence (juin **1909**) fut cependant très violent. Le séismographe permet de constater que la croûte terrestre est en état de mobilité presque continue.

❀ *Les* tremblements de terre *ou* séismes *sont des épisodes, parfois violents, du phénomène de la* contraction *lente de l'écorce terrestre; les secousses séismiques produisent des* crevasses *et des* failles.

V. — TABLEAU-RÉSUMÉ DE L'ACTION GÉOLOGIQUE DES AGENTS INTERNES.

	ÉMISSIONS SOLIDES.	LIQUIDES.	GAZEUSES.
VOLCANS	Cônes de débris, cendres, scories, soufre des fumerolles et des solfatares.	Roches éruptives et laves diverses.	Vapeur d'eau et gaz divers de la colonne de fumée, des nuées ardentes et des fumerolles.
ÉMANATIONS	Dépôts de geysers. Acide borique des soufflards. Travertin des sources thermo-minérales.	Eaux chaudes des geysers. Boues des salses. Eaux thermo-minérales. Eaux minérales froides.	Vapeur d'eau des geysers, des soufflards et des sources chaudes. Gaz carbonique des eaux minérales froides et des mofettes.
DISLOCATIONS	Phénomènes variables d'intensité et résultant tous de la contraction progressive de l'écorce terrestre : plis, cassures et failles, nappes de charriage; soulèvements lents de chaînes de montagnes; affaissements lents des vallées scandinaves (fjords); tremblements de terre, effondrements et soulèvements, crevasses.		

Fig. 70. — Terrain *Archéen* : Les micaschistes de Belle-Isle-en-Mer (Morbihan).

IV. CLASSIFICATION DES TERRAINS

77. Rapprochement du présent et du passé. — C'est en abordant les phénomènes anciens que nous allons apprécier l'utilité d'avoir étudié les phénomènes actuels : c'est la connaissance de ces derniers qui nous permettra de comprendre le passé. De tout temps, en effet, les cours d'eau ont entraîné des alluvions, les glaciers ont accumulé les débris des montagnes, les mers ont déposé des sédiments, les organismes ont édifié des terres nouvelles, les volcans ont rejeté des laves et les dislocations du sol ont bouleversé l'ordre des diverses formations ; et, grâce à ce que nous savons du présent, nous pourrons reconnaître dans l'épaisseur de l'écorce terrestre l'origine de chaque dépôt, de chaque roche, quelles que soient les perturbations qui s'y sont produites.

L'étude des phénomènes actuels permet de préciser l'origine des formations anciennes et la nature des phénomènes qui les ont produites ou bouleversées.

78. Sédimentation. — Pour bien comprendre la sédimentation qui se produit au fond des mers, nous ne saurions mieux faire que de comparer avec ce que la nature a fait en plus petit. Dans les *flaques d'eau* de pluie qui ont pu résister quelques semaines, on remarque une mince couche de boue qui, desséchée, s'écaillera au soleil, car elle est argileuse ; cette pellicule est un dépôt géologique, un dépôt sédimentaire. Si l'on examine le fond d'une *mare* persistante, l'argile y sera plus épaisse, plus impure et renfermera certainement des débris organiques : végétaux aquatiques, restes d'animaux inférieurs, coquilles vides de petits mollusques, ossements de batraciens; il s'agit alors d'un sédiment renfermant des *fossiles*, ce qui permettra aux géologues de l'avenir de le classer très exactement dans la série des terrains. Les vases d'un *étang* ou d'un *lac* représentent des dépôts encore plus importants, et c'est ainsi que nous arrivons aux mers et aux océans dont nous nous expliquerons mieux l'effrayante épaisseur des dépôts.

Ajoutons ici que les débris fossiles ont été conservés au fond des eaux parce qu'ils s'y trouvaient à l'*abri de l'air*. Au contraire, tous les êtres morts à la surface du sol se sont décomposés et détruits sous l'influence des intempéries.

❀ *La* boue *des flaques d'eau, temporaires, la* vase *des mares et des étangs, les dépôts des lacs, sont comparables aux sédiments si épais du fond des mers. Les organismes s'y fossilisent à l'abri de l'air.*

79. Importance des fossiles. — Nous savons que les terrains sont ainsi formés de dépôts stratifiés, c'est-à-dire s'étageant les uns sur les autres; ajoutons que les uns sont d'origine marine et que les autres sont d'eau douce, ce que l'on reconnaît aux espèces fossiles qu'ils contiennent, car les géologues distinguent immédiatement les débris d'un animal qui vivait dans les eaux des fleuves ou des lacs de ceux d'un animal qui habitait les eaux de la mer. Mais ce qu'il faut surtout reconnaître dans l'écorce terrestre, c'est l'*âge* des terrains, l'*ordre* dans lequel ils se sont succédé, et grouper les dépôts qui, sur toute la surface du globe, se sont formés en même temps. L'ordre est généralement indiqué par la superposition, les terrains les plus récents recouvrant les plus anciens; mais cela n'est pas rigoureusement exact, car les dislocations de l'écorce terrestre ont parfois renversé complètement tout un ensemble de plusieurs couches. Aussi le renseignement le plus certain est-il fourni par les espèces fossiles, lesquelles n'ont pas cessé de se transformer, d'*évoluer* depuis l'apparition du premier organisme.

A travers l'immensité des temps géologiques, les animaux et les végétaux se sont modifiés peu à peu; les genres et les familles apparaissaient, se développaient, puis s'éteignaient, absolument comme l'individu naît, vit et meurt. Ils laissaient après leur disparition de nouvelles formes qui évoluaient à leur tour. Il en résulte que d'un sédiment à l'autre la série des fossiles est plus ou moins différente, qu'elle n'est jamais semblable. On nomme *fossiles caractéristiques* d'un terrain ceux qui lui appartiennent exclusivement et n'existent pas dans les autres (*fig.* 71).

❀ *L'âge des terrains est principalement indiqué par la nature des fossiles, chaque couche contenant, en effet, une série d'espèces partiellement différente des autres séries; cela*

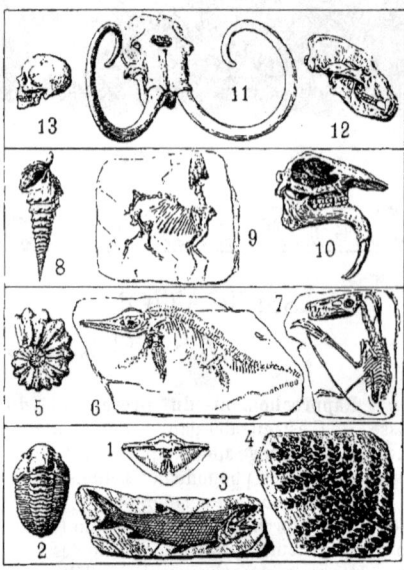

Fig. 71. — Fossiles caractéristiques des ères géologiques.

Ère primaire : 1, Spirifère; 2, Trilobite; 3, Paléoniscus; 4, Fougère. — *Ère secondaire* : 5. Ammonite; 6, Ichthyosaure; 7. Ptérodactyle. — *Ère tertiaire* : 8, Cérithe; 9. Paléothérium; 10, Dinothérium. — *Ère quaternaire* : 11. Mammouth; 12, Ours des cavernes; 13. Homme.

est dû à ce que les organismes n'ont jamais cessé d'évoluer.

80. Caractère de la classification. — La composition des séries animales et végétales, se modifiant avec le temps, offrait aux géologues les indications les plus précieuses pour fixer l'ordre de succession et l'âge des dépôts, et c'est ce qui leur a permis d'établir la *classification* des terrains. Mais il ne faut pas attribuer à cette classification un caractère qu'elle n'a pas : les limites des groupements qui la constituent n'indiquent pas des *repos* dans le cours de la sédimentation. Certes, il y a eu des arrêts locaux, car la série des terrains n'est complète en aucun pays pris séparément ; mais lorsque les eaux se retiraient d'une contrée les dépôts continuaient de se produire au fond des autres mers, de sorte que si les océans n'ont pas cessé de se déplacer, ils ont du moins toujours recouvert la plus grande partie de la surface du globe : leur action sédimentaire a été continue. Il n'y a donc jamais eu d'arrêt général. Aussi les noms que l'on a donnés à des groupes de terrains ne constituent-ils que des points de *repère* dans la série des dépôts ; mais à ce titre ils sont indispensables.

Les divisions établies dans la série des terrains n'indiquent pas d'arrêts généraux dans la sédimentation, car celle-ci a été continue ; elles représentent seulement des points de repère, indispensables aux géologues.

81. Divisions des terrains. — Comme nous l'avons appris plus haut, les parties profondes de l'écorce terrestre sont formées de roches cristallines qui résultent de la première consolidation de la surface du globe ; elles se sont formées lorsque celui-ci a passé de l'état pâteux à l'état solide. L'épaisseur de ces roches est allée en augmentant toujours à la base, c'est-à-dire vers l'intérieur. C'est sur ce socle cristallin, appelé terrain « primitif » ou *Archéen*, que se sont étagées les formations *sédimentaires*, que nous allons bientôt étudier en suivant l'ordre chronologique. Une troisième catégorie de terrains est représentée

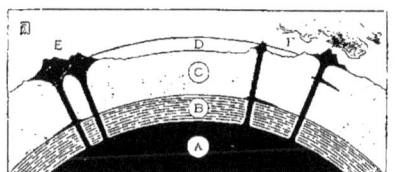

Fig. 72. — Coupe de l'*Écorce terrestre*.
A. Milieu en fusion ou feu central ; B. Zone de première consolidation ; C. Terrain sédimentaire ; D, Océan ; E. F. Injections éruptives anciennes et modernes.

par les roches *éruptives* qui, venues du centre en fusion, se sont insinuées de tout temps à travers l'écorce terrestre (*fig.* 72).

Les terrains sédimentaires ont été partagés en quatre grandes divisions ou *ères*, qui ont été subdivisées chacune en périodes ou *systèmes*. C'est ainsi que l'ère *Primaire* est formée de trois systèmes qui sont, de bas en haut : Silurien, Dévonien et Carbonifèrien. L'ère *Secondaire* comprend les systèmes Triasique, Jurassique et Crétacique. Enfin l'ère *Tertiaire* se compose des systèmes Éocène, Oligocène, Miocène et Pliocène. Quant à l'ère *Quaternaire*, elle débute à peine et ne comporte pas de grandes divisions.

Au-dessus du terrain Archéen, on a divisé les terrains sédimentaires en quatre systèmes, qui sont, de bas en haut : Primaire, Secondaire, Tertiaire et Quaternaire. Ils sont plus ou moins traversés d'injections éruptives.

82. Terrain primitif ou Archéen. — Ce terrain est assez peu connu ; autrefois, on considérait tous les granites comme primitifs ; on a reconnu depuis que ce sont des roches éruptives. Ensuite on s'est reporté sur les roches cristallophylliennes : gneiss, micaschistes, parce que ce sont les types que l'on rencontre toujours en dessous des autres terrains ; mais certains gneiss et micaschistes ont fourni des fossiles ; ils ont ainsi affirmé leur origine sédimentaire. Il en résulte que certains géologues sont maintenant persuadés que toutes les roches cristallophylliennes sont des sédiments très anciens qui ont pris avec le temps une structure cristalline. C'est en raison de son origine douteuse que ce terrain est généralement qualifié d'*archéen ;* ce nom vient d'un mot grec qui veut dire *ancien*, et il est plus prudent de l'employer. D'ailleurs, l'épaisseur de l'écorce terrestre connue et explorée par l'homme est si minime auprès de son épaisseur totale qu'il ne peut être donné aucune indication définitive sur la composition exacte du véritable terrain primitif.

Les roches archéennes constituent la surface du sol sur une grande partie de la Bretagne (*fig.* 70), du Massif-Central, des Pyrénées et des Alpes. On peut supposer que ces régions sont toujours restées continentales, ou bien que les sédiments qui ont pu les recouvrir ont été détruits par l'érosion superficielle.

※ *Le terrain* Primitif *résultant de la première consolidation du globe est douteux. On nomme* Archéen *l'ensemble des roches cristallophylliennes qui supportent la série sédimentaire ; mais ces roches sont peut-être elles-mêmes des sédiments très anciens.*

ÈRE PRIMAIRE

83. Caractères principaux. — Les dépôts de l'ère Primaire sont de beaucoup les plus épais ; ils représentent à eux seuls une masse plus importante que celle des autres terrains réunis, et le temps durant lequel ils se sont formés embrasse la plus grande partie des temps géologiques. Les roches d'âge primaire sont principalement des schistes, des grès et des marbres plus ou moins fossilifères ; elles reposent toujours sur les roches cristallines du terrain archéen. Une remarquable exubérance végétale a donné naissance aux gisements de houille (**91, 92**). Parmi les fossiles animaux, il en est une série tout à fait *caractéristique* qui apparaît vers le commencement de l'ère et s'éteint vers la fin ; ce sont les *Trilobites* (*fig.* 73). Les Trilobites sont des articulés de la classe des crustacés ; une division longitudinale du corps en trois lobes justifie leur nom. Le crustacé actuel qui leur ressemble le plus est la Limule, ou crabe des îles Moluques. Les Trilobites habitaient la mer, se déplaçaient en nageant et pouvaient se rouler sur eux-mêmes comme des cloportes. Les géologues en ont compté 1 700 espèces différentes ; ils ont pu suivre leur constante évolution, et comme chaque espèce est toujours localisée au même niveau, elle indique très exactement l'âge du dépôt qui la contient. Il suffit donc de recueillir un Trilobite en place pour avoir la certitude absolue que l'on se trouve en présence d'un terrain *primaire*.

La présence des mêmes fossiles dans le monde entier et leur nature indiquent un climat uniforme et très chaud ; c'est ainsi que la flore du Spitzberg est tropicale, les saisons ne se manifesteront que beaucoup plus tard. En France, les formations primaires sont visibles en Bretagne (*fig.* 74), elles y sont serrées entre les deux bandes archéennes, puis en Cotentin, Ardennes, Massif-Central et Pyrénées.

※ *Les dépôts* Primaires *sont les plus épais ; c'est dans leurs assises que l'on trouve la houille. Les fossiles caractéristiques de cette ère sont les* Trilobites, *crustacés comportant une division du corps en trois lobes. Le climat était uniforme et très chaud sur toute la Terre.*

84. Apparition de la vie. — Les dépôts primaires constituent la base de la série sédimentaire et les plus inférieurs ne contiennent aucun fossile. Les premières mers, en effet, ne présentèrent pas un milieu favorable à la vie organique et ce n'est qu'après bien des siècles de sédimentation exclusivement minérale qu'apparut la vie. Elle se manifesta probablement sous forme d'êtres microscopiques

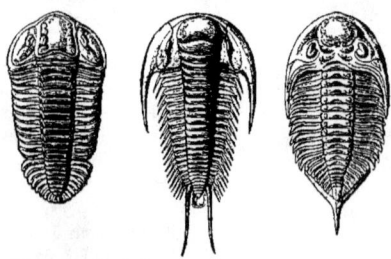

Fig. 73. — Trois formes différentes de *Trilobites.*

Fig. 74. — Ère *primaire*; système *silurien* : Grès armoricain des falaises de Morgat (Finistère).

unicellulaires, se dégageant insensiblement de la substance inorganique sous l'influence de réactions quelconques. Mais, étant donnée la simplicité de leur organisation anatomique, ces êtres n'ont pas laissé de traces dans les terrains, et le plus ancien des fossiles connus vécut après d'innombrables générations qui nous ont échappé par décomposition naturelle et aussi par transformation physique et chimique des roches, ou *métamorphisme*. En effet, les efforts de contraction de l'écorce terrestre, la haute température des profondeurs, le voisinage des injections éruptives ont complètement modifié la structure des sédiments; les roches anciennes sont devenues feuilletées, schisteuses, et souvent plus ou moins cristallines, et ces causes ont parfois complètement détruit les débris fossiles; c'est ainsi que les débuts de la vie à la surface du globe nous échapperont toujours.

La vie est apparue au fond des eaux sous forme d'êtres microscopiques unicellulaires; mais les traces de ces premiers fossiles ont été détruites par la décomposition rapide, ou par le métamorphisme des roches qui les contenaient.

85. Invertébrés primaires. — Pour chaque ère géologique nous citerons un ou deux types qui représenteront les embranchements ou les classes de la série animale, en commençant par les formes les plus inférieures. Ensuite nous ne nous arrêterons sur les caractères anatomiques des groupes que pour les formes disparues, les autres ayant été suffisamment étudiées en zoologie au cours de la première année.

Les terrains primaires ont fourni des protozoaires sous forme de petites carapaces de foraminifères; puis des polypes en très grand nombre; certaines assises sont totalement constituées de polypiers. Les plus anciens sont les *Graptolites* (*fig.* 89); ce sont des petites lames de scie plus ou moins contournées

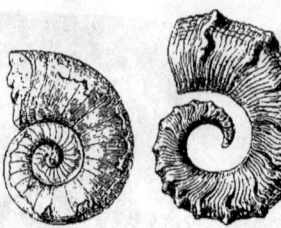

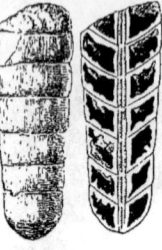

Fig. 75. — *Nautile.* Fig. 76. — *Gyrocère.* Fig. 77. *Cyrtocère.* Fig. 78. — *Orthocère.* Fig. 79. *Libellule géante.*

dont les dents représentent les loges d'habitation ; les Graptolites formaient des colonies flottantes. Les molluscoïdes brachiopodes ont fourni des genres importants : ces animaux, qui ressemblent extérieurement à des mollusques bivalves, sont caractérisés par un pied charnu qui sort d'un orifice de la valve inférieure et leur permet de se fixer au rocher ; ils sont en outre munis de deux bras enroulés en spirale : chez les *Spirifères* (*fig.* 90) les bras supportent l'appareil respiratoire ; chez les *Productus* (*fig.* 92) la coquille très épaisse porte des appendices tubulaires dans lesquels se prolonge la substance charnue. Parmi les mollusques il n'y avait guère que des céphalopodes à coquille, notamment le *Nautile* (*fig.* 75) dont le genre existe encore. Parmi les formes voisines des Nautiles on retrouve des coquilles déroulées comme celles des *Gyrocères* (*fig.* 76), arquées comme chez les *Cyrtocères* (*fig.* 77) et droites comme celles des *Orthocères* (*fig.* 78). Les crustacés les plus répandus étaient les *Trilobites* (*fig.* 73). Les arachnides sont représentés par un scorpion : le *Paléophone* silurien, le plus ancien des animaux à respiration aérienne. Enfin, les articulés offrent de nombreux insectes, souvent de grandes dimensions : Libellules dont l'envergure était égale à 0^m,70 (*fig.* 79), Blattes, Sauterelles, etc.

✱ *Les Invertébrés primaires sont principalement des polypes, notamment des Graptolites disposés en petites lames de scie, des molluscoïdes brachiopodes dont la valve inférieure laisse passer un pied charnu* (Spirifère *Productus*), *des mollusques céphalopodes à coquille* (Nautile), *des crustacés* (Trilobites), *un scorpion et des insectes.*

86. Vertébrés primaires.

— Ces animaux étaient principalement des poissons et des batraciens. Les premiers comprenaient des placodermes, qui sont caractéristiques de l'ère primaire, et des ganoïdes. Chez les placodermes, ou poissons cuirassés, le corps est recouvert de plaques osseuses, la colonne vertébrale n'est pas complètement ossifiée et la queue est hétérocerque, c'est-à-dire à lobes inégaux : c'est le cas du *Ptérichtys* (*fig.* 80). Les ganoïdes marquent un progrès sur les premiers, néanmoins ils sont encore bien inférieurs aux ganoïdes actuels, à l'esturgeon par exemple ; citons le *Paléoniscus* (*fig.* 81), assez commun dans les schistes. Les batraciens sont représentés par leurs squelettes et aussi par les traces de leurs pas sur l'argile ; tels sont l'*Archégosaure* (*fig.* 82) et l'*Actinodon* (*fig.* 83) ; ce dernier, long de 0^m,80, était le plus gros animal de cette époque. On trouve dans certains schistes d'innombrables petits squelettes qui représenteraient les larves ou têtards de ces batraciens : on leur a donné le nom de *Protriton* (*fig.* 93).

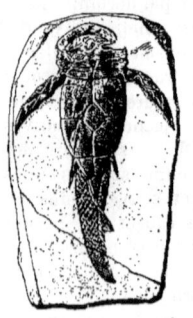

Fig. 80. — *Ptérichtys.*

CLASSIFICATION DES TERRAINS

Fig. 81. — *Paléoniscus*.

Fig. 82. — *Archégosaure*.

Fig. 83. — *Actinodon*.

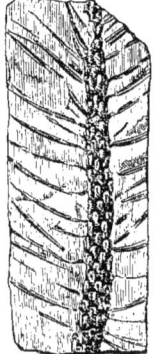

Fig. 84. *Lépidodendron.*

Chez les *Lépidodendrons* (*fig.* 84), les cicatrices sont en losange ; chez les *Sigillaires* (*fig.* 85 et 86), elles sont ovales. Les prêles, également de petite taille de nos jours, atteignaient aux temps primaires une hauteur presque égale à celle des lycopodes ; c'étaient les *Calamites* (*fig.* 87) dont la tige était finement cannelée. Enfin, les *Fougères* (*fig.* 88) collaboraient par le nombre de leurs espèces à la beauté des forêts ; leurs dimensions dépassaient de beaucoup celles de nos fougères arborescentes. Leurs feuilles, admirablement découpées, apparaissent en noir brillant dans la roche que l'on vient de fendre ; les schistes et grès houillers, notamment, ont enrichi les musées de leurs précieuses empreintes. Toutes ces plantes ont contribué à la formation de la houille. Au règne végétal appartiennent encore une profusion de *bactéries* qui tra-

✳✳ *Les Vertébrés primaires sont des poissons cuirassés (Ptérichtys) et des poissons ganoïdes (Paléoniscus), tous à queue hétérocerque ; puis les grands batraciens, comme l'Actinodon et l'Archégosaure dont les Protritons paraissent être les larves.*

87. Végétaux primaires. — La végétation primaire est presque entièrement composée de cryptogames, car les débris de phanérogames (conifères, cycadées) sont assez rares.

Les lycopodes, réduits aujourd'hui à des petites plantes herbacées et rampantes, étaient représentés à cette époque par des espèces arborescentes dont la hauteur variait de 20 à 30 mètres ; on trouve encore leurs tiges couvertes de cicatrices régulièrement disposées et correspondant chacune à la chute d'une feuille.

Fig. 85. — *Sigillaire.* (Reconstitution de la plante.)

Fig. 86. Tiges de Sigillaires avec cicatrices.

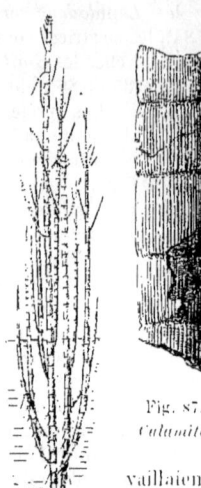

Fig. 87. Calamite.　　Fig. 88. — Empreintes de Fougères.

vaillaient à la décomposition des végétaux morts et que révèle le microscope.

❀ *Les végétaux primaires sont presque tous des cryptogames : les Lépidodendrons et les Sigillaires étaient des lycopodes géants; les* Calamites *étaient des prêles de grande taille ; les fougères arborescentes étaient abondantes.*

88. Système Silurien. — Les formations siluriennes se dégagent parfois insensiblement du terrain archéen. Elles sont caractérisées par les *Graptolites* fig. 89 , polypes décrits plus haut (85 , et par certaines espèces de Trilobites. Les roches les plus répandues sont des schistes, des grès, des conglomérats. Une des principales exploitations de roche silurienne est l'extraction souterraine des *ardoises* de l'Anjou fig. 91 . L'ardoise est principalement employée à la couverture des maisons. Les ardoises violettes de Fumay Ardennes , le grès dit « armoricain » du cap de la Chèvre et de Morgat (Finistère) (*fig.* 74 sont également siluriens. C'est à la fin des temps siluriens que commence le soulèvement

Fig. 89. Graptolite

d'une chaîne de montagnes dite *Calédonienne* qui s'étendait de l'Écosse à la Scandinavie. Les terrains actuellement visibles sur le trajet de cette chaîne sont extrêmement plissés : ils en représentent les ruines. Les éruptions volcaniques se sont produites à maintes reprises durant les temps siluriens : elles se sont répétées tout le temps de l'ère primaire. Malheureusement, les cônes ont été détruits par l'érosion ; mais on en reconnaît l'emplacement par la nature des roches qu'ils ont rejetées.

❀ *Les terrains Siluriens sont caractérisés par les* Graptolites. *Les roches de cet âge sont des schistes et des grès; les* Ardoises *de l'Anjou et des Ardennes en font partie. A la fin de la période commence le soulèvement de la chaîne* Calédonienne.

89. Système Dévonien. — Les assises dévoniennes sont caractérisées par un genre de brachiopodes : les *Spirifères* (fig. 90 . Les roches calcaires prennent une très grande importance au cours de cette période ; on y trouve encore des grès et des conglomérats. Les marbres de cet âge sont l'objet d'exploitations très actives : les variétés Campan et Griotte des Pyrénées sont dans ce cas. Le calcaire de Givet (Ardennes), les marbres de Ferques Pas-de-Calais) et de Cabrières Hérault sont encore dévoniens. Les marbres sont généralement employés pour la décoration des édifices. Les blocs extraits des carrières sont transportés aux châssis à scier, qui peuvent les diviser en 80 lames en une seule opération : ces lames passent ensuite au polissage. Le phénomène de soulèvement de la chaîne dite *Calédonienne* s'est poursuivi au commencement de cette période.

❀ *Les terrains Dévoniens sont caractérisés par les* Spirifères. *Les marbres y occupent une grande place. Le soulèvement de la chaîne* Calédonienne *s'est poursuivi, s'étendant de l'Écosse à la Scandinavie.*

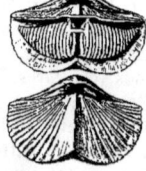

Fig. 90. — *Spirifère*.
En haut : coquille ouverte.

Fig. 91. — Exploitation souterraine des ardoises *siluriennes*, aux environs d'Angers (Maine-et-Loire).

90. Système Carbonifèrien. — Les couches carbonifériennes sont également caractérisées par un genre de brachiopodes : les *Productus* (fig. 92). Ces couches sont formées des mêmes roches que les deux systèmes précédents. C'est entre certaines assises de schistes et de grès que se trouve la *houille*, dont l'extraction est des plus importantes et qui fournit la vie à nombre d'industries. La houille se trouve dans les dépôts qui correspondent au milieu et la seconde moitié des temps carbonifériens. Les marbres du Pas-de-Calais, la roche qui constitue le ballon de Guebwiller (Vosges) et le calcaire dit « carbonifère » de Belgique sont également de cet âge. Au sommet des couches de ce système se trouve un groupe de schistes que les géologues isolent souvent pour en former un système Permien ; on y trouve beaucoup de poissons, reptiles et batraciens, notamment le *Protriton* (86, fig. 93).

La chaîne de montagnes calédonienne était déjà bien ruinée lorsque se produisit, durant la seconde moitié des temps carbonifériens, une chaîne dite *Hercynienne* qui intéressait l'emplacement actuel de la France et de l'Allemagne, et dont les reliefs de la Bretagne, des Ardennes et des Vosges en France, de la Forêt-Noire et du Hartz, en Allemagne, représentent les ruines.

✿ *Les terrains Carbonifériens sont caractérisés par les* Productus ; *ils renferment souvent de la houille, activement exploitée. Dans la seconde moitié*

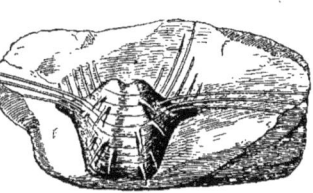

Fig. 92. — *Productus*.

Fig. 93. — *Protriton*.

de la période se soulève la chaîne Hercynienne, *dont les Ardennes et les Vosges représentent les ruines.*

91. Gisements de houille. — Les gisements de houille, que l'on a suffisamment étudiés, sont apparus comme faisant partie de deltas, et souvent il s'agit de deltas lacustres. Dans ce cas, les matériaux variés apportés par un cours d'eau se déposent en eau calme selon leur densité : les cailloux se précipitent d'abord, les graviers ensuite, puis les sables, enfin les corps légers ou flottants dont la chute est lente, tels que végétaux; ceux-ci, portés plus loin, se sont déposés sur les fonds; ils n'ont été recouverts qu'au fur et à mesure de la progression du delta et s'y sont *carbonisés* à l'abri de l'air. Avec le temps, les cailloux sont devenus des conglomérats, les sables des grès, les limons argileux des schistes, et les végétaux du charbon. Les gisements de houille se présentent comme l'indique la figure 94 ; il en est exactement de même des deltas.

La végétation houillère était aérienne, c'est-à-dire terrestre, mais elle recherchait les terrains bas et humides, le voisinage immédiat des cours d'eau; il en résultait que chaque élévation de niveau, chaque inondation, arrachait et entraînait une masse énorme de plantes qui allaient se carboniser au fond des eaux.

✻ *La houille résulte de l'accumulation et de la carbonisation de végétaux arrachés par des cours d'eau à leurs rives, puis transportés et abandonnés à des deltas marins ou lacustres. Le charbon s'y trouve associé à des schistes, grès et conglomérats représentant les alluvions de ces cours d'eau.*

92. Mines de houille, usages. — La plus grande masse de terrain houiller intéressant la France est située sur la frontière franco-belge. Le très important bassin de Mons (Belgique) appartient à la partie moyenne du système carbonifèrien ; il contient 136 veines de houille, dont les plus riches ont $1^m,60$ d'épaisseur ; on a reconnu la présence de 85 couches de houille

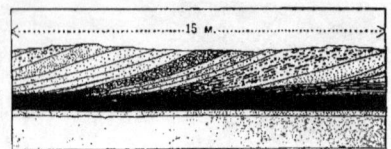

Fig. 94. — Couche de *houille* recouverte par les alluvions dans un delta.

à Liége et de 82 à Charleroi (Belgique). Le bassin français de Valenciennes (Nord) comprend les houillères d'Anzin, d'Aniche, etc.; on y compte 70 couches de combustible dont l'épaisseur atteint parfois $1^m,50$. Dans le département de la Loire, il s'agit de dépôts moins anciens intercalés dans le carbonifèrien supérieur; on y remarque les mines de Rive-de-Gier avec 4 couches de charbon, de Saint-Chamond avec 10 ou 12 couches, de Saint-Étienne avec 8 ou 9 couches, puis les petits bassins d'Autun, Épinac, Blanzy, le Creusot (Saône-et-Loire), Decize (Nièvre), Commentry, Allier (*fig.* 95), Champagnac (Cantal), La Grand'Combe (Gard), Carmaux (Tarn), Decazeville, Aveyron (*fig.* 96), etc. La houille sert principalement à obtenir la vapeur : les chemins de fer, la marine, les machines employées par l'industrie en consomment énormément. La métallurgie, notamment celle du fer, en absorbe une grande quantité. C'est encore à la houille que l'on a recours pour la

Fig. 95. — Abatage de la *houille* en couche mince.

Fig. 96. — Exploitation *à ciel ouvert* de la houille, à Decazeville Aveyron.

fabrication du gaz d'éclairage; dans ce but, on la distille dans de grandes cornues disposées en batteries. Les résidus de cette distillation fournissent des sous-produits extrêmement précieux: coke pour le chauffage, charbon de cornue pour l'électricité et goudron dont les dérivés sont nombreux : benzine, acide phénique, aniline, naphtaline, etc. L'aniline est le point de départ d'une série de merveilleuses couleurs résultant de réactions diverses.

❊ *Les principaux terrains houillers de France sont ceux du bassin franco-belge (Valenciennes, Mons, Charleroi) et du bassin de la* Loire *(Rive-de-Gier, Saint-Étienne). La houille fournit le combustible à la marine, aux chemins de fer, à l'industrie, à la métallurgie; en la distillant on obtient le gaz d'éclairage et des sous-produits.*

Fig. 97. — Coupe d'une mine de houille.

ÈRE SECONDAIRE

93. Caractères principaux. — Sensiblement moins importante que la masse primaire, la série Secondaire est encore considérable. Les roches qui la constituent sont moins transformées que les précédentes; elles ne présentent que plus rarement la structure cristalline. Ce sont principalement des calcaires, puis des grès et des argiles. Les fossiles essentiellement caractéristiques de cette ère sont les *Ammonites* (*fig.* 98). Les ammonites sont des mollusques de la classe des céphalopodes. L'animal habitait une coquille cloisonnée et divisée en plusieurs chambres qu'il avait successivement habitées; à mesure qu'il grossissait, il sécrétait une nouvelle chambre et abandonnait la précédente, restant en relation avec toutes les autres par un siphon réunissant les compartiments.

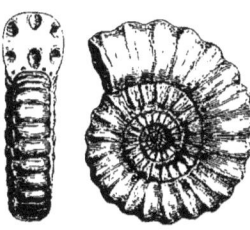

Fig. 98. — *Ammonite.*

Fig. 99. — Dessin des cloisons d'une *Ammonite*.

Les cloisons des ammonites ont des formes très particulières et qui varient avec les espèces : le dessin en est souvent visible à la surface de la coquille et simule des feuillages extrêmement compliqués (*fig.* 99).

L'étude des fossiles animaux et surtout végétaux indique une modification dans le climat : la température n'est plus absolument égale dans le monde entier ; les régions polaires jouissent d'une température qui n'est plus tropicale sans être encore tempérée. Certains végétaux et aussi les polypiers constructeurs émigrent lentement vers le sud. Les terrains secondaires occupent une notable partie de la France : ils y forment un gigantesque 8 dont la boucle septentrionale entoure le bassin tertiaire parisien, tandis que la boucle méridionale enveloppe le Massif-Central.

✿ *Les dépôts Secondaires sont formés de calcaires, grès et argiles. Les fossiles caractéristiques de cette époque sont les* Ammonites, *mollusques céphalopodes à coquille cloisonnée. Les climats se différencient légèrement : les polypiers et certains végétaux émigrent vers le sud.*

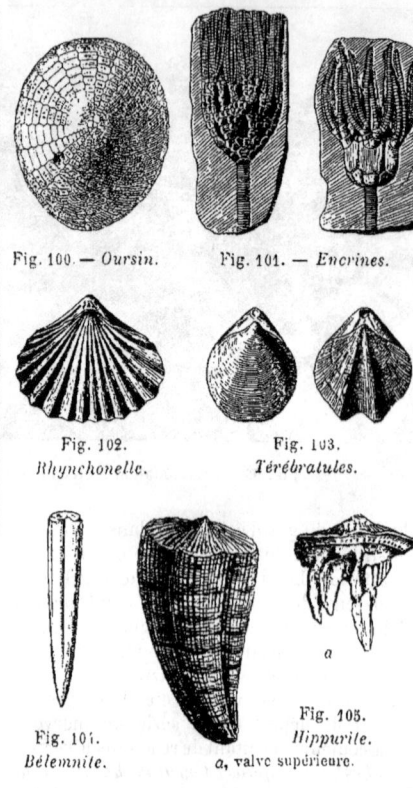

Fig. 100. — *Oursin*.   Fig. 101. — *Encrines*.

Fig. 102. *Rhynchonelle*.   Fig. 103. *Térébratules*.

Fig. 104. *Bélemnite*.   Fig. 105. *Hippurite*. *a*, valve supérieure.

94. Invertébrés secondaires. — L'ère secondaire offre aux paléontologistes une multiplication prodigieuse des formes animales. Les protozoaires sont très répandus, les spongiaires se multiplient et constituent à eux seuls certains dépôts ; il en est de même des polypiers. Les échinodermes présentent des *Oursins* (*fig.* 100) et de curieuses *Encrines* (*fig.* 101) portées sur de longues tiges articulées. Les molluscoïdes brachiopodes diminuent, sauf deux genres très répandus : *Rhynchonelle* (*fig.* 102) et *Térébratule* (*fig.* 103). Les mollusques sont représentés par des formes très variées ; parmi les lamellibranches on compte une foule d'*Huîtres*, puis un groupe des plus curieux, celui des rudistes ; chez ces derniers la valve inférieure est un véritable cornet que ferme la valve supérieure ; telles sont les *Hippurites* (*fig.* 105). Les céphalopodes les plus intéressants sont les *Ammonites*, signalées plus haut (**93** et *fig.* 98) et dont les espèces, toujours localisées aux mêmes niveaux, fournissent aux géologues les indications les plus précieuses pour fixer l'âge des couches. D'autres céphalopodes sont les *Bélemnites* (*fig.* 104), mais ceux-ci, comme les calmars et seiches actuels, n'ont pas de coquille externe ; aussi ne retrouve-t-on que la partie dure, ou rostre, qui terminait leur corps. Les crustacés se sont multipliés ; on y

Fig. 106. — *Brontosaure*, reptile dinosaurien du Wyoming (États-Unis). Longueur, 23 mètres.

trouve des formes de malacostracés voisines du homard et de l'écrevisse actuels. Enfin, les insectes ont évolué et dès que les plantes phanérogames sont apparues, ceux qui ne peuvent se passer de butiner les fleurs se sont manifestés.

Les Invertébrés secondaires sont des spongiaires et des polypiers très abondants ; des échinodermes (Oursins, Encrines) ; des mollusques qui se multiplient, notamment des rudistes (Hippurites) ; les innombrables Ammonites, les Bélemnites dont on retrouve le rostre, puis des crustacés et des insectes butineurs de fleurs.

95. Vertébrés secondaires. — On comprendra l'importance de l'évolution animale au cours des temps secondaires lorsque nous aurons signalé l'extraordinaire développement de la classe des reptiles et l'apparition des oiseaux et des mammifères. Tout d'abord les poissons osseux et homocerques, ou munis de queue à lobes égaux, succèdent aux poissons cuirassés ; ils se multiplient rapidement.

Les reptiles apparus à la fin des temps primaires paraissent descendre des batraciens. Ceux qui se manifestent ensuite se perfectionnent ; les uns sont nageurs et marins, les autres sont terrestres, d'autres enfin sont organisés pour voler comme des oiseaux. L'*Ichthyosaure* (fig. 113) et le *Plésiosaure* (fig. 114) sont classiques. L'Ichthyosaure, qui dans sa forme générale ressemblait à un poisson, portait de fortes dents et des membres de cétacés. Le Plésiosaure avait une tête beaucoup plus petite et un cou très long. Un autre reptile est le *Téléosaure* qui ressemblait fort au gavial actuel. Les dinosauriens étaient terrestres ; c'est dans leurs rangs que l'on trouve les géants les plus déconcertants. Le plus grand d'entre eux, le *Brontosaure* (fig. 106), atteignait 23 mètres de longueur ; son poids devait être voisin de 20 000 kilogrammes. L'*Iguanodon* (fig. 109), qui s'appuyait sur son énorme queue pour se redresser à la manière des kangourous, mesurait jusqu'à 10 mètres de longueur et 5 mètres de hauteur.

Fig. 107. — *Tricératops* (long., 7 m.).

Fig. 108. — *Stégosaure* long., 10 m.

D'autres espèces présentaient les formes les plus étranges, comme le *Tricératops* (*fig.* 107), le *Stégosaure* (*fig.* 108) ; mais tous étaient remarquables par le volume très faible de leur cerveau. Le *Ptérodactyle* (*fig.* 110) pouvait s'élever dans les airs, grâce à des ailes membraneuses ; ses mâchoires étaient armées de dents. Les oiseaux véritables sont représentés par l'*Archéoptéryx* (*fig.* 111).

Fig. 109. *Iguanodon* (long., 10 m.).

Vingt-cinq individus de cette espèce ont été trouvés ensemble dans le gisement de Bernissart, en Belgique).

qui descend visiblement des reptiles ; il en a de nombreux caractères, notamment les dents, la queue vertébrée et les griffes à l'extrémité des doigts, mais il était très emplumé. Quant aux mammifères, dont certains petits reptiles dinosauriens paraissent être les ancêtres, ils se manifestent par quelques espèces de marsupiaux dont on ne possède que fort peu de débris.

✱ *Les Vertébrés secondaires sont des poissons à queue homocerque et des reptiles de grande taille : l'*Ichthyosaure *et le* Plésiosaure *étaient nageurs ; le groupe des dinosauriens était composé de marcheurs géants (Brontosaure, Iguanodon, Stégosaure, Tricératops) ; le* Ptérodactyle *est un reptile volant, et l'Archéoptéryx un oiseau descendant des reptiles.*

96. Végétaux secondaires. — Pendant l'immense durée des temps primaires la végétation a singulièrement évolué. Peu après le début de l'ère secondaire, les cryptogames sont bien réduits, et ce sont les phanérogames qui dominent grâce au développement des gymnospermes ; il s'agit donc là de plantes dont l'organisation est beaucoup plus élevée. Les végétaux fossiles recueillis révèlent de grandes forêts de cycadées et de conifères ; ces derniers étaient représentés par des genres que l'on pourrait comparer à l'araucaria et au cyprès actuels. Vers la seconde moitié de l'ère, apparaissent les angiospermes qui, vers la fin, sont déjà très développés et très répandus. Ce sont d'abord des *Palmiers*, qui se manifestaient de plus en plus nombreux pendant

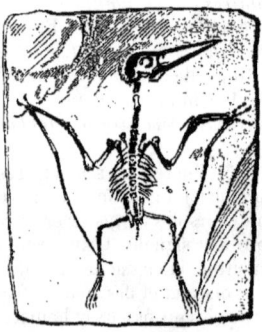

Fig. 110. — *Ptérodactyle.*

que diminuaient les gymnospermes ; ensuite les dicotylédones se sont multipliées peu à peu avec des genres qui vivent encore : *Hêtre, Chêne, Platane, Peuplier, Magnolia, Laurier, Figuier, Lierre*, etc. On le voit, les végétaux comme les animaux, la vie organique tout entière, ne cessent de se perfectionner à travers les temps.

✲ *Les végétaux secondaires sont principalement des phanérogames. Ce sont d'abord des forêts de gymnospermes (cycadées et conifères); ensuite des angiospermes (Palmiers), notamment des dicotylédones (Hêtre, Chêne, Platane, Peuplier, Laurier, Figuier).*

97. Système Triasique. — Les couches triasiques d'Europe sont formées de grès rouge à la partie inférieure, d'un calcaire dans la partie moyenne et de marnes d'origine lagunaire en haut. On peut citer comme fossiles caractéristiques les *Cératites fig.* 112 qui représentent un genre de mollusques céphalopodes du groupe des Ammonites. L'extraction la plus intéressante est celle du *sel gemme*, très répandu au sein des marnes supérieures. Cette roche s'abat au pic ou à la mine ; on recherche aussi des eaux salifères et l'on obtient alors le sel cristallisé en élevant leur température. Le grès rouge des Vosges, les calcaires du Briançonnais, les belles montagnes dites « Dolomites du Tyrol » sont d'âge Triasique. Après les soulèvements montagneux et les innombrables éruptions des temps primaires, l'ère secondaire apparaît singulièrement calme, du moins en Europe ; aucun plissement important de l'écorce terrestre ne se produit et il faut attendre l'ère tertiaire pour assister encore à de grands phénomènes de dislocations.

Fig. 111. — *Archéoptéryx.*

✲ *Les terrains Triasiques sont caractérisés par les Cératites, qui figurent parmi les premiers Ammonites. En Europe, ce système est formé de grès rouge à la base, de calcaire au milieu, et de marne d'origine lagunaire en haut. Cette dernière contient de grandes masses de sel gemme.*

98. Système Jurassique. — Les dépôts jurassiques sont formés surtout de calcaires, de calcaires marneux, d'argiles. L'*Ichthyosaure* (*fig.* 113) et le *Plésiosaure* (*fig.* 114) sont caractéristiques de cette période, et leurs vertèbres y sont parfois dispersées dans certaines assises. C'est à la partie supérieure du système que l'on trouve les grands reptiles dinosauriens et les premiers mammifères. Les terrains jurassiques sont activement exploités pour la construction, la fabrication du ciment, etc.

Les calcaires à *gryphées arquées*, fossiles voisins des Huîtres (*fig.* 115), les calcaires à *entroques* (débris d'échinodermes), les parois du pittoresque Cañon du Tarn (*fig.* 57), le calcaire ou pierre de Caen (Calvados), les extraordinaires ruines naturelles

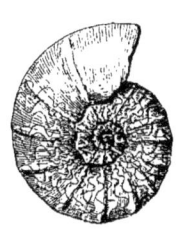

Fig. 112. — *Cératite.*

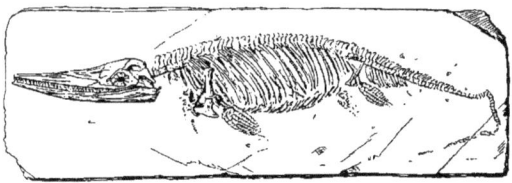

Fig. 113. — *Ichthyosaure* (long., 10 m.).

Fig. 114. — *Plésiosaure* long., 10 m.,
à l'état fossile et reconstitué.

de Montpellier-le-Vieux (Aveyron, *fig.* 39), les Roches-Noires de Trouville et les Vaches-Noires de Villers (Calvados), les calcaires à ciment de la Porte-de-France à Grenoble, le calcaire dans lequel est forée la jolie grotte d'Arcy-sur-Cure (Yonne), le beau rocher du château de Crussol (*fig.* 117) et les calcaires ruiniformes du Bois de Païolive (Ardèche), les Garrigues de l'Hérault, etc., sont autant de formations d'âge jurassique.

❊ *Les terrains Jurassiques peuvent être caractérisés par l'Ichthyosaure et le Plésiosaure. Ce système est formé de calcaires, argiles et calcaires marneux : ces derniers servent à la fabrication du ciment. On trouve à* la partie supérieure *de grands reptiles dinosauriens et quelques débris de mammifères.*

99. Système Crétacique. — Les roches qui constituent cette période sont généralement des calcaires plus ou moins crayeux, et la partie supérieure est formée de *craie* blanche sur une grande épaisseur. C'est ainsi que cette dernière roche est très répandue dans le bassin parisien. En dehors de ce bassin les calcaires sont moins crayeux parce qu'ils sont généralement plus anciens. Des fossiles très caractéristiques de cet âge sont les Ammonites déroulées, appartenant au genre *Scaphite* *fig.* 116. La craie blanche est très exploitée pour la fabrication de la chaux. Le calcaire à *spatangues* (oursins, de l'Yonne, la roche du pittoresque Pont-d'Arc (Ardèche), la masse du mont Ventoux, les falaises qui bordent le Rhône près Donzère (Drôme), etc., appartiennent au système crétacique ; il en est de même de toutes les craies : belles falaises blanches du département de la Seine-Inférieure (*fig.* 60), sous-sol de la Champagne, de la région de Sens (Yonne), etc.

En Europe, l'écorce terrestre n'ayant pas été disloquée par l'effort interne, durant les temps secondaires, il ne s'est pas ouvert de grandes communications entre le feu central et l'extérieur ; aussi n'y a-t-il aucune éruption volcanique notable à signaler pendant cette période.

❊ *Les terrains Crétacés sont caractérisés par les Scaphites, qui sont des ammonites déroulées, et par l'abondance des calcaires crayeux. La craie blanche, notamment, abonde à la partie supérieure du système.*

Fig. 115.
Gryphée arquée.

Fig. 116. — *Scaphite.*

Fig. 117. — Ère *secondaire*; système *jurassique* : Calcaires du château de Crussol (Ardèche).

ÈRE TERTIAIRE

100. Caractères principaux. — Les terrains Tertiaires sont sensiblement moins épais dans leur ensemble que les précédents. Les roches y sont très variées : depuis que les premiers océans érodent leurs rivages et en déposent les matériaux sur leurs fonds, tous les mélanges, toutes les combinaisons se sont produits, et c'est ainsi que de nombreuses roches sédimentaires constituent les assises de cette ère. Les fossiles caractéristiques des temps tertiaires sont infiniment nombreux; aussi suffit-il de citer d'une manière générale les *Mammifères* (*fig.* 118 à 125); ces animaux se sont en effet prodigieusement multipliés et ils règnent sur les continents avec une très grande variété de formes.

Le climat, ou plus exactement les climats, se rapprochent des nôtres; la température s'élève progressivement des pôles vers l'équateur et l'apparition des arbres à feuilles caduques, c'est-à-dire à feuilles annuelles tombant au cours de l'automne, indique l'existence des hivers. C'est donc le jeu des saisons qui s'établit.

Les assises tertiaires constituent la surface du sol en France sur de notables étendues ; c'est d'abord le bassin parisien dont toutes les couches légèrement concaves s'emboîtent les unes dans les autres comme des cuvettes ; ce sont ensuite l'important bassin de l'Aquitaine et ceux du Rhône et de la Saône.

Les dépôts Tertiaires, formés de roches très variées, sont caractérisés par le règne des Mammifères. Les climats se différencient de plus en plus, le jeu des saisons s'établit et les arbres à feuilles annuelles se multiplient. Le centre du bassin parisien est tertiaire.

101. Invertébrés tertiaires. — Les protozoaires sont représentés dès le début de l'ère par différentes espèces de foraminifères qui ressemblent à des lentilles et qu'on appelle *Nummulites* (*fig.* 126); il en est de fort petites et d'autres dont le diamètre atteint quelques centimètres. Aux environs de Paris, elles ne dépassent guère 15 millimètres et certains niveaux en sont entièrement formés. Fendue à l'aide d'un canif, la nummulite montre de nombreuses petites loges disposées en spirale et communiquant entre elles; la substance vivante les occupait toutes. Parmi les polypes, on remarque un mouvement qui se dessinait déjà aux temps secondaires : c'est le recul des coraux vers les mers tropicales. Les mollusques accusent une diminution considérable des céphalopodes, et l'extension des lamellibranches et surtout des gastéropodes ; ces derniers étaient apparus assez timidement au cours de l'ère précédente; ils se multiplient maintenant avec une richesse de formes tout à fait remarquable. Les plus répandus sont les *Cérithes*, parmi lesquels brille le *Cérithe géant* (fig. 121) dont la longueur atteint 50 centimètres; puis les *Turritelles*, les *Fuseaux*, les *Natices*, les *Buccins*, qui habitaient les mers; les *Planorbes* et les *Limnées* appartenaient aux eaux douces; les *Hélix* ou escargots étaient terrestres; tous ces genres vivent encore. Les échinodermes, les crustacés et les insectes se rapprochent beaucoup de la faune actuelle. L'ambre, qui est une résine de conifère, nous a merveilleusement conservé de très nombreux insectes tertiaires.

❦ *Les Invertébrés tertiaires sont tout d'abord des foraminifères appelés Nummulites. Les polypiers gagnent les mers tropicales; les mollusques céphalopodes diminuent ; les lamellibranches et surtout les gastéropodes se multiplient ; échinodermes et crustacés se rapprochent des genres actuels.*

102. **Vertébrés tertiaires.** — Parmi les poissons cartilagineux, les *Squales* ou *Requins* sont très nombreux au début des temps tertiaires; leurs dents abondent à certains niveaux. Les poissons osseux se multiplient. Les batraciens se rapprochent des nôtres. Les grands reptiles sont disparus ; en revanche, les tortues et les serpents ont fait leur apparition. Dans la classe des oiseaux, on remarque un type de très grande taille, le *Gastornis*, qui tenait à la fois des coureurs et des palmipèdes. Quant aux mammifères, ils se multiplient

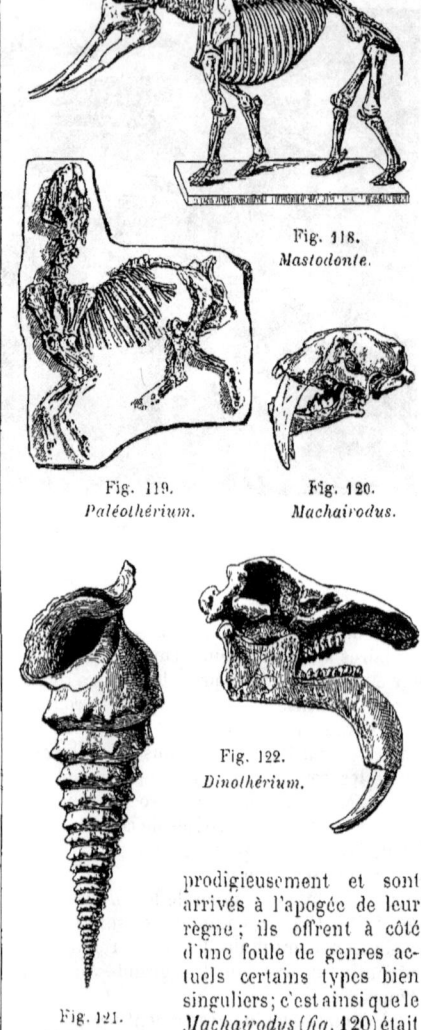

Fig. 118.
Mastodonte.

Fig. 119.
Paléothérium.

Fig. 120.
Machairodus.

Fig. 122.
Dinothérium.

Fig. 121.
Cérithe géant
du Calcaire grossier
des environs
de Paris.

prodigieusement et sont arrivés à l'apogée de leur règne ; ils offrent à côté d'une foule de genres actuels certains types bien singuliers; c'est ainsi que le *Machairodus* (fig. 120) était un grand carnivore qui portait des canines extrêmement longues et tranchantes.

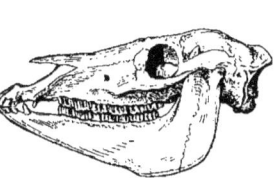
Fig. 123. — *Hipparion*.

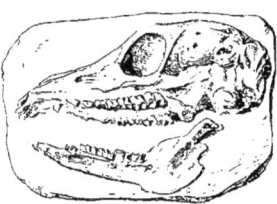
Fig. 124. — *Xiphodon*.

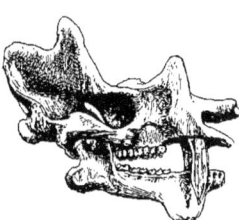
Fig. 125. — *Dinocéras*.

Les proboscidiens, dont on n'a pas encore retrouvé les ancêtres, comptaient de curieuses formes disparues : *Mastodonte* (*fig.* 118), *Dinothérium* (*fig.* 122). Le premier portait quatre défenses : deux à chaque mâchoire. Le second ne les portait qu'à la mâchoire inférieure, mais au lieu de se diriger en avant comme chez l'Éléphant et le Mastodonte, elles se dirigeaient vers le sol. L'*Éléphant méridional* de Durfort (Gard) est apparu vers la fin de l'ère tertiaire (*fig.* 149). L'*Hipparion* (*fig.* 123) était un paridigité très voisin du cheval ; le *Paléothérium* de Vitry (*fig.* 119) ressemblait au tapir ; l'*Anoplothérium* marquait le passage des porcins aux ruminants ; le *Xiphodon* (*fig.* 124) était probablement un vrai ruminant ; ces trois animaux furent reconstitués par Cuvier. Les *Rhinocéros* étaient représentés par plusieurs espèces. Le *Dinocéras* (*fig.* 125) était un pachyderme bien surprenant : sa tête était armée de six cornes et ses canines supérieures avaient la forme de grandes lames tranchantes. Enfin, on a trouvé dans certains gisements restés célèbres une foule de ruminants appartenant à des familles actuelles.

❊ Les *Vertébrés tertiaires* sont des poissons cartilagineux (*Squales*), des reptiles (tortues, serpents), des oiseaux parfois géants (*Gastornis*) et de grands mammifères : Mastodonte, Dinothérium, Éléphant, Paléothérium, Rhinocéros, Anoplothérium, Xiphodon, Dinocéras.

103. Végétaux tertiaires. — L'abaissement de la température en France durant cette ère est indiqué d'une manière très nette par le déplacement des flores ; c'est ainsi que les Palmiers, si richement représentés pendant la première moitié de l'ère, diminuent considérablement durant la seconde moitié : ils sont peu à peu remplacés par des arbres à feuilles caduques, notamment par les *Chênes* et les *Érables* qui se multiplient. La *Vigne vinifère* fait son apparition. Il existe en France quelques gisements de végétaux fossiles d'une extrême richesse : le calcaire d'eau douce de Sézanne (Marne) a fourni des empreintes d'une telle perfection que l'on a pu obtenir avec beaucoup de soin le moulage de fleurs complètes ; les feuilles de toutes les essences de cette époque y sont accumulées et offrent au paléontologiste tous les détails de leurs nervures. Dans le département du Cantal, on trouve dans l'épaisseur de certains dépôts de cendres volcaniques (cinérite, 107), des lits entièrement formés de feuilles disposées les unes sur les autres, tel que cela se produit au fond des eaux. Dans la région d'Aix-en-Provence (Bouches-du-Rhône), on a également recueilli un grand nombre d'empreintes végétales.

❊ Les *végétaux tertiaires* accusent un déplacement de flores dû à l'abaissement de la température. Chênes et Érables remplacent les *Palmiers* ; la Vigne *apparaît*.

Fig. 126. — *Nummulites*.

104. Période Éocène. — Les divisions de l'ère tertiaire ne sont pas à comparer aux systèmes précédents ; leur importance est beaucoup moins grande en épaisseur, mais elle l'est infiniment plus si l'on envisage l'évolution des mammifères. Calcaires, sables, grès, argiles, conglomérats, gypse, constituent la masse éocène. Les *Nummulites* (**101**, *fig.* 126) et leur abondance extraordinaire sont remarquables : ce foraminifère est caractéristique de cet âge. Le *calcaire grossier* et le *gypse* saccharoïde des environs de Paris sont activement exploités, le premier pour la construction, le second pour la fabrication du plâtre. Mais les sables du Soissonnais, la belle argile plastique des environs de Paris, les conglomérats de Nemours (Seine-et-Marne), etc., sont également éocènes.

C'est à la fin des temps éocènes que s'est produite la première phase d'un événement de premier ordre : le soulèvement des chaînes qui représentent encore actuellement les grands reliefs de l'Europe. Ce premier effort d'origine interne s'est manifesté par le soulèvement des *Pyrénées*. En France, au début de la période, la mer occupait le centre du bassin parisien ainsi que l'emplacement des Pyrénées et des Alpes, mais plus tard le soulèvement en question vidait la mer pyrénéenne et réduisait la mer parisienne à une lagune au fond de laquelle se déposait le gypse.

✿ *Les couches Éocènes sont caractérisées par les* Nummulites; *la base du calcaire grossier en est souvent pétrie. Le gypse ou pierre à plâtre de Paris est de cet âge. Le soulèvement des* Pyrénées *se produit à la fin de cette période.*

105. Période Oligocène. — Calcaires, marnes, pierres meulières, sables et grès forment les dépôts de cet âge. Parmi les mollusques caractéristiques on peut citer des gastéropodes, assez voisins des cérithes ; ce sont les *Potamides* (*fig.* 127), nombreux dans les dépôts d'eau saumâtre. Des roches très utiles sont extraites dans la région parisienne pour des usages variés. Les argiles blanche, verte et jaune superposées au gypse de Paris, le calcaire de Château-Landon (Seine-et-Marne), les sables et grès de Fontainebleau (*fig.* 128), les pierres meulières de la Brie et de la Beauce, sont oligocènes. L'activité interne paraît se

Fig. 127. *Potamide.*

reposer après le soulèvement des Pyrénées et semble se préparer au grand effort qui marquera les temps miocènes. Durant cette période la mer revient dans le bassin parisien, elle est compliquée de vastes lagunes qui atteignent le Massif-Central. L'Atlantique pousse également de grandes étendues lagunaires dans le bassin de la Garonne; la Méditerranée en fait autant dans celui du Rhône; mais à la fin des temps oligocènes toutes ces régions se dessèchent plus ou moins.

✿ *Les couches Oligocènes sont caractérisées par les* Potamides. *Les argiles superposées au gypse de Paris, les sables et grès de Fontainebleau, les meulières de la Brie et de la Beauce sont de cet âge. Le soulèvement des montagnes de l'Europe s'est momentanément arrêté.*

106. Période Miocène. — Des calcaires et des *faluns* constituent les couches miocènes; ces derniers sont des calcaires sableux et pétris de fins débris de coquilles. De gros mammifères sont caractéristiques de cet âge : *Dinothérium* (*fig.* 122) et *Mastodonte* (*fig.* 118) sont nés et se sont éteints aux temps miocènes. La faune compte déjà 20 pour 100 d'espèces actuelles. Les faluns sont exploités comme amendement pour l'agriculture. Les sables de l'Orléanais et de la Sologne, les faluns de la Touraine et de l'Anjou, les fameux calcaires de Sansan et de Simorre (Gers), riches en ossements de mammifères, les gisements également ossifères du mont Luberon, etc., appartiennent à la même période. C'est durant les temps miocènes que se produit le soulèvement des *Alpes* et c'est vers la fin de la période que se manifeste l'effort principal : mais il faut ajouter ici que les Pyrénées, le Jura, les Alpes, les Carpathes, etc., constituent un système unique, lentement soulevé durant une grande partie des temps tertiaires avec des phases alternatives d'activité et de repos relatifs. En disloquant profondément l'écorce terrestre, notamment dans la

Fig. 128. — Ère *tertiaire;* système *oligocène* : Sables et grès de la forêt de Fontainebleau.

région du Massif-Central français, cet événement géologique a ouvert de multiples issues au feu central et y a déterminé de nombreuses éruptions *volcaniques* (**110** à **112**). Au cours de cette période, l'Atlantique vient séparer la Bretagne de la France par un détroit semé d'îles, il avance dans le bassin de la Loire et dans celui de la Garonne. La Méditerranée s'allonge dans le bassin du Rhône.

✿ *Les couches Miocènes sont caractérisées par le* Dinothérium *et le* Mastodonte ; *la faune compte 20 pour 100 d'espèces actuelles. Les* faluns *de la Touraine et de l'Anjou sont de cet âge. Le soulèvement des* Alpes *se produit et l'écorce terrestre disloquée détermine les éruptions* volcaniques *du Massif-Central.*

107. Période Pliocène. — Les couches pliocènes sont formées de faluns, de marnes, de sables. L'étude des fossiles y a révélé l'existence de 50 pour 100 d'espèces actuelles. Les terrains de cet âge sont peu représentés en France ; citons cependant les *cinérites* du Cantal, si riches en empreintes végétales ; on donne le nom de « cinérite » à une roche résultant de la chute de cendres volcaniques à la surface des lacs et de leur dépôt sur le fond. Le soulèvement des Alpes s'est arrêté et les agents d'érosion en attaquent profondément les régions supérieures. La grande manifestation *volcanique* du Massif-Central se développe et couvre de laves une importante surface du sol (*fig.* 139). Durant les temps pliocènes, le détroit breton miocène redevient continental, le bassin de la Garonne se dessèche lentement et la Méditerranée quitte peu à peu le bassin du Rhône. Insensiblement les rivages de France se rapprochent de l'emplacement qu'ils occupent actuellement.

✿ *Les fossiles des couches Pliocènes comptent 50 pour 100 des espèces actuelles. Ce terrain est peu développé en France. Les* éruptions *du Massif-Central prennent une grande intensité et couvrent de* laves *une importante surface du sol.*

Fig. 129. — *Mammouth* (long., 5 m.).

ÈRE QUATERNAIRE

108. Caractères principaux. — Les dépôts quaternaires sont peu importants. L'organisme essentiellement caractéristique des temps quaternaires est l'*Homme* (*fig.* 132); son existence à la fin de l'ère tertiaire est infiniment probable pour la plupart des géologues, mais rien de bien positif n'est venu le prouver; toutes les traces de son existence, traces recueillies par la science, sont quaternaires. Le climat de cette ère arrive peu à peu à égaler le nôtre; le jeu des saisons s'est précisé. Se basant sur les grandes surfaces recouvertes de traces de glaciers, certains géologues croient à un refroidissement considérable de la température durant une partie de l'époque pléistocène; c'est ce qu'on a appelé la période *Glaciaire*, dont nous reparlerons (**113**).

Les dépôts quaternaires sont localisés aux fonds des vallées, aux deltas des fleuves (alluvions), aux rivages de la mer (sables, galets, dunes), aux massifs montagneux (éboulis, moraines). Les dépôts de grande étendue sont actuellement invisibles et se forment au fond des océans.

❉ *Les dépôts quaternaires sont les alluvions, les plages, les dunes, les moraines. L'Homme, apparu à la fin de l'ère tertiaire, est néanmoins caractéristique de cette époque. Des glaciers nombreux ont laissé leurs traces sur de grandes étendues.*

109. Fossiles quaternaires. — Sauf quelques espèces éteintes ou bien émigrées, la faune quaternaire est identique à la faune actuelle. Parmi les formes disparues, il faut citer le *Mammouth* ou *Éléphant primitif* (*fig.* 129) qui était velu; ses défenses, longues et épaisses, se recourbaient élégamment; on en a retrouvé en Sibérie plusieurs cadavres conservés dans les glaces avec leur chair. Il en est de même du *Rhinocéros à narines cloisonnées*, dont la taille dépassait celle des espèces actuelles. L'*Ours des cavernes* (*fig.* 130) était également plus gros que nos ursidés; son crâne était énorme et bombé. Un ruminant de grande taille était le *Cerf mégacéros* ou *Cerf des tourbières* (*fig.* 131); ses bois étaient largement palmés. Hors de France existaient des édentés fort curieux; on peut citer le gigantesque *Mégathérium* de Cuvier (*fig.* 133) et le *Glyptodonte* (*fig.* 135) qui ressemblait à un énorme tatou; ces deux animaux ont été trouvés en Amérique. Des oiseaux géants qu'il est utile de signaler sont le *Dinornis* (*fig.* 136) de la Nouvelle-Zélande et l'*Æpyornis* de Madagascar.

Parmi les animaux qui existaient en France et qui émigrèrent plus tard, il faut citer le Renne (*fig.* 134), l'Élan, le Glouton, qui ga-

Fig. 130.
Ours des cavernes
(long., 2 m. 50).

Fig. 131.
Cerf des tourbières
(haut., 2 m. 70).

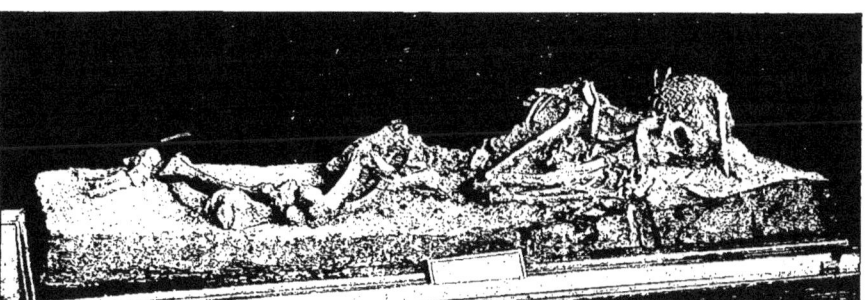

Fig. 132. — *Homme* fossile des grottes dites de Menton (Muséum National d'Histoire Naturelle).

gnèrent les régions du Nord ; l'Aurochs retiré en Europe Orientale ; l'Ours, le Chamois, la Marmotte, qui se réfugièrent dans les montagnes ; l'Éléphant, le Rhinocéros, l'Hippopotame, localisés maintenant dans les régions tropicales. Tous ces animaux furent contemporains de l'Homme préhistorique qui les a représentés, dessinés, sur schiste et bois de renne et sur les parois de certaines grottes qu'il habita (**115**). Ces espèces devaient être extrêmement répandues, car les images en sont très nombreuses.

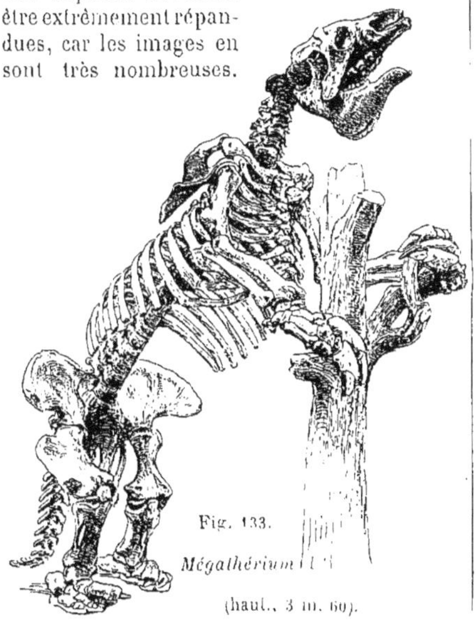

Fig. 134. — *Rennes* domestiqués par les Lapons.

✱ *Les animaux Quaternaires sont à peu près les mêmes que ceux des temps actuels. Les disparus sont l'énorme* Mammouth*, le* Rhinocéros *à narines cloisonnées, l'Ours des cavernes, le grand* Cerf *mégacéros ; les émigrés sont le* Renne*, l'*Élan*, le* Glouton*, etc.*

Fig. 133.
Mégathérium
(haut., 3 m. 60).

Fig. 135. — *Glyptodonte* (long., 2 m. 90).

110. Volcans du Vivarais et du Cantal. — Il existe en France un massif volcanique fort curieux et que l'on a l'habitude de considérer comme éteint ; c'est celui dont nous avons parlé plus haut (106 et 107), et dont les éruptions n'ont pris fin qu'au commencement des temps quaternaires. Ce massif est formé des cinq groupes de notre *Massif-Central* : Monts-Dômes, Monts-Dore, Cantal, Velay, Vivarais. Il s'agit là d'éruptions successives et superposées dont notre figure (*fig.* 137) donne une idée au moins approximative.

Les monts du *Vivarais* sont les plus anciens : on y trouve une roche sonore, appelée *phonolithe*, et qui constitue le *Mézenc* (1 754 mètres), point culminant de cette région. Les cratères les plus curieux sont autour de Vals-les-Bains. Le plateau des *Coirons* est un prolongement basaltique du Vivarais.

Les monts du *Cantal* sont différents des précédents ; on n'y retrouve plus trace de cratères et l'on ignore si les laves qui s'y sont accumulées sont venues au jour par une ou plusieurs bouches. Le *Plomb du Cantal* (1 858 mètres) est le point culminant de ce groupe ; il est formé de basalte. Cette roche a donné naissance à des colonnades à Saint-

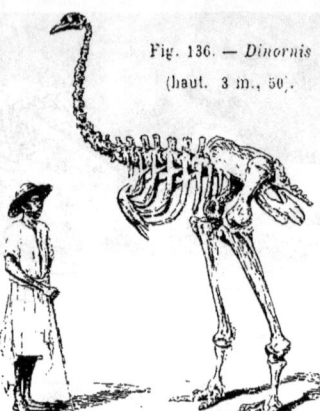

Fig. 136. — *Dinornis* (haut. 3 m., 50).

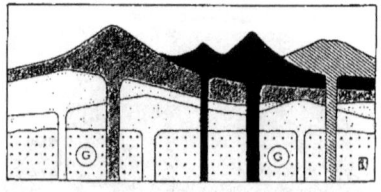

Fig. 137. — Coupe schématique montrant plusieurs éruptions successives comparables à celles qui se sont produites en Auvergne.
G, G, Soubassement granitique.

Flour et à Murat. Les *Monts d'Aubrac* sont un prolongement sud du Cantal.

✾ *Les monts du Vivarais sont les plus anciens volcans du Massif-Central ; le point culminant est le Mézenc ; on y remarque de très beaux cratères. Les monts du Cantal n'ont plus de cratères ; le Plomb du Cantal en est le point le plus élevé.*

111. Monts-Dore, Velay. — Les *Monts-Dore* forment un massif extrêmement pittoresque, dont le sommet principal est le *Puy de Sancy* (1 886 mètres), point culminant du Massif-Central (*fig.* 138) : ce volcan est formé d'une roche porphyroïde qui est le trachyte (27). Il est arrivé à plusieurs reprises, dans cette partie de l'Auvergne, que des coulées de laves, en barrant les vallées, en ont retenu les eaux sous forme de lacs ; c'est ainsi que sont nés le lac de Montcineyre et le pittoresque lac de Chambon.

Les monts du *Velay* présentent une centaine de cratères ; certaines coulées de laves y ont une épaisseur de 100 mètres. Celles du volcan de la Denise ont formé de jolies colonnades à Espaly, près la ville du Puy. On a trouvé au volcan de la Denise des ossements confirmant l'existence de l'homme avant les dernières éruptions ; cette découverte a été faite en 1844 et se trouve au musée du Puy. Les plus belles colonnades du Velay sont dans la vallée de la Borne, aux environs des villages de Saint-Vidal et des Estreys ; elles se poursuivent sur une certaine étendue.

✾ *Les Monts-Dore entourent le Puy de Sancy, point culminant du Massif-Central ; les laves, en barrant les vallées, y ont formé des lacs. Les monts du Velay offrent une centaine de cratères et de belles colonnades basaltiques. L'homme y a été témoin des dernières éruptions.*

Fig. 138. — Groupe *volcanique* du Massif-Central français; le Puy de Sancy.

112. Monts-Dômes. — Les *Monts-Dômes* sont les cinquante cratères qui forment la *chaîne* dite des *Puys*, près Clermont-Ferrand : ils sont des plus impressionnants. La plupart de ces volcans paraissent éteints d'hier ; ils ne sont pas comblés; ils bâillent sous le ciel bleu et c'est par leur parfaite conservation qu'ils sont extraordinaires. Mais, en dehors des cratères, il y a des *dômes* qui justifient le nom de la chaîne ; les principaux sont le Puy de Dôme, le Sarcoui et le Clierzou, qui sont formés d'une roche appelée *domite*. C'est après les éruptions des dômes que se sont ouverts les autres volcans du même groupe et que se sont épanchées les principales coulées de laves. Cette chaîne est la plus récente du Massif-Central; son activité ne s'est éteinte qu'après l'apparition de l'homme. Comme au volcan de la Denise (Velay), on a trouvé dans les cendres du petit volcan de Gravenoire, près Royat, un squelette humain. Le point culminant est le *Puy de Dôme*, 1 468 mètres (*fig.* 63 et 139). Des cratères fort curieux sont ceux des Puys de la Vache et de Lassolas.

❧ *Les* Monts-Dômes *sont les cinquante cratères ou* Puys *et les quelques* dômes *des environs de Clermont-Ferrand; l'homme a été témoin de leurs dernières éruptions. Le* Puy de Dôme *en est le point culminant.*

Fig. 139. — Partie centrale des *Monts-Dômes;* Puy de Dôme et coulées de lave du Puy de Côme.

VI. — TABLEAU-RÉSUMÉ DE LA CLASSIFICATION DES TERRAINS.

ÈRES.	ORGANISMES ESSENTIELS.	SYSTÈMES.	FOSSILES CARACTÉRISTIQUES.	DISTRIBUTION GÉOGRAPHIQUE.	ACTION INTERNE.
QUATERNAIRE	Homme.	PLÉISTOCÈNE	Mammouth	Vallées et rivages, massifs montagneux.	
TERTIAIRE	Règne des mammifères.	PLIOCÈNE MIOCÈNE OLIGOCÈNE ÉOCÈNE	Éléphant mérid[al]. Mastodonte. Potamides. Nummulites.	Bassin de Paris, de l'Aquitaine, de la Saône et du Rhône.	Volcans français. Soulèvem[t] des Alpes. Soulèv[t] des Pyrénées.
SECONDAIRE	Règne des ammonites.	CRÉTACIQUE JURASSIQUE TRIASIQUE	Scaphites Ichthyosaure Cératites	Normandie, Champagne, Saintonge, bassin du Rhône. Champagne, Bourgogne, Jura, Poitou, Causses. Alsace, Lorraine, Alpes Graies et Cottiennes.	
PRIMAIRE	Règne des trilobites.	CARBONIFÉRIEN DÉVONIEN SILURIEN	Productus. Spirifères. Graptolites.	Bassins franco-belge et de la Loire, Morvan. Ardennes, Cotentin, Bretagne, Pyrénées, Cotentin, Bretagne, Vendée, Pyrénées.	Soulèvem[t] Hercynien (Ardennes, Vosges). Soulèv[t] Calédonien (montagnes d'Écosse et de Scandinavie).
ARCHÉEN				Bretagne, Massif-Central, Alpes, Pyrénées.	

113. Période Glaciaire. — Si le volcanisme qui s'est produit dans le Massif-Central est un fait parfaitement clair, il n'en est pas de même de la période *Glaciaire*, et tous les géologues ne sont pas d'accord pour expliquer l'importance en surface des traces de glaciers que l'on relève en Europe septentrionale ainsi qu'autour des massifs montagneux du Centre (*fig.* 140). Parmi les savants, les plus nombreux y voient une période durant laquelle ces étendues auraient été entièrement recouvertes par une prodigieuse extension des glaciers, accompagnée d'un notable abaissement de la température. Les autres rejettent toute possibilité d'une masse unique de glace et ne voient dans les traces reconnues que le recul progressif des glaciers qui entouraient autrefois les grands massifs montagneux, dont les chaînes actuelles ne sont que les ruines très réduites. En rongeant les montagnes, ces glaciers se seraient peu à peu rapprochés du centre des massifs, gagnant en amont le terrain qu'ils perdaient en aval, c'est-à-dire à

Fig. 140. — Carte des régions européennes portant des traces *glaciaires*.

GÉOLOGIE.

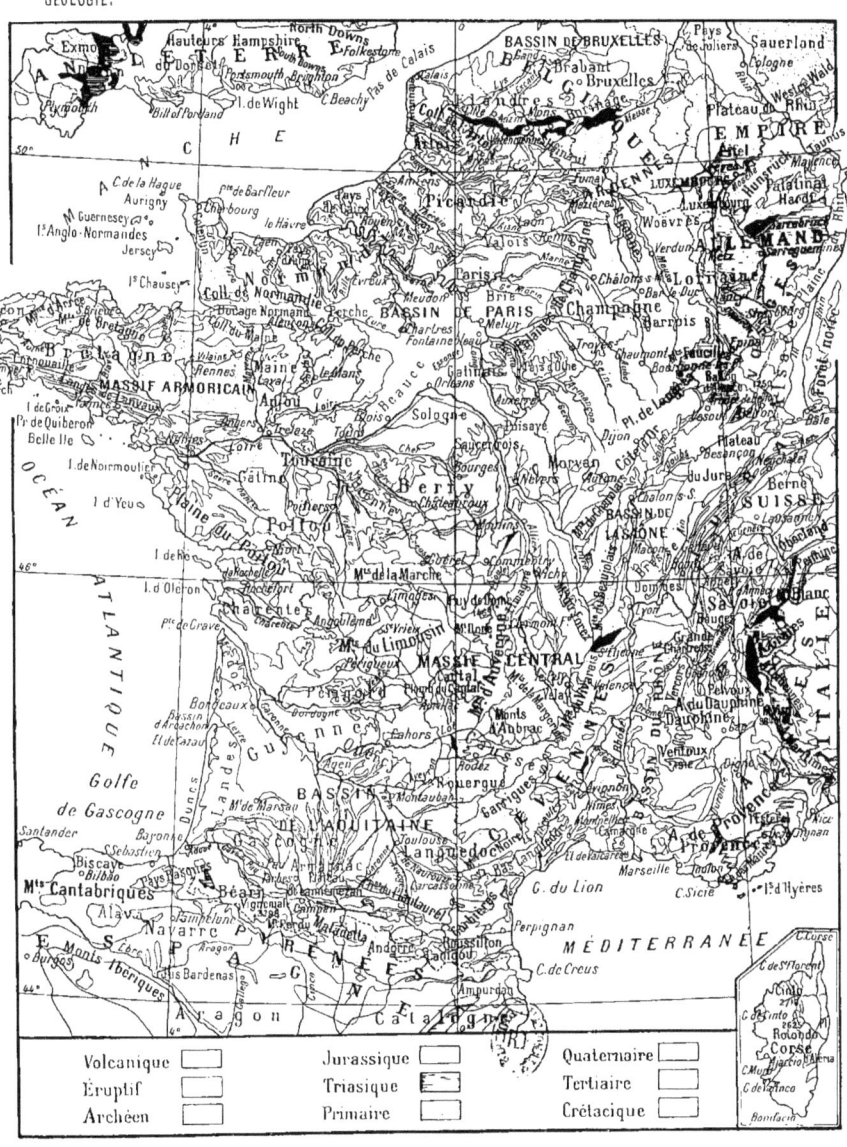

CARTE GÉOLOGIQUE DE LA FRANCE.

CLASSIFICATION DES TERRAINS

leur base, et laissant après eux des débris caractéristiques facilement reconnaissables. D'ailleurs, si l'on cherche à se faire une idée du cube des matériaux que les glaciers ont arrachés aux montagnes depuis cette époque lointaine, on comprend que les massifs devaient alors présenter une altitude et une ampleur auprès desquelles leur état actuel est bien peu de chose ; ce que nous savons des glaciers actuels s'accorde avec cette théorie. Des animaux amis du froid vivaient au voisinage de ces glaciers ; ceux qui préféraient une température plus chaude la trouvaient en s'éloignant de ces régions élevées.

❋ *La plupart des géologues expliquent l'immense étendue des traces* glaciaires *en Europe par une prodigieuse extension des glaciers. Les autres n'y voient que le recul progressif de glaciers entourant les grands massifs montagneux qui venaient d'être soulevés.*

114. L'homme fossile. — L'ère quaternaire a été divisée en deux parties correspondant à deux phases de l'existence de l'homme. La première est l'époque *Pléistocène* ou *Paléolithique*, durant laquelle l'homme taillait la pierre dans le but d'obtenir des outils ou des armes : c'est l'âge de la *pierre taillée*. La seconde est l'époque *Néolithique*, pendant laquelle l'homme n'avait pas cessé de tailler la pierre, mais y ajoutait le luxe de la polir ; c'est l'âge de la *pierre polie*. C'est ensuite que débutent les temps historiques et que se succèdent les âges du bronze et du fer. Les époques paléolithique et néolithique réunies constituent la *Préhistoire*. L'existence de l'homme dès le commencement de l'ère quaternaire est révélée par des silex taillés extrêmement nombreux *fig.* 141 : les tailles sont autant d'éclats qui ont été enlevés très adroitement et ont donné à ces silex une forme utilisable. L'homme qui travaillait ainsi était contemporain du mammouth, du rhinocéros, de l'ours des cavernes, du renne, etc., et il a été témoin des dernières éruptions volcaniques du Massif-Central.

❋ *L'ère quaternaire comprend deux divisions : l'époque* Paléolithique *ou de la pierre taillée, et l'époque* Néolithique *ou de la pierre polie. Ces deux divisions représentent la Préhistoire de l'homme ; c'est ensuite que commencent les temps historiques.*

115. Age Paléolithique. — L'homme paléolithique vivait dans des grottes et se livrait à de nombreux travaux ; en dehors de la pierre, il taillait l'os, l'ivoire, les bois de renne ; il en faisait notamment des pointes barbelées pour la chasse et la pêche. On possède encore de cette époque de véritables œuvres d'art : ce sont des *gravures* sur schiste *fig.* 142 ou sur bois de renne. Ces gravures représentent les grands animaux disparus de cette époque. Le renne broutant, de la figure 143, est réellement artistique et constitue l'une des plus jolies pièces que l'on possède

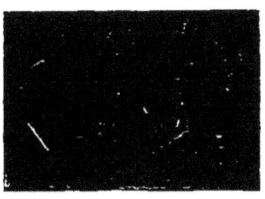

Fig. 142. — Ours *gravé* sur schiste.

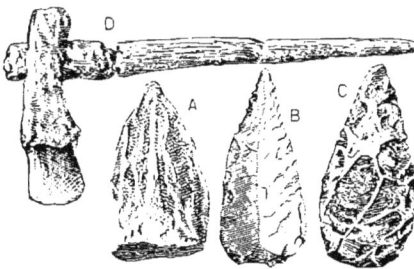

Fig. 141. — Objets de l'âge de pierre.
A. B. C. Silex *taillés* ; D. Hache en pierre polie emmanchée.

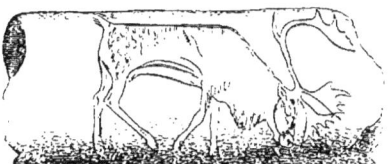

Fig. 143. — Renne broutant, gravé sur un bois de renne.

Fig. 144. — Village lacustre malais, donnant une idée des *habitations lacustres* néolithiques.

de cette époque. Des *gravures* et des *peintures* de dimensions beaucoup plus considérables ont été découvertes et photographiées dans des grottes qui furent habitées par l'homme préhistorique. Là encore on reconnaît les grands mammifères disparus et contemporains de l'homme paléolithique. Les grottes de la Dordogne sont particulièrement riches : l'une d'elles, celle des Combarelles, forme un boyau de 234 mètres de profondeur; on y a compté une quarantaine de chevaux, 2 bisons, 14 mammouths (*fig.* 145), 1 renne, etc.; toutes ces figures sont gravées. Dans la grotte de Font-de-Gaume, elles sont peintes de rouge et de noir, à l'aide d'oxydes de fer et de manganèse.

❦ *L'homme Paléolithique* taillait *la pierre*, gravait *les os*, ornait de peintures *les parois des grottes qu'il habitait; il y figurait les mammifères maintenant disparus qui étaient ses contemporains.*

116. Age Néolithique. —

Peu à peu l'homme a abandonné l'art du dessin, il s'est multiplié considérablement, il doit subvenir à son existence; aussi a-t-il ajouté l'agriculture à la chasse qui offre

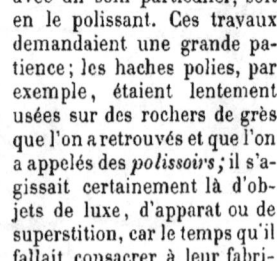

Fig. 145. — Mammouth *gravé* de la grotte des Combarelles.

moins de ressource à mesure que le gibier diminue. Puis il paraît avoir voulu se mettre à l'abri de certains dangers en se construisant des cabanes montées sur pilotis dans des eaux peu profondes. Quels étaient ses ennemis? grands carnassiers ou individus de son espèce avides de pillage? les uns et les autres sans doute. Ces habitations sont dites *lacustres* parce qu'on en a trouvé les vestiges dans les lacs suisses; elles formaient parfois de véritables villages et les agglomérations du même genre qui existent en Extrême-Orient en donnent certainement une idée très exacte (*fig.* 144). L'homme néolithique taillait sommairement la pierre pour ses besoins journaliers, mais il occupait ses loisirs à faire des petits chefs-d'œuvre, soit en taillant le silex avec un soin particulier, soit en le polissant. Ces travaux demandaient une grande patience; les haches polies, par exemple, étaient lentement usées sur des rochers de grès que l'on a retrouvés et que l'on a appelés des *polissoirs;* il s'agissait certainement là d'objets de luxe, d'apparat ou de superstition, car le temps qu'il fallait consacrer à leur fabri-

CLASSIFICATION DES TERRAINS

Fig. 146. — Vue générale des alignements de *Menhirs* de Carnac (Morbihan).

cation n'était pas proportionné à la rapidité de leur dégradation au moindre usage.

L'homme Néolithique se livrait à l'agriculture, habitait des villages lacustres construits sur pilotis; il taillait toujours la pierre, il la polissait aussi dans le but d'obtenir des objets de luxe.

117. Mégalithes. — L'homme Néolithique a encore laissé des monuments; ce sont les *mégalithes*, si nombreux en certains pays, notamment en Bretagne. Ces monuments appartiennent à deux groupes : les *menhirs* et les *dolmens*. Le menhir ou *peulven* (*fig.* 148) est dressé verticalement; il en existe un dont la longueur atteint 20 mètres. Les alignements (*fig.* 146) sont des rangées de menhirs comme on en peut voir à Carnac (Morbihan). Le dolmen (*fig.* 147) représente une table de pierre

Fig. 147. — *Dolmen* dit « Table des Marchands », à Locmariaker (Morbihan).

plus ou moins énorme : le bloc principal, de forme aplatie, est placé horizontalement sur trois ou quatre blocs debout. L'*allée couverte* représente en quelque sorte une série de dolmens : c'est une succession de grandes pierres horizontales soutenues par un nombre plus ou moins grand de blocs debout. Parmi ces différents monuments, il en est qui sont formés de pierres énormes dont la composition n'est pas celle de la roche du pays et qui ont donc été apportées de très loin. On se demande à l'aide de quels moyens l'homme préhistorique a pu amener de tels blocs là où ils sont, comment il a pu les empiler ou les dresser. En outre, certains dolmens portent des signes gravés dans la pierre : ces signes sont parfois très nombreux, ils se suivent dans un ordre voulu, mais la science ne les déchiffrera jamais. On suppose que les dol-

Fig. 148. — *Menhir* de Glomel (Côtes-du-Nord).

mens représentent des monuments funéraires et que les menhirs avaient un caractère commémoratif.

❋ *L'homme Néolithique a laissé des monuments grossiers ou mégalithes, nombreux en Bretagne. Ce sont les menhirs ou pierres debout, peut-être commémoratifs, et les dolmens ou tables de pierre, sans doute funéraires.*

118. Conclusions. — En terminant, nous devons dégager des leçons précédentes deux conclusions essentielles : l'immense *durée* des temps géologiques et la parfaite *continuité* des phénomènes qui se sont produits à travers les âges. La durée des temps est incalculable, elle échappe complètement aux calculs des savants : tout ce que l'on peut évaluer actuellement, c'est l'âge très approximatif de l'humanité ; on suppose que la vérité est entre 200 000 et 230 000 ans. Or ce temps qui, au premier abord, nous paraît si considérable, ne compte pour ainsi dire pas en géologie. Perdus dans l'effrayante masse des terrains, les dépôts quaternaires sembleraient insignifiants, et, s'ils ont quelque valeur pour nous, c'est qu'ils nous touchent de plus près que les autres formations.

Quant à la continuité des phénomènes, elle imprime à l'histoire de la Terre un caractère de grandeur que l'on ne peut envisager sans un réel sentiment d'admiration. Sans arrêts, sans perturbations, l'évolution des êtres s'y est poursuivie à travers les temps. Débutant au fond des mers primaires sous forme de cellules microscopiques, la vie organique aboutit à la fin des temps tertiaires aux mammifères les plus perfectionnés, à l'Homme. Sans cataclysmes, les dépôts sédimentaires se sont lentement édifiés sur une épaisseur de plusieurs milliers de mètres, renfermant comme un véritable livre toute l'histoire du monde. Ne suffit-il pas, en effet, d'en feuilleter les couches pour lire cette histoire écrite de bas en haut par les fossiles ? Enfin, n'oublions pas que le soulèvement des montagnes s'est accompli insensiblement, sans chocs, et si lentement qu'aucun être vivant n'a pu s'apercevoir que des régions, basses dans le passé, s'élevaient à des altitudes vertigineuses et se couvraient de glace.

❋ *Les conclusions essentielles qui se dégagent de l'étude de la géologie sont l'immense durée des temps, et la parfaite continuité des phénomènes naturels. Parmi ces derniers il faut remarquer d'abord la merveilleuse évolution des êtres.*

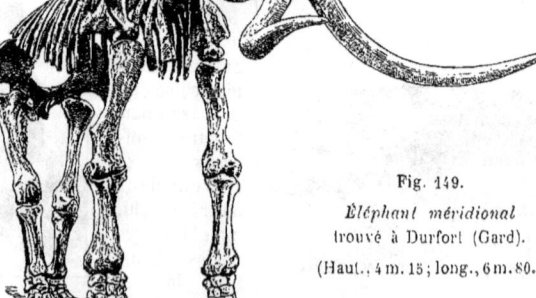

Fig. 149.
Éléphant méridional
trouvé à Durfort (Gard).
(Haut., 4 m. 15 ; long., 6 m. 80.)

INDEX ALPHABÉTIQUE ET ÉTYMOLOGIQUE

DES TERMES GÉOLOGIQUES ET NOMS CITÉS DANS LE VOLUME.

Tous les chiffres renvoient aux *paragraphes*; les chiffres en caractères gras **39** indiquent les paragraphes où les termes géologiques sont *définis*.

A, B

Abime, 39.
Ablation glaciaire (lat. *ab*, hors de, et *latio*, action de porter : porter les eaux de fonte hors du glacier : fusion glaciaire), 43, **46**.
Acide borique, 70.
— **carbonique**, 12, 17. 34, 37. 39, 72.
Actinodon (du grec *aktis, aktinos*, rayon, et *odous, odontos*, dent), 86.
Adventif (Cône ou Cratère) (lat. *adventus*, qui survient), 62.
Æpyornis (gr. *aipus*, immense, et *ornis*, oiseau), 109.
Affaissement, 75, 76.
Affleurement rad. *à fleur :* à fleur, à niveau de la surface du sol, 37, 38, 40.
Affouillement, 35.
Agate (du grec *Achates*, fleuve de Sicile), 7.
Aiguilles, 55.
Air atmosphérique, 29.
Alignements, 117.
Alimentation glaciaire, 43.
Alizés (provenç. *alizatl*, uniforme : régularité de ces vents), 30.
Allée couverte, 117.
Alluvions, Alluvionnement (lat. *alluvio*, formé de *ad*, vers, et *luo*, j'arrose), 51, **52**, 108.
Alpes (Chaîne des), 36, 41. 73. 82. 106, 107.
Ambre (de l'arabe *anber*, même sens), 101.
Améthyste (gr. *amethustos*, qui n'est pas ivre) : cette pierre passait pour préserver de l'ivresse. 7.
Amiante gr. *amiantos*, incorruptible), 8.
Ammonite (du dieu égyptien *Ammon* dont l'un des attributs était représenté par des cornes enroulées de bélier), 93, 94.

Amphibole (gr. *amphibolos*, ambigu), **8**, 26.
Anoplothérium (gr. *anoplos*, sans armes, et *thérion*, animal), 102.
Anticlinal (grec *anti*, contre, et *klinô*, je penche : dont les deux pentes s'appuient l'une contre l'autre), 74.
Aquifère (Nappe) (lat. *aqua*, eau, et *fero*, je porte), 37.
Archéen (Terrain) (gr. *archaios*, ancien), 81, 82.
Archégosaure gr. *archégos*, le premier, et *sauros*, lézard), 86.
Archéoptéryx (gr. *archaios*, ancien, et *pterux*, aile), 95.
Arches marines, 55.
Ardoise (du bas lat. *ardosia*, probablement de *Ardennes*, région qui est riche en ardoise), 20, 88.
Argile, 8, 11, **18**, 37, 93, 98, 104.
Atmosphère (du gr. *atmos*, vapeur, et *sphaira*, sphère), **29**, 30 à 32, 53.
Atoll (mot maldive *atoll*, même sens), 59.
Aurochs (allemand *auerochs*, bœuf de plaine), 109.
Avalanche (lat. *ad*, à, et *vallis*, vallée), 42.
Aven (terme local désignant les gouffres dans le sud-est de la France), 39.
Bactérie (du grec *bakteria*, bâton), 87.
Banquise (scandinave *bank*, banc, et *is*, glace : banc de glace), 47.
Basalte lat. *basaltes*, même sens), 25, 27, 110.
Bassin d'alimentation, **42**, 46.
— **parisien**, 38.
— **hydrographique**, 48.
— **de réception**, 35.
Bélemnite (gr. *belemnites*, pierre en forme de flèche), 94.
Bison, 115.

Blanc d'Espagne, 12.
Blatte (gr. *blaptô*, je nuis), 85.
Bois silicifié, 7.
Bombe volcanique, 64.
Briques, 19.
Brontosaure (gr. *brontê*, tonnerre, et *sauros*, lézard), 95.
Buccin (lat. *buccina*, trompette), 101.

C

Calamite (lat. *calamus*, roseau), 87.
Calcaires (Terrains) (lat. *calcarius*; de *calx, calcis*, chaux), 34, 36, 37, 39, 40, 55.
Calcaire carbonifère, 90.
— **à entroques**, 98.
— **grossier**, 11, 14, 104.
— **lithographique** (gr. *lithos*, pierre, et *graphô*, j'écris), 11, 16.
— **oolithique** (gr. *ôon*, œuf, et *lithos*, pierre), 16.
— **pisolithique** (lat. *pisum*, pois, et le grec *lithos*, pierre), 16.
— **à spatangues**, 99.
Calcédoine (gr. *Chalkêdôn*, ville de Bithynie), 7.
Calcite (lat. *calx, calcis*, chaux), 9, **15**, 10.
Calédonienne (Chaîne) (de *Calédonie*, ancien nom de l'Écosse), **88**, 89, 90.
Calotte de glace, 47.
Campan, 15, 89.
Cañon (mot espagnol signifiant ravin profond), 49.
Capture de glacier, 46.
Carbonifère (Système) (lat. *carbo, onis*, charbon, et *fero*, je porte), 81, **90**.
Carpathes (Chaîne des), 106.
Carrière, 11.
Cascade, 50.

Cassure conchoïdale gr. *kogché*, coquille, et *eidos*, aspect . **13**. 16.
— **saccharoïde** gr. *saccharon*, sucre, et *eidos*, aspect . **15**. 24.
— **de l'écorce terrestre**, 15. 25, 34, 39, 62, 69, 70, 73, 74.
Catacombes. 14.
Cataracte du grec *katarrhaktés*, écluse . 50.
Causses du méridional *cau*, chaux, parce que les causses sont formés de calcaire ou carbonate de chaux . 39.
Cendres. 62, 65, 107, 112.
Cératite gr. *keras*, *atos*, corne , 97.
Cerf des tourbières. 109.
Cérithe. 101.
Chaînes de montagnes. 33, 73, 88, 90.
Chamois, 109.
Chaos. 34.
Charbon de terre, **23**, 91, 92.
Chaux lat. *calx*, *calcis*, même sens . **17**, 99.
Cheminée de montagne, 41.
— **des fées**, 33.
— **volcanique**, 62, 69.
Chêne, 96, 103.
Cheval, 115.
Chott prononciation algérienne de l'arabe *chott*, étang , 32.
Chute, 50.
Ciment, 18, 98.
Cinérite latin *cinis*, *cineris*, cendre , 103, 107.
Circulation souterraine, 39.
Classification des terrains, 80, 81.
Climat, 83, 93, 100, 108.
Cluse (lat. *clusus*, fermé, parce que les cluses sont des vallées souvent fermées), 74.
Coke, 23.
Colmatage (ital. *colmare*, combler : se dit du comblement d'un estuaire ou d'un delta par les alluvions).
Colonnade basaltique, 27, 110, 111.
Combustibles (Roches). 23.
Cône de déjection, 35.
— **d'éboulis**. 41.
— **volcanique**. 62, 68.
Conglomérat (lat. *conglomerare*, amasser, entasser), **21**, 88, 89, 91, 104.
Continuité des phénomènes. 118.
Contractions du sous-sol, 69, 73, 75, 76, 84.

Contre-alizés de *contre*, et provençal *alizalt*, uniforme , 30.
Coraux. 59.
Cordon littoral, 57.
Cornaline rad. *corne* : à cause de sa demi-transparence . **7**.
Correction des torrents, 36.
Coulée de lave. 64, 65, 111, 112.
Courants marins. 54.
Cours d'eau. 48 à 52.
Couverture des maisons. 20, 28.
Craie lat. *creta*, même sens , 11, **12**, 55, 56.
Craie blanche, 99.
Cratère gr. *kratèr*, coupe . **62**, 64, 68, 110, 111, 112.
— **des salses**. 71.
Crétacique Système lat. *cretaceus*, de *creta*, craie , 81, **99**.
Creusement des vallées fluviatiales. 51.
— **des vallées glaciaires**. 44.
Crevasses glaciaires, 45, 47.
— **séismiques**. 76.
Cristal de roche. 7.
Cyclone gr. *kuklos*, cercle . **30**.
Cyrtocère gr. *kurtos*, courbé, et *keras*, corne , 85.

D, E, F

Dallage. 28.
Débit des cours d'eau, 48.
Degré géothermique (gr. *gê*, terre, et *thermé*, chaleur . 61.
Delta de *delta*, quatrième lettre de l'alphabet grec, dont la forme est triangulaire . **52**, 91, 108.
Dépôts marins. 55.
Désert. 32.
Dévonien Système [du comté anglais de *Devon*]. 81, **89**.
Diamant (grec *adamas*, *antos*, indomptable). **9**.
Dinocéras (gr. *deinos*, terrible, et *keras*, corne). 102.
Dinornis gr. *deinos*, terrible, et *ornis*, oiseau , 109.
Dinosaurien (gr. *deinos*, terrible, et *sauros*, lézard . 95, 98.
Dinothérium gr. *deinos*, terrible, et *thérion*, animal . 102, 106.
Diorite (gr. *dia*, à travers, et *oraô*, je vois). 25, **26**.
Diplodocus (gr. *diploos*, double, et *dokos*, charpente) : grand reptile dinosaurien voisin du Brontosaure.
Dislocations, 69, 73 à 76, 79, 106.

Dolmen gaélique *tolmen*, table de pierre . 117.
Dômes Chaîne des . 112.
Domite du nom des *Monts-Dômes* . 112.
Dunes celtique *dun*, lat. *dunum*, éminence, colline , **31**, 108.
Durée des temps, 118.
Dureté. **6**.
Eaux minérales, 71, 72.
Eau sauvage. 33 à 36.
— **solide**. 41 à 47.
— **souterraine**. 37 à 40, 48.
Éboulis. 41, 108.
Écorce terrestre. **4**, 25, 61, 69, 76, 81, 82, 106.
Effervescence lat. *effervescentia* ; du préfixe *e*, et de *fervere*, bouillir . **9**, 11, **12**, 14, 15, 16, 18.
Élan. 109.
Éléphant. 109.
Éléphant méridional. 102.
— **primitif**. 109.
Émanations, 70 à 72.
Embouchure. 52.
Émersion. 75.
Empierrement. 13.
Encrine gr. *en*, dans, et *krinon*, lis : en forme de fleur de lis . 94.
Enfouissement des eaux. 39.
Éocène Système, (gr. *eôs*, aurore, et *kainos*, récent : aurore de la faune actuelle . 81, 104.
Érable. 103.
Ères géologiques. 81.
Érosion marine (latin *erodere*, ronger . 55.
Éruption volcanique. **63**, 66, 68, 88, 106, 107, 110 à 112, 114.
Estuaire (lat. *æstuarium* ; de *æstus*, agitation de la mer), 52.
Étang. 51.
Évolution des êtres. 79, 118.
Explosion volcanique, 63, 66, 67.
Faïence. 19.
Faille radical *faillir*, manquer . 74.
Falaise (bas lat. *falesia*, rocher). **55**, 56.
Faluns allem. *fahl*, gris, terreux . 106, 107.
Feldspath (allemand *feld*, champ, et *spath* . **8**, 10, 19, **26**, 28.
Fer de lance. 9.
Feu central. 4, 61, 62, 69, 73, 76, 106.
Figuier. 96.
Filon. 6.
Fjord mot scandinave signifiant : golfe, estuaire . 75.
Flot. 53.

INDEX ALPHABÉTIQUE

Flux (lat. *fluxus*; de *fluere*, couler), 53.
Foraminifère (lat. *foramen*, trou, et *fero*, je porte), 12, 85.
Fossile (latin *fossilis*, extrait de la terre), 14, 15, 25, 78, 79, 82, 84.
— caractéristique, 79.
Fougère, 87.
Four à chaux, 17.
— à plâtre, 24.
Fracture, voy. Cassure, 70.
Fumée (Colonne de), 63, 69.
Fumerolle (ital. *fumarola*, même sens), 65, 66.
Fuseau, 101.
Fusion glaciaire, 41, 42, 43, 46, 47.

G, H, I, J, K

Galets, 49, 56, 57, 108.
Gastornis (de *Gaston Planté*, auteur de la découverte, et *ornis*, oiseau), 102.
Gaz d'éclairage, 23, 92.
Gel, 41.
Géoclase (gr. *gê*, terre, et *klasis*, action de briser), 74.
Géode (gr. *geôdés*, terrestre; de *gê*, terre), 6.
Géographie physique. 1.
Géologie (gr. *gê*, terre, et *logos*, discours), 1.
Geyser (mot islandais qui signifie furieux), 70.
Glace, 42.
— flottante, 47.
Glaciaire (Période), 108, 113.
Glacier alpin, 42, 43 à 47, 108, 113.
— polaire, 47.
Glouton, 109.
Glyptodonte (gr. *gluptos*, ciselé, et *odous, odontos*, dent), 109.
Gneiss, 28, 82.
Gorge, 49, 51.
Granite (lat. *granum*, grain), 10, 25, 26, 34, 82.
Granitoïde (Structure) [de *granile*, et gr. *eidos*, aspect], 25, 26.
Granulite (lat. *granulum*, dimin. de *granum*, grain), 25, 26.
Graptolite (gr. *graptos*, écrit, et *lithos*, pierre), 85, 88.
Gravure lithographique, 16.
— préhistorique, 115.
Grès (allemand *gries*, gravier), 10, 11, 21, 34, 83, 87 à 89, 91, 93, 104, 105.
— armoricain, 88.
— rouge, 97.

Griotte, 15, 89.
Grotte, 39.
— du chien, 72.
— marine, 55.
— préhistorique, 109, 115.
Gryphée arquée (gr. *grupos*, crochu), 98.
Gulf-Stream (anglais *gulf*, golfe, et *stream*, courant : Courant du golfe), 54.
Gypse (Minéral) [lat. *gypsum*, gr. *gupsos*, même sens], 9, 24.
Gypse (Roche), 11, 104.
Gyrocère (gr. *guros*, arrondi, et *keras*, corne), 85.
Habitations lacustres, 116.
Hélix, 101.
Hercynienne (Chaîne) [de *Hercynia*, région comprise entre le Rhin et la Vistule], 90.
Hétérocerque (Queue) [gr. *heteros*, différent, et *kerkos*, queue], 86.
Hêtre, 96.
Hipparion (mot grec signifiant petit cheval), 102.
Hippopotame (gr. *hippos*, cheval, et *potamos*, fleuve), 109.
Hippurite (gr. *hippos*, cheval, et *oura*, queue), 94.
Homme, 108, 109, 111, 112, 114 à 117.
Homocerque (Queue) [gr. *homoios*, semblable, et *kerkos*, queue], 95.
Houille (mot wallon, même sens), 11, 23, 83, 90, 91, 92.
Huître, 94.
Humus (mot latin qui signifie terre), 3.
Hydraté (Minéral) [du gr. *hudôr*, eau], 6.
Iceberg (anglais *ice*, glace, et allemand *berg*, montagne), 47.
Ichthyosaure (gr. *ichthus*, poisson, et *sauros*, lézard), 95, 98.
Iguanodon (de *iguane*, espèce de reptile, et *odontos*, dent), 95.
Ile corallienne, 59.
Imperméable (de *in*, négatif et du latin *permeare*, passer au travers), 34, 37, 38, 40.
Infiltration (de *filtrer*), 37, 39, 40.
Inlandsis (mot scand. signifiant : glace à l'intérieur des terres), 47.
Ite, suffixe indiquant un minéral : calcite, diorite.
Jaspe sanguin, 7.
Jura (Chaîne du), 106.
Jurassique (Système) (rad. *Jura*), 81, 98.
Jusant (lat. *jusum*, en bas), 53.

Kaolin (de *Kauling*, localité chinoise où cette argile a été trouvée), 6, 8, 18, 19.

L, M, N, O

Lac, 78.
Lacustre (Habitation) [lat. *lacustris*, même sens], 116.
Lagon (dimin. de l'italien et de l'espagnol *lago*, lac), 59.
Lagune (lat. *lacuna*, mare, marais), 57, 97.
Laisses de mer, 53.
Laurier, 96.
Lave, 62, 63, 64, 69, 107, 110, 111.
Lépidodendron (gr. *lepis*, écaille, et *dendron*, arbre), 87.
Libellule, 85.
Lierre, 96.
Lignite (lat. *lignum*, bois), 23.
Limnée (gr. *limné*, étang), 101.
Lithophages (gr. *lithos*, pierre, et *phagô*, je mange). Se dit de certains mollusques, vers et échinodermes qui forent la pierre pour s'y loger.
Maccalube (ital. *maccaluba*, même sens), 71.
Machairodus (gr. *machaira*, glaive, et *odous*, dent), 102.
Magnolia, 96.
Mammouth (mot russe, même sens), 109, 114, 115.
Marbre, 11, 15, 83, 89.
Marche des glaciers, 43.
Marées, 52, 53, 55.
Marmotte, 109.
Marne, 11, 18, 97, 105, 107.
Massif-Central français, 26, 27, 68, 82, 93, 105 à 107, 110 à 114.
Massif de recouvrement, 74.
Mastodonte (gr. *mastos*, mamelle, et *odontos*, dent : dent mamelonnée), 102, 106.
Méandre (gr. *Meandros*, rivière de l'Asie Mineure, dont le cours est très sinueux), 51.
Mégacéros (Cerf) [gr. *megas*, grand, et *keras*, corne], 109.
Mégalithes (gr. *megas*, grand, et *lithos*, pierre), 117.
Mégathérium (gr. *megas*, grand, et *thérion*, animal), 109.
Menhir (celtique *men*, pierre, et *hir*, long), 117.
Mer (Action de la), 53 à 58.
Métamorphisme (gr. *meta*, marquant changement, et *morphé*, forme : transformation), 84.

Meule, 22.
Meulière rad. *meule*, 11, 22, 105.
Mica mot latin qui signifie *parcelle*, ou du verbe latin *micare*, briller, **8**, 10, 26 à 28.
Micaschiste de *mica*, et de *schiste*, 28, 82.
Minéraux, 5, 6.
Miocène (Système) (gr. *meion*, moins, et *kainos*, récent : offrant moins d'animaux actuels que dans l'oligocène), 81, 106.
Mofette ital. *mofetta*, source d'émanations mauvaises, 72.
Moraine lat. *mori*, mourir : parce que les matériaux transportés par le glacier vont y mourir, 45, 108.
Morsure, 16.
Mortier, 17.
Mousses, 23, 60.
Moutonnées Roches, 44.
Nappe aquifère du latin *aqua*, eau, et *fero*, je porte, 37, 38, 40.
— **de charriage**, 74.
— **jaillissante**, 38.
Natice, 101.
Nautile gr. *nautilos*: de *naus*, navire, 85.
Neige, 41, 42, 43, 46.
Néolithique (gr. *neos*, nouveau, et *lithos*, pierre), 114, 116.
Névé latin *nix, nivis*, neige, 42, 43, 44.
Niveau d'eau, 37, 39, 40.
Nuée ardente, 67, 69.
Nummulite (lat. *nummulus*, petite monnaie), 101, 104.
Oasis du grec *oasis*, même sens, 32, 38.
Oligocène (Système) [gr. *oligos*, peu, et *kainos*, récent : offrant peu d'animaux actuels], 81, **105**.
Organismes, 58 à 60.
Orthocère (grec *orthos*, droit, et *keras*, corne), 83.
Oscillations des rivages, 75.
Oued (mot arabe signifiant eau), 32.
Ours des cavernes, 109, 114, 115.
Oursin, 94.

P

Paléolithique (gr. *palaios*, ancien, et *lithos*, pierre), 114, **115**.
Paléoniscus (gr. *palaios*, ancien, et *oniskos*, cloporte : à cause de la position souvent recourbée de ce poisson fossile), 86.

Paléophone gr. *palaios*, ancien, et *phôné*, voix : allusion à sa qualité de plus ancien animal à respiration aérienne, 85.
Paléothérium du grec *palaios*, ancien, et *thérion*, animal, 102.
Palmiers, 96, 103.
Pavés. Pavage, 10, 21.
Pegmatite (gr. *pêgma*, conglomération : à cause de l'enchevêtrement de ses éléments), 25, **26**.
Peinture préhistorique, 115.
Péridot, 8, 27.
Périodes géologiques, 81.
Perméable (lat. *permeare*, passer au travers), 37.
Permien Système (de *Perm*, gouvernement de Russie), 90.
Peulven mot celtique signifiant pilier de pierre, 117.
Peuplier, 96.
Pholade gr. *phôlas*; de *phôlazô*, je me cache : coquille lithophage.
Phonolithe grec *phôné*, son, et *lithos*, pierre, 110.
Pierre Age de, 114 à 117.
— **à chaux**, 17.
— **de construction**, 14, 22.
— **meulière**, 22.
— **à plâtre**, 24.
Plage, 56.
Planorbe (lat. *planus*, plan, et *orbis*, cercle), 101.
Platane, 96.
Plateforme littorale, 55.
Plâtre, 24.
Pléistocène (Époque) (gr. *pleistos*, beaucoup, et *kainos*, récent, ou offrant beaucoup d'animaux actuels), 114.
Plésiosaure (gr. *plésios*, voisin, et *sauros*, lézard), 95, 98.
Pliocène (Système) [gr. *pleion*, plus, et *kainos*, récent : offrant plus d'animaux actuels que le miocène], 81, **107**.
Plis, Plissements, 69, 73, 74.
Pluie, 33, 37, 40, 41.
Poids spécifique, 6.
Polissoir, 116.
Polypes, Polypiers (grec *polus*, nombreux, et *pous*, pied), 59, 85, 94, 101.
Porcelaine, 19.
Porphyre (gr. *porphura*, pourpre : par allusion au porphyre rouge antique), 25, **27**.
Porphyroïde (Structure) (de *porphyre*, et grec *eidos*, aspect), 25, 27.

Potamide (gr. *potamos*, fleuve : coquille marine vivant à l'embouchure des fleuves), 105.
Poteries, 19.
Poudingue (anglais *pudding*), **21**.
Préhistoire (lat. *præ*, avant, et *histoire*), 114.
Primaire Ère, 83 à 92.
Primitif (Terrain), 81, 82.
Productus (mot latin signifiant allongé), 85, 90.
Progression des glaciers, 43.
Protriton lat. *pro*, avant, et *triton*, 86, 90.
Ptérichtys gr. *pteron*, nageoire, et *ichthus*, poisson), 86.
Ptérodactyle (gr. *pteron*, aile, et *daktulos*, doigt), 95.
Puits artésien (de *Artois*, province où furent forés les premiers puits de ce genre), 38.
Puys (Chaîne des), 112.
Pyramide d'érosion, 33.
Pyrénées (Chaîne des), 73, 82, 83, 104 à 106.
Pyroxène gr. *pur*, feu, et *xenos*, étranger, 8, 27.

Q, R

Quartz allem. *quarz*, même sens, 7, 10, 26, 27, 28.
Quaternaire (Ère), 108 à 117.
Rapide, 50.
Reboisement des dunes, 31.
— **des montagnes**, 36.
Récif corallien, 59.
Recul des côtes, 55.
— **des glaciers**, 46, 113.
Reflux lat. *re*, en arrière, et *fluxus*, de *fluere*, couler, 53.
Réfraction double (lat. *refringere*, *refractum*, briser), 9.
Renne, 109, 114, 115.
Requin, 102.
Rhinocéros grec *rhin, rhinos*, nez, et *keras*, corne, 102, 109, 114.
Rhynchonelle (du grec *rhugkos*, bec), 94.
Rivière souterraine, 40.
Rivière torrentielle, 49, 52.
Roche, 2, 5, 10.
Roches argileuses, 11, 18 à 20.
— **calcaires**, 11, 12, 14 à 17.
— **combustibles**, 11, 23.
— **composées**, 10.
— **cristallines**, 4, 6, 25 à 28, 81.

INDEX ALPHABÉTIQUE 83

Roches cristallophylliennes gr. *krustallos*, cristal, et *phullon*, feuille . 10. 28. 82.
— éruptives, 4, 10. 25 à 27. 81. 82.
— métamorphiques. 6.
— sédimentaires. 4, 10. 11 à 24. 58. 81. 82.
— siliceuses. 11. 21. 22.
— simples. 10.
— stratifiées. 11 à 24.
Ruiniforme Paysage [français *ruine*, et *forme* : en forme de ruine]. 34. 98.
Ruissellement. 34. 35. 48.

S

Sable. 11. 21. 34. 91. 104. 105. 107. 108.
— siliceux. 7.
— des plages. 56. 57.
Salse lat. *salsus*, salé . 71.
Sauterelle. 85.
Scaphite gr. *skaphé*, nacelle . 99.
Schiste grec *schistos*, fendu . 11. 20. 28. 37. 83. 86 à 88. 90. 91.
Scorie grec *skôr*, excrément, déchet, 62. 64.
Sécheresse de l'air. 32.
Secondaire Ère . 93 à 99.
Secousse séismique. 76.
Sédiment. Sédimentation latin *sedimentum*, tassement . 58. 78. 79. 80.
Séisme gr. *seismos*, secousse . 76.
Séismographe de *séisme*, et du gr. *graphô*, j'écris . 76.
Sel gemme latin *gemma*, pierre précieuse . 11. 24. 97.
— marin. 53.
Sérac de *sérac*, nom d'un fromage blanc fabriqué dans les Alpes ; du lat. *serum*, petit-lait . 45.
Sigillaire. du latin *sigillum*, sceau : de la forme des cicatrices dues à la chute des feuilles . 87.
Silex mot latin qui signifie pierre dure, caillou . 7. 13. 21. 56.
— poli. 116

Silex taillé. 114.
Silice lat. *silex* . 7. 10.
Silurien Système [de *Silures*, peuple celte du pays de Galles]. 81. 88.
Soffioni pluriel de l'italien *soffione*, soufflet . 70.
Sol. 2. 37.
— fissuré. 37.
Solfatare de l'italien *solfatara*, soufrière . 68.
Soufflard radical *souffler* . 70.
Soufre. 39. 63. 66. 68. 70.
Soulèvement des montagnes. 75. 76.
Source. 37. 40. 48.
Sources chaudes. 70. 71.
— jaillissantes. 70.
— minérales. 71. 72.
Sous-sol. 2. 3. 6. 14. 19. 20. 39. 40. 58. 61. 73. 99.
Spath d'Islande de *spath*, mot allemand, même sens . 9.
Sphaignes gr. *sphagnos*, mousse . 60.
Spirifère de *spire*, et lat. *fero*, je porte . 85. 89.
Squale lat. *squalus*, même sens . 102.
Stalactite. Stalagmite du grec *stalazô*, je tombe goutte à goutte , 9. 40.
Stégosaure gr. *stegé*, toit, et *sauros*, lézard : de ses plaques osseuses qui rappellent les tuiles d'un toit . 93.
Strate. Stratification du lat. *stratum*, couche, et *facere*, faire . 11.
Stratifiés Terrains . 79.
Striées Roches [lat. *stria*, cannelure]. 44.
Structure granitoïde de *granite*, et gr. *eidos*, aspect . 25. 26.
— porphyroïde de *porphyre*, et gr. *eidos*, aspect . 25. 27.
Synclinal gr. *sun*, avec, et *klinô*, je penche : dont les deux pentes descendent l'une vers l'autre . 74.
Systèmes géologiques. 81.

T, V, X

Téléosaure gr. *teleios*, accompli, et *sauros*, lézard . 93.
Température du sous-sol. 61. 84.
Térébratule latin *terebratus*, percé . 93.
Terre végétale. 2. 3. 34.
Terrigène lat. *terra*, et gr. *gennaô*, j'engendre . 58.
Tertiaire Ère . 100 à 107.
Torrent persistant. 46.
— temporaire. 25. 34. 35. 49.
Tourbe. Tourbière. 11. 23. 60.
Trachyte gr. *trachus*, âpre, rude . 25. 27. 111.
Travertin (de l'italien *travertino*, même sens . 71.
Tremblement de terre. 76.
Triasique Système [du grec *treis*, trois : des trois divisions de ce système . 81. 97.
Tricératops gr. *treis*, trois, *keras*, corne. et *ops*, visage . 93.
Trilobite gr. *treis*, trois, et français *lobe* . 83. 85. 88.
Trombe probablement du latin *turbo*, tourbillon . 30.
Tuiles. 19.
Turritelle lat. *turris*, tour . 101.
Vallées affaissées. 75.
— fluviaires. 49. 51.
— glaciaires. 44.
Vapeur d'eau. 24. 29. 32. 58. 63. 67. 69. 70.
Variations glaciaires. 46.
Vent. 30. 31.
Verrerie. 21.
Vie Apparition de la . 84.
Vigne. 103.
Vitesse des cours d'eau. 48.
Volcan lat. *Vulcanus*, Vulcain, dieu romain du feu . 61 à 69.
Volcans actifs. 66. 67.
— de boue. 71.
— du Massif-Central. 27. 68. 110 à 112.
Volcanisme. 69. 113.
Xiphodon gr. *xiphos*, épée, et *odous, odontos*, dent . 102.

TABLE DES MATIÈRES

	Pages.
Préface et Extraits des Programmes officiels.	III
Le Sol et sa parure.	V
I. Roches et minéraux.	1
Tableau-résumé des Minéraux.	6
Tableau-résumé des Roches sédimentaires.	15
Tableau-résumé des Roches cristallines.	18
II. Phénomènes externes.	19
Tableau-résumé des Agents externes.	40
III. Phénomènes internes.	40
Tableau-résumé des Agents internes.	48
IV. Classification des terrains.	49
Tableau-résumé de la Classification des Terrains.	74
Index alphabétique et étymologique.	79

PLANCHES EN COULEURS

L'Eau solide.	32
Les Cours d'eau.	36
Les Volcans.	44
Carte géologique de la France.	74

Paris. — Imp. LAROUSSE, 17, rue Montparnasse.

Fig. 1. — Joubarbe des toits.
(10 à 60 cm.)
Phanérogame de la classe
des Dicotylédones.

Fig. 2. — Polystic spinuleux.
(30 à 80 cm.)
Cryptogame à racines
de la classe des Fougères.

Fig. 3. — Lépiote élevée.
(10 à 30 cm.)
Thallophyte de la classe
des Champignons.

La Fougère et les Champignons représentés par deux des gravures ci-dessus croissent au milieu des *Mousses* qu'on peut apercevoir à leur pied. Ces trois gravures montrent donc, réunis, quatre types de plantes, caractérisant les quatre embranchements végétaux.

CLASSIFICATION

I. PRINCIPES GÉNÉRAUX

1. Utilité de la classification. — Vers le milieu du XVIIIe siècle on connaissait environ 10 000 espèces de plantes ; les découvertes géographiques, la multiplicité des explorations ont aujourd'hui porté ce nombre à 200 000.

Une bonne classification permet seule de se retrouver au milieu de cette multitude de formes différentes. Classer les plantes, c'est rapprocher, grouper celles qui se ressemblent par un grand nombre de caractères.

Dans une classification bien faite, toutes les plantes qui composent un groupe ont un *air de famille* et peuvent être considérées comme véritablement parentes. L'étude de l'organisation de l'une d'entre elles prise pour type donne, par suite, une idée exacte de l'organisation de toutes les autres. Après avoir indiqué les caractères *importants* qui les rapprochent, il suffit de quelques mots pour énoncer les caractères *accessoires* qui les différencient. La classification éclaire et simplifie l'étude des végétaux.

❊ Classer *les plantes, c'est grouper celles qui se ressemblent par un grand nombre de caractères. Lorsque l'on connaît l'organisation de l'une des plantes qui composent un groupe, on connaît suffisamment celle de toutes les autres plantes du même groupe.*

2. Division en embranchements. — On distingue chez les végétaux quatre *degrés d'organisation*, auxquels correspondent quatre grands groupes ou *embranchements* : 1° Les plantes à fleurs ou *Phanérogames*, dont l'organisation a déjà été étudiée en détail; ce sont les plus parfaites à cause de la division de leur corps en quatre membres distincts : racine, tige, feuille, fleur (*fig.* 1). 2° Les Cryptogames *à racines*, qu'on nomme aussi Cryptogames *vasculaires* parce que certaines de leurs cellules y sont groupées, comme chez les plantes à fleurs, en *vaisseaux* conducteurs de liquides: leur corps ne comprend que trois membres distincts : la racine, la tige, la feuille; telles sont les Fougères (*fig.* 2). 3° Les *Muscinées*, embranchement qui comprend surtout les Mousses (*fig.* 2), n'ont que deux membres : la tige et la feuille, car elles sont dépourvues de vraies racines. 4° Les *Thallophytes*, qui renferment les Algues, les Champignons (*fig.* 3) et les Lichens, ont un corps non divisé en membres distincts : il se compose d'une simple lame ou *thalle* plus ou moins ramifiée, qui pourvoit à la nutrition et à la reproduction. Les Muscinées et les Thallophytes n'ont pas de vaisseaux: ce sont des Cryptogames *cellulaires*. Les trois embranchements de *Cryptogames*, ou plantes sans fleurs, forment un groupe immense, comprenant près de 100 000 espèces de plantes.

❋ *Les plantes sont réparties en* quatre *embranchements* : *Phanérogames, Cryptogames à racines, Muscinées et Thallophytes.* (Voir *le Tableau-résumé des* CARACTÈRES DES EMBRANCHEMENTS, *page 4*.)

3. Subdivision des embranchements. — Un embranchement est un groupe très vaste. On le divise en groupes plus petits ou *classes* renfermant des plantes ayant un plus grand nombre de caractères communs. Chaque classe comprend plusieurs *ordres* formés de plantes plus semblables encore ; les ordres se divisent en *familles*; chaque famille en *genres ;* chaque genre se compose d'un certain nombre d'*espèces.* Font partie de la même espèce toutes les plantes qui se ressemblent autant entre elles que celles qui proviennent les unes des autres par des graines ou par multiplication végétative, comme le bouturage, le marcottage.

L'espèce est donc le groupe fondamental en botanique, comme en zoologie ; mais l'espèce végétale est plus variable. La plante, fixée au sol, est plus sensible que l'animal à l'influence du milieu dans lequel elle vit, et de plus, elle ne peut s'y soustraire. Il se forme souvent, dans la nature, beaucoup de *variétés* d'une même espèce suivant le climat, les conditions de milieu. Deux graines, nées d'une même plante, dont l'une est semée aux environs de Paris, l'autre en un point élevé d'une montagne, donneront deux sujets si différents d'aspect et de taille (*fig.* 4) qu'on a peine à croire, malgré l'évidence, qu'ils appartiennent à la même espèce. Les horticulteurs ont obtenu de nombreuses variétés très dissemblables d'une même espèce de Rosier, de Narcisse, de Chrysanthème ou d'OEillet; ils les perpétuent par multiplication végétative, c'est-à-dire par bouturage, marcottage ou greffe, car la graine ne conserve pas d'ordinaire la variété et tend à revenir au type primitif de l'espèce. Une variété qui peut se conserver par graine, pourvu qu'on ne modifie ni son milieu ni son mode de culture, est une *race;* le Chou-fleur, le Chou de Bruxelles, le Chou-rave sont des races du Chou potager.

Fig. 4. — Topinambours, provenant : *a*, d'une graine semée en plaine ; *b*, d'une graine semée en montagne, à l'altitude de 2 300 mètres.

Remarquons, en terminant, qu'en zoologie le groupement auquel on se reporte le plus pour l'étude des caractères est l'*ordre* : Carnivores, Échassiers; tandis qu'en botanique c'est la *famille* : Renonculacées, Crucifères.

❋ *L'embranchement se divise en* classes, ordres, familles, genres, espèces. *L'espèce est une réunion de végétaux aussi semblables entre eux que ceux qui proviennent les uns des autres par graine ou par bouture. L'espèce comprend des* races *et des* variétés.

4. Comment on nomme une plante.

Depuis le naturaliste suédois Linné (1707-1778) chaque plante est désignée par deux noms. Le premier est celui du genre auquel elle appartient ; le deuxième, celui de l'espèce. Le mot *Violette*, pour un botaniste, ne désigne pas une plante spéciale, mais tout un genre qui comprend plusieurs espèces, différant entre elles par des caractères accessoires, comme la forme des feuilles, l'odeur de la fleur, etc. : Violette odorante (*fig.* 43), Violette des bois, Violette tricolore, etc. Le genre *Primevère* comprend comme espèces : la Primevère officinale, la Primevère oreille-d'ours, la Primevère de Chine, etc. (*fig.* 140). Ces noms sont en latin afin d'être compris par les botanistes du monde entier. Nous donnons ces noms latins à l'*Index*, pour un grand nombre des plantes citées dans ce livre.

❊ *Chaque plante, depuis Linné, est désignée par deux noms latins dont le premier est celui du genre auquel elle appartient, le second celui de l'espèce.*

5. Classification des Phanérogames.

Les plantes à fleurs, par lesquelles nous commencerons l'étude de la classification, se divisent en deux sous-embranchements : 1° les *Angiospermes*, chez lesquelles les ovules sont enfermés dans un ovaire clos, formé par une ou plusieurs feuilles carpellaires repliées (*fig.* 5, A) et surmonté d'un style et d'un stigmate : Pavot, Pommier ; 2° les *Gymnospermes*, chez lesquelles les ovules sont posés à nu sur une feuille carpellaire non repliée (*fig.* 5, B) : tels sont le Pin, le Cyprès.

❊ *Les plantes à fleurs se divisent en* Angiospermes, *chez lesquelles les ovules sont enfermés dans un ovaire clos, et en* Gymnospermes, *à ovules nus.*

6. Division des Angiospermes.

On les divise en deux classes : les *Di-*

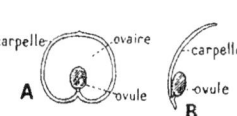

Fig. 5. — Feuille carpellaire :
A. d'une *Angiosperme* ;
B. d'une *Gymnosperme*.

cotylédones, dont l'embryon enfermé dans la graine porte deux feuilles primitives ou cotylédons, et les *Monocotylédones*, qui n'ont qu'un seul cotylédon. C'est là un caractère essentiel, mais peu apparent. Il entraîne des différences visibles dans la forme des feuilles, des fleurs et dans la structure.

Chez les Dicotylédones, les feuilles sont

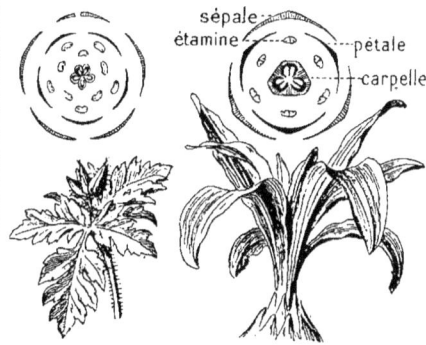

Fig. 6. — Diagramme floral et feuilles :
d'une *Dicotylédone*. d'une *Monocotylédone*.
(Géranium de Robert.) (Lis blanc.)

d'ordinaire à nervation pennée ou palmée, les pièces florales par 4 ou 5 ou un multiple (*fig.* 6) ; la racine est pivotante. La tige et la racine des espèces vivaces s'accroissent en épaisseur par la formation d'une couche annuelle de bois entourant le bois âgé. Les Monocotylédones, au contraire, sauf de rares exceptions, ont des feuilles à nervation parallèle, les pièces florales par 3 ou un multiple (*fig.* 6), la racine fasciculée. L'accroissement de la tige et de la racine n'a pas lieu par couches annuelles régulières.

❊ *Les* Angiospermes *se divisent en* Dicotylédones, *celles-ci ayant 2 cotylédons, la nervation pennée ou palmée, les pièces florales par 4 ou 5 ; et en* Monocotylédones, *ayant un cotylédon, la nervation parallèle, les pièces florales par 3.*

7. Division des Dicotylédones.

Tandis que les Monocotylédones peuvent être grou-

BOTANIQUE ÉLÉMENTAIRE

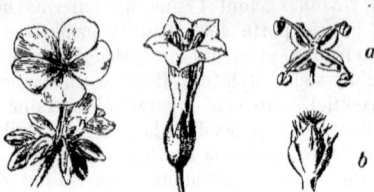

Fig. 7. — Dicotylédones à corolle :
dialypétale; *gamopétale;* *apétale.*
(Géranium.) (Tabac.) (Ortie.)
a, fleur mâle.
b, fleur femelle.

pées directement en familles, les Dicotylédones, plus nombreuses et moins homogènes, sont au préalable divisées en 3 ordres : celui des *Dialypétales*, ou à pétales séparés; celui des *Gamopétales*, ou à pétales soudés entre eux; celui des *Apétales*, qui n'ont qu'une seule enveloppe florale très peu apparente d'ordinaire, comme l'Ortie (*fig.* 7), ou qui, comme les Saules, en sont même complètement privés (*fig.* **194**, *b*, *d*). Chacun de ces ordres est ensuite divisé en un certain nombre de familles, dont nous allons étudier maintenant les plus importantes.

❃ *La classe des Dicotylédones se divise en trois ordres :* Dialypétales, Gamopétales, Apétales. (Voir *le Tableau-résumé de la* CLASSIFICATION DES PHANÉROGAMES, *page 4.*)

I. — TABLEAU-RÉSUMÉ DES CARACTÈRES DES EMBRANCHEMENTS.

GROUPEMENT D'APRÈS L'ORGANISATION INTERNE.	NOMS DES EMBRANCHEMENTS.	GROUPEMENT D'APRÈS L'ORGANE REPRODUCTEUR.
PLANTES VASCULAIRES. Certaines cellules y sont groupées en *vaisseaux* conducteurs de liquides.	1. PLANTES A FLEURS, 4 membres : racine, tige, feuille, fleur. Ex. : Giroflée, Iris, Pin.	PHANÉROGAMES.
	2. CRYPTOGAMES A RACINES, 3 membres : racine, tige, feuille. Ex. : Fougères, Prêle, Lycopode.	
PLANTES CELLULAIRES. N'ont pas de vaisseaux.	3. MUSCINÉES, 2 membres : tige, feuille. Ex. : Mousses.	CRYPTOGAMES ou Plantes sans fleurs.
	4. THALLOPHYTES, 1 seul membre ou *thalle.* Ex. : Algues, Champignons, Lichens.	

II. — TABLEAU-RÉSUMÉ DE LA CLASSIFICATION DES PHANÉROGAMES.

EMBRANCHEMENT.	SOUS-EMBRANCHEMENTS.	CLASSES.	ORDRES.	EXEMPLES.
PHANÉROGAMES ou Plantes à fleurs.	ANGIOSPERMES. Ovules enfermés dans un ovaire clos, formé par un ou plusieurs carpelles repliés.	**Dicotylédones.** 2 cotylédons à la graine : feuilles à nervation pennée ou palmée ; pièces florales par 4 ou 5.	*Dialypétales* Fleurs à pétales séparés.	Giroflée.
			Gamopétales Fleurs à pétales soudés.	Tabac.
			Apétales 1 seule enveloppe florale ou pas.	Chêne.
		Monocotylédones 1 cotylédon à la graine ; feuilles à nervation parallèle ; pièces florales par 3.		Iris.
	GYMNOSPERMES. Ovules posés à nu sur un carpelle non replié.			Pin.

DICOTYLÉDONES DIALYPÉTALES

Fig. 8. — *Ancolie vulgaire.*
(80 cm.; fleur bleue, rose ou blanche.)

Fig. 9. — *Rose de Noël* ou *Ellébore noir.*
(50 cm.; fleur rosée.)

II. DICOTYLÉDONES DIALYPÉTALES

FAMILLE DES RENONCULACÉES

Types : *Bouton d'or, Ancolie.*

8. Caractères généraux. — Cette famille comprend surtout des herbes vivaces, à fleurs grandes et de couleurs vives, à suc âcre, vénéneux. Elles n'ont qu'un petit nombre de caractères communs : fleurs à pétales séparés, à nombreuses étamines libres, insérées sur le réceptacle et à anthères s'ouvrant vers la périphérie de la fleur (*fig.* 10). En *arrachant* un sépale ou un pétale jusqu'à sa base, on *n'entraîne aucune étamine.* Sauf les étamines, toutes les autres pièces florales diffèrent profondément chez les diverses espèces. C'est une famille hétérogène. Le fruit est sec chez toutes : mais chez les unes il consiste en nombreux akènes (*fig.* 13), chez les autres en un petit nombre de follicules (*fig.* 16).

❋ *Les* Renonculacées *sont des plantes à pétales séparés, à nombreuses étamines libres insérées sur le réceptacle et à anthères s'ouvrant vers la périphérie de la fleur. Elles ont pour fruits des akènes ou des follicules.*

9. Renonculacées à akènes. — Sous le nom de *Boutons d'or* on désigne plusieurs espèces du genre *Renoncule* à cause de leurs pétales d'un beau jaune doré vernissé. Leurs feuilles sont alternes, découpées; leurs fleurs régulières (*fig.* 11)

Fig. 10.
Coupe de la fleur
de *Bouton d'or.*

à 5 pétales libres dont chacun porte à sa base une petite glande ou *nectaire* sécrétant le nectar (*fig.* 12); les multiples étamines entourent un pistil formé de nombreux carpelles distincts, parfois plus de 100, dont chacun renferme un seul ovule, se termine par un stigmate crochu, et donnera plus tard un akène (*fig.* 13). Les Renoncules vivent de préférence dans les endroits frais, humides; quelques espèces vivent dans l'eau et sont à fleurs blanches, avec des feuilles submergées très découpées. Les *Anémones* ont aussi des fleurs régulières, mais une seule enveloppe florale à six pièces, blanches chez l'*Anémone des bois*, violettes chez l'*Anémone*

Fig. 11.
Renoncule âcre.
(70 cm.;
fleur jaune d'or.)

Fig. 12. — *Pétale* de Bouton d'or.

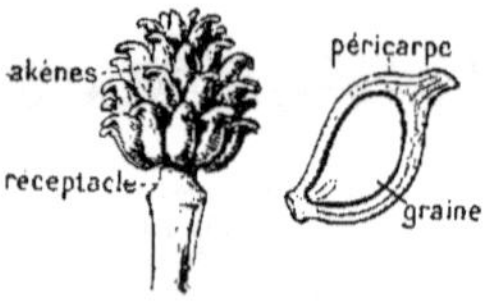

Fig. 13. — *Fruit* de Renoncule et coupe grossie d'un *akène*.

pulsatille (*fig.* 15). La *Clématite des haies* (*fig.* 14), plante sarmenteuse, grimpe à l'aide du pétiole enroulable de ses feuilles. Celles-ci sont opposées, cas unique chez les Renonculacées ; la fleur n'a qu'une enveloppe à 4 pièces égales, et ses akènes (*fig.* 14, *a*), comme ceux de l'Anémone pulsatille (*fig.* 15, *b*), sont prolongés par une aigrette disséminatrice.

✽ *Les Renonculacées à akènes ont des fleurs régulières à deux enveloppes florales, comme les Renoncules ; ou à une seule, comme les Anémones, la Clématite.*

10. Renonculacées à follicules. — Leur pistil comprend de 3 à 5 carpelles renfermant plusieurs graines et chacun donne à la maturité un follicule, fruit sec s'ouvrant en long

Fig. 14. — *Clématite des haies.* (Hauteur variable, fleur blanche.)
a, fruit.

par une seule fente (*fig.* 16). Les *Ellébores* sont des herbes à grandes feuilles divisées, à fleurs régulières à 5 grands sépales, verts chez l'*Ellébore fétide*, d'un blanc rosé chez l'*Ellébore noir* ou *Rose de Noël* (*fig.* 9); quant aux pétales, ils sont très petits, peu apparents. L'*Ancolie* (*fig.* 8) est une jolie plante de nos bois ; ses fleurs, régulières, ont 5 sépales bleus, 5 pétales bleus, recourbés en corne d'abondance; une cinquantaine d'étamines entourent le pistil à 5 carpelles. La *Dauphinelle* ou *Pied-d'alouette* (*fig.* 17), commune dans les moissons, est une fleur irrégulière à 5 grands sépales bleus, blancs ou roses, dont le supérieur se prolonge en un long éperon ; il y a 4 pétales soudés en un seul qui forme un éperon inclus dans celui du calice ; par exception, il n'y a qu'un carpelle. L'*Aconit* (*fig.* 19) de nos régions montagneuses a 5 grands sépales bleus, dont le supérieur est en casque, d'où vient son nom vulgaire de *Casque de Jupiter*.

Fig. 15. — *Anémone pulsatille.*
(40 cm.; fleur violette.)
a, coupe de la fleur ; *b,* fruit.

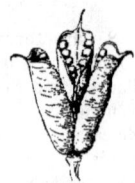

Fig. 16.
Trois *follicules* d'Aconit s'ouvrant.

DICOTYLÉDONES DIALYPÉTALES

Fig. 17. — *Dauphinelle consoude,* ou *Pied-d'alouette.* (60 cm.; fleurs bleues, roses ou blanches.)
a, coupe de la fleur; *b,* fruit.

Fig. 18. — *Renoncule des fleuristes.* (40 cm.: couleur variable.)

Fig. 19. — *Aconit napel.* (80 cm.; fleur bleue.)
a, coupe de la fleur; *b,* fruit.

❊ *Les Renonculacées à follicules sont à fleurs régulières, comme l'Ellébore, l'Ancolie ; ou irrégulières, comme la Dauphinelle, l'Aconit.*

11. Usages des Renonculacées. — Toutes sont âcres, plus ou moins vénéneuses ; perdant leurs propriétés en se desséchant, elles ne nuisent pas à la qualité du foin. Plusieurs sont *vésicantes,* c'est-à-dire que leur suc, appliqué sur la peau, produit de la rougeur. L'Ellébore passait pour guérir la folie. L'Aconit est l'espèce la plus vénéneuse ; on en retire un principe calmant, l'*aconitine,* employé en médecine à petites doses contre les migraines, les rhumatismes.

Les Renonculacées n'ont d'importance que pour l'ornementation des jardins, à cause de la beauté de leurs fleurs, de la vivacité de leur coloris : malheureusement, peu sont parfumées. Elles doublent facilement. Pour orner les balcons, les murailles, on utilise les Clématites, dont plusieurs espèces étrangères sont à grandes fleurs ; pour les corbeilles et les parterres on emploie les Anémones, les Renoncules (*fig.* 18), les Dauphinelles, l'Ancolie, l'Aconit, les Pivoines, les Nigelles. L'Ellébore rose de Noël fleurit au commencement de l'hiver.

❊ *Les Renonculacées sont vénéneuses. On utilise l'Aconit en médecine. La plupart sont ornementales et se modifient beaucoup par la culture.* (Voir, ci-dessous, *le Tableau-résumé de la famille des* RENONCULACÉES.)

III. — TABLEAU-RÉSUMÉ DE LA FAMILLE DES RENONCULACÉES

FAMILLE.	TRIBUS.	CARACTÈRES DE GROUPES.		GENRES.
RENONCULACÉES.	A AKÈNES. 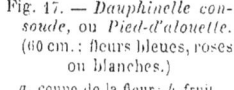 Diagramme d'une fleur de Renoncule.	2 enveloppes florales à 5 pièces égales		*Renoncule.*
		1 seule enveloppe florale	à 6 pièces égales	*Anémone.*
			à 4 pièces égales	*Clématite.*
	A FOLLICULES. Diagramme d'une fleur d'Ancolie.	fleur régulière	pétales très petits	*Ellébore.*
			5 pétales à éperon	*Ancolie.*
		fleur irrégulière	1 sépale en éperon	*Dauphinelle.*
			1 sépale en casque	*Aconit.*

FAMILLE DES PAPAVÉRACÉES
Type : *Coquelicot*.

12. Caractères généraux. — Cette famille comprend, en France, deux genres principaux : le *Pavot*, dont le *Coquelicot* est une espèce, et la *Chélidoine*. Ce sont des herbes à suc laiteux ou *latex*, âcre, vénéneux. Les feuilles sont alternes, découpées ; la fleur a 2 sépales tombant à l'épanouissement (*fig.* 20), une grande corolle à 4 pétales égaux (*fig.* 22), de nombreuses étamines insérées sur le réceptacle et à anthères s'ouvrant vers le centre de la fleur. Le pistil est libre ; le fruit est une capsule chez les Pavots, une silique chez la Chélidoine (*fig.* 24, *a*). Les Papavéracées ont de grandes analogies avec les Renonculacées par le nombre et la disposition des étamines (*fig.* 21) ; cependant, celles dont le fruit est une silique se rapprochent des Crucifères (15).

❋ *Les Papavéracées sont des herbes à suc laiteux, à fleurs régulières à 2 sépales caducs, à 4 pétales égaux, à nombreuses étamines insérées sur le réceptacle et à anthères s'ouvrant vers le centre de la fleur. Le pistil, libre, devient une capsule ou une silique.*

13. Principaux genres. — Le *Pavot coquelicot* (*fig.* 23) est une herbe velue à fleurs isolées, aux pétales rouge ponceau avec tache noire à la base. L'ovaire est arrondi, à une seule loge, sans style, mais surmonté d'un stigmate en collerette à 8 ou 10 rayons. Il est formé de 8 à 10 carpelles incomplètement repliés, soudés par leurs bords, de telle sorte que les placentas pariétaux saillants sont des cloisons incomplètes sur lesquelles sont fixées de nombreuses graines, petites et noirâtres. La capsule mûre s'ouvre par des trous percés sous le stigmate. Le *Pavot somnifère*, espèce autrement importante, présente deux variétés, celle à graines blanches, ou *Pavot blanc*, dont la capsule ovoïde est grosse comme un citron, et celle à graines noires, ou *Pavot noir* (14). La *Chélidoine* (*fig.* 24) laisse écouler, quand on brise sa tige, un suc jaune, vénéneux, employé jadis pour guérir les verrues (*Herbe aux verrues*). Sa fleur a 4 pétales jaunes en croix ; sa silique se distingue de celle des Crucifères par l'absence d'une fausse cloison.

Fig. 20.
Sépales du Coquelicot.

Fig. 23.
Pavot coquelicot.
(60 cm. ; fleur rouge.)

Fig. 24.
Chélidoine ou *Grande éclaire.*
(60 cm. : fleur jaune.)
a. fruit.

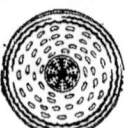
Fig. 21.
Diagramme de la fleur du Coquelicot.

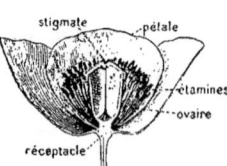
Fig. 22. — Coupe de la *fleur* du Coquelicot.

❋ *Les principales Papavéracées sont le Coquelicot, le Pavot somnifère, avec ses deux variétés, et la Chélidoine.*

14. Usages des Papavéracées. — Les Pavots sont importants en médecine, à cause de l'opium qu'ils sécrètent ; dans l'industrie, pour leurs graines oléagineuses ; en horticulture, pour la beauté de leurs fleurs.

Opium. Les fleurs du Coquelicot sont calmantes et pectorales, mais renferment peu d'opium ; celui-ci est beaucoup plus abondant dans la capsule du Pavot blanc. Cette herbe est cultivée en Perse, en Chine, en Égypte. Dans l'Inde, elle fleurit en février ; en mars on incise la capsule avec un canif à cinq lames parallèles. Le latex blanc s'écoule, se fige à l'air en brunissant ; on le réunit dans des cuves plates. Au soleil, on le retourne, on le pétrit ; une partie de l'eau s'évapore ; la masse, divisée en galettes, est livrée au commerce. L'opium est un poison violent qui sert à préparer le *laudanum* et de nombreux produits pharmaceutiques ; on en retire la *morphine*, remède précieux pour calmer la douleur et provoquer le sommeil. Mais la plus grande partie de l'opium est fumée dans les pays d'Orient et en Chine ; il procure une lourde ivresse dont la répétition mène à un complet abrutissement.

Fig. 25. — *Pavot somnifère*, variété *des jardins*. (80 cm. : coul. variable.)

Huile d'œillette. Les graines du Pavot renferment une huile complètement dépourvue de morphine. On cultive dans le nord de la France, en Belgique et en Allemagne, le Pavot noir. Ses fleurs sont d'un rouge violet ; il atteint 1m.20 de hauteur. Son fruit est mûr en août ; on arrache les plantes ; on bat en frappant les têtes les unes contre les autres au-dessus d'une toile tendue. L'huile d'œillette, d'un blanc jaunâtre, est alimentaire ; elle est très siccative, c'est-à-dire qu'elle s'épaissit et durcit à l'air, d'où son emploi en peinture.

Horticulture. Le Coquelicot, le Pavot somnifère (*fig.* 25, ont donné une foule de variétés à fleurs superbes, simples ou doubles.

❀ *Le suc laiteux du Pavot somnifère fournit l'opium, objet d'un commerce important en Orient ; on retire de ce suc la morphine ; une autre variété de ce Pavot donne, par ses graines, l'huile d'œillette. Tous les Pavots sont recherchés pour orner les jardins.*

FAMILLE DES CRUCIFÈRES

Type : *Giroflée.*

15. Caractères généraux. — Contrairement aux deux familles précédentes, les Crucifères sont très homogènes. Il y a moins de différences entre deux genres éloignés d'entre elles qu'entre deux genres voisins d'une autre famille. Ce sont des herbes à racine pivotante, à feuilles alternes. Les fleurs (*fig.* 26), nombreuses, groupées en grappes simples fleurissant de bas en haut, comprennent un calice à 4 sépales (*fig.* 27), une corolle à 4 pétales en croix, d'où le nom de Crucifères (*fig.* 28, *d*), 6 étamines dont 2 plus courtes *fig.* 28, *a*), un ovaire libre à 2 carpelles soudés (*fig.* 28, *b* et *c*) donnant une silique, c'est-à-dire un fruit sec s'ouvrant de bas en haut par 4 fentes (*fig.* 32).

Aucune n'est vénéneuse ; beaucoup sont alimentaires. Toutes renferment deux principes isolés dans des cellules distinctes et qui, par broyage et au contact de l'eau, réagissent l'un sur l'autre en donnant une *essence sulfurée*, volatile, à odeur forte et piquante.

❀ *Les* Crucifères *forment une grande famille très homogène. La fleur, régulière, a 4 sépales libres, 4 pétales en croix, 6 étamines dont 2 plus courtes, un ovaire libre se transformant en une* silique. *Elles donnent par broyage une essence sulfurée.*

Fig. 26. Diagramme de la fleur de Giroflée.

Fig. 27. Bouton de Giroflée.

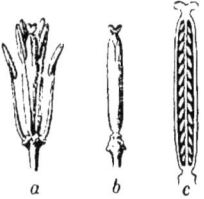 

Fig. 28. — *Fleur de Giroflée.*
a, androcée et pistil ; *b*, pistil isolé ; *c*, coupe du pistil montrant les deux carpelles ; *d*, fleur entière.

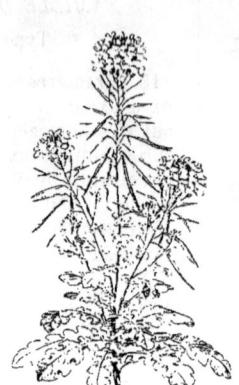
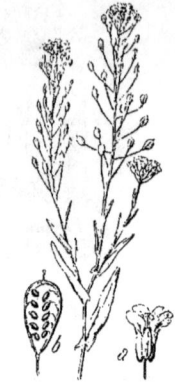

Fig. 29.
Giroflée des murailles.
(60 cm.: fleur jaune.)

Fig. 30.
Chou colza. (90 cm.;
fleur jaune.)

Fig. 31.
Caméline cultivée.
(1 m.: fleur jaune pâle.)
a, fleur ; b. fruit ouvert.

articles à une seule graine dont chacun devient un akène isolé (*fig.* 33). La *Capselle bourse à pasteur*, herbe très commune, a des siliques aplaties en forme d'as de cœur (*fig.* 34), et qui s'ouvrent comme une bourse. On les nomme *silicules*, ainsi que toutes les siliques à peine plus longues que larges. Ce caractère permet la division des Crucifères en deux tribus: les Crucifères à silique : Giroflée, Chou, Radis, etc ; et les Crucifères à silicule : Capselle, Caméline (*fig.* 31), etc.

16. Principaux genres. — La *Giroflée jaune* (*fig.* 29), ornement des vieux murs, a des feuilles entières, sans pétiole, des fleurs d'odeur agréable; sa silique est longue et plate (*fig.* 32). Le genre *Chou* est de beaucoup le plus important ; il renferme plusieurs espèces : 1° le *Chou potager*, à fleurs d'un jaune pâle, que l'on rencontre à l'état sauvage sur les falaises et les rochers du bord de la mer et qui, cultivé dès la plus haute antiquité, a donné de nombreuses variétés : Chou pommé, Chou-fleur, Chou-rave, etc. ; 2° le *Chou-navet*, dont une variété est le Navet, d'autres le Colza (*fig.* 30), le Rutabaga, la Navette, etc. ; 3° le *Chou noir* ou *Moutarde noire*.

Le *Radis sauvage* se distingue de toutes les autres Crucifères par sa silique cylindrique étranglée et cloisonnée, divisée en

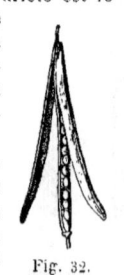
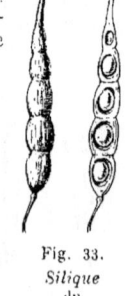

Fig. 32.
Silique de la Giroflée.

Fig. 33.
Silique du Radis sauvage, avec coupe du fruit.

Fig. 34.
Silicule de la Capselle.

cule : Capselle, Caméline (*fig.* 31), etc.

✾ *Chez les Crucifères, le genre* Chou *est le plus important au point de vue de l'utilisation. Le Radis présente une silique spéciale divisée en articles dont chacun renferme une seule graine. La* Capselle *est le type des Crucifères à* silicule, *c'est-à-dire à silique à peine plus longue que large.*

17. Usages des Crucifères. — Ils sont nombreux et très importants.

Pour *l'alimentation de l'homme.* Beaucoup d'espèces du genre Chou (*fig.* 36) sont alimentaires à cause des réserves qu'elles renferment, dans leurs feuilles : Chou pommé, Chou frisé, Chou de Milan, Brocoli ; dans leurs bourgeons : Chou de Bruxelles ; dans leurs pédoncules charnus et leurs inflorescences : Chou-fleur; dans leur tige renflée : Chou-rave, Chou moellier; dans leur racine : Navet, Rave. La *choucroute* est obtenue avec les feuilles du Chou pommé coupées en lanières et mises à fermenter pendant vingt jours dans du sel. Les autres genres alimentaires sont le Radis (*fig.* 37), le Raifort, le

DICOTYLÉDONES DIALYPÉTALES

Phot. de M. Aug. Robin.

Fig. 35. — Culture du *Cresson*, à Enghien (S.-et-O.).

Cresson. Cette dernière plante est cultivée en grand aux environs des villes dans des fossés pleins d'eau, ou *cressonnières* (*fig.* 35). Les graines de la Moutarde noire, espèce du genre Chou, et celles de la Moutarde blanche, espèce type du genre Moutarde, sont écrasées dans du vinaigre, ou dans du verjus, et forment un condiment très employé.

Pour *l'alimentation du bétail*. Le genre Chou fournit de bonnes plantes fourragères, telles que le Chou cavalier (*fig.* 36, B), le Chou-rave (*fig.* 36, D), le Rutabaga, etc.

Dans *l'industrie*. Trois Crucifères cultivées dans le nord de la France ont des graines à réserves oléagineuses : ce sont la Caméline et deux espèces du genre Chou : le Colza et la Navette. Les huiles de colza et de caméline servent pour l'éclairage, mais leur importance a beaucoup diminué depuis l'emploi du pétrole ; celle de navette est alimentaire, mais peu estimée. Les tourteaux servent d'engrais ou nourrissent le bétail.

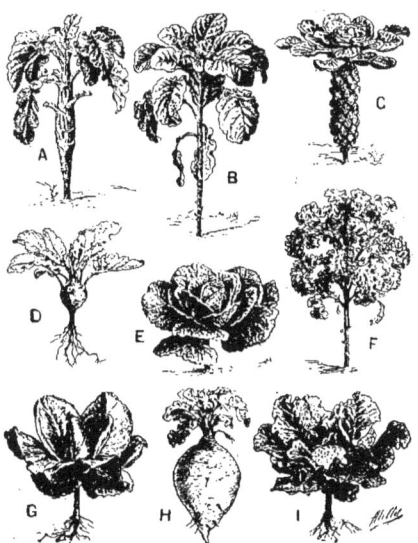

Fig. 36. — *Choux* :
A, moellier ; B, cavalier ; C, de Bruxelles ; D, chou-rave ; E, de Milan ; F, frisé ; G, d'York ; H, chou-navet ; I, chou-fleur.

En *médecine*. A cause de leurs propriétés dépuratives et antiscorbutiques, on emploie le Cochléaria, le Cresson. La farine de moutarde contient une essence très irritante, révulsive; on en fait des *sinapismes*.

En *horticulture*. On utilise la Julienne, l'Alysson ou *Corbeille d'or*, l'Arabette ou *Corbeille d'argent*, etc. La Lunaire a des siliques en forme de disques d'un blanc d'argent qui se conservent pendant l'hiver sur les tiges coupées (*fig.* 38). La Giroflée a donné une foule de variétés jaunes, brunes, violettes, blanches, qui doublent facilement, viennent à merveille en pots sur les fenêtres; la *Giroflée annuelle*, nommée aussi *Quarantaine*, fleurit pendant tout l'été, six semaines ou *quarante* jours après avoir été semée.

✿ *Les différentes espèces et variétés du genre Chou ont une grande importance dans l'alimentation de l'homme et des animaux. Le Cresson, le Radis, la Moutarde sont aussi alimentaires; le Colza, la Navette, la Caméline ont des graines qui donnent de l'huile; la Moutarde sert en médecine, la Giroflée en horticulture.*

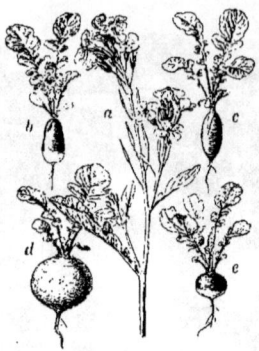

Fig. 37. — *Radis cultivé.*
a, tige fleurie; b, demi-long rose à bout blanc; c, demi-long rose; d, blanc rose d'été; e, rond rose à bout blanc.

Fig. 38. — *Lunaire* ou *Monnaie du pape*. (1 m., fleur violette.)
a, silicule ouverte.

FAMILLE DES CARYOPHYLLÉES
Type : Œillet.

18. Caractères, principaux genres, usages. — Les Caryophyllées sont des herbes vivaces à tiges renflées aux nœuds, d'où le nom de la famille. Les feuilles sont opposées; la fleur régulière a son calice à 5 sépales soudés ou libres, sa corolle à 5 pétales libres, l'androcée à 10 étamines (*fig.* 40). L'ovaire est libre, formé de 2 à 5 carpelles suivant les genres, avec des styles libres entre eux. Le fruit est une capsule à une loge.

Aucune Caryophyllée n'a d'utilisations importantes sauf, en horticulture, l'*Œillet* (*fig.* 39) et les *Silènes*, par l'élégance, le nombre et la durée de leurs fleurs. La *Nielle des blés* (*fig.* 41) appartient au genre *Lychnis* (*fig.* 42). La *Saponaire* (*fig.* 43) contient dans toutes ses parties, principalement dans sa racine, de la *saponine*, substance soluble dans l'eau, qu'elle fait mousser. On l'emploie pour enlever les taches sur les étoffes qui ne peuvent supporter l'eau de savon, mais surtout pour faire mousser la bière, le cidre, les imitations de vin de Champagne; cette fraude, trop pratiquée aujourd'hui, n'est pas sans danger. La *Stellaire intermédiaire* ou *Mouron des oiseaux* (*fig.* 44) a des graines qui sont le régal des petits oiseaux de volière.

✿ *Les* Caryophyllées *sont des herbes à*

Fig. 39. Œillet. (90 cm.; coul. var.)

Fig. 40. Diagramme de la fleur d'Œillet.

Fig. 41. Nielle des blés. (90 cm.; fl. violacée.)

feuilles opposées, à nœuds saillants, à fleurs régulières à 5 sépales, 5 pétales, 10 étamines, à ovaire libre donnant une capsule à une loge. On utilise l'*Œillet* et les *Silènes* en horticulture, pour la beauté de leurs fleurs, et la racine de la *Saponaire* pour faire mousser certaines boissons et détacher les étoffes délicates.

Fig. 42. — *Lychnis dioïque* ou *Compagnon blanc*. (70 cm. ; fleur blanche.) *a*, pétale isolé ; *b*, calice.

Fig. 43. — *Saponaire*. (50 cm. ; fleur rose.) *a*, coupe de la fleur ; *b*, fruit.

Fig. 44. — *Mouron des oiseaux*. (30 cm. ; fleur blanche.) *a*, fleur ; *b*, coupe de la fleur.

Fig. 45. — *Violette odorante*. (20 cm. ; fleur violette ou blanche.) *a*, coupe de la fleur ; *b*, fruit mûr.

Fig. 46. *Pensée à grandes fleurs*. (25 cm. ; couleur variable.)

Fig. 47. — *Réséda* : *a*, *jaunâtre*, ou Gaude (1 mètre); *b*, *odorant*, cultivé (30 cm.); *c*, fleur; *d*, coupe de la fleur ; *e*, fruit.

19. Familles voisines. Lin. — Les Violariées, avec la *Violette* (fig. 45) et la *Pensée* (fig. 46), les Résédacées (fig. 47), les Géraniées (fig. 6 et 7) et les Linées, dont le type est le *Lin*, sont des familles voisines.

Le Lin (fig. 48) est une herbe à fleurs régulières du type 5. Son fruit est une capsule à 5 loges dont chacune renferme 2 graines. Le Lin a été cultivé dès la plus haute antiquité, pour ses graines et ses fibres textiles. De grandes surfaces lui sont consacrées dans le nord de la France et en Belgique. En juin, on arrache à la main et l'on met en bottes qui sèchent en meules ; on recueille les graines. Pour avoir les fibres on procède au *rouissage* par exposition dans un pré (fig. 49), ou en plongeant dans une eau courante. Une fermentation due à des microbes détruit la matière gommeuse qui réunissait les fibres textiles. On opère le *broyage*, qui brise la partie ligneuse en laissant la fibre intacte ; puis on procède au *teillage*, qui la sépare de la fibre, et au *peignage*, qui achève de l'enlever. On a la *filasse*, qu'on transforme ensuite en *fil*, propre à faire des toiles fines, des dentelles.

La graine de Lin contient une huile siccative, utilisée pour la peinture, l'éclairage, pour la préparation de l'encre d'imprimerie, des vernis et la fabrication du *linoléum*. Elle renferme dans son enveloppe un mucilage, c'est-à-dire une matière qui gonfle dans l'eau, en donnant un liquide visqueux et filant pour lotions émollientes et adoucissantes. De la farine on fait des cataplasmes.

❋ *Le* Lin *est une plante de première importance. L'écorce de sa tige fournit des fibres textiles ; sa graine, une huile siccative ; le tégument de sa graine, un mucilage qui la fait employer en médecine.*

Fig. 48. — *Lin*.
(80 cm. : fleur bleu clair.)
a. coupe de la fleur.

Fig. 49. — *Rouissage* du lin en prairie.

FAMILLE DES MALVACÉES
Type : *Mauve*.

20. Caractères ; principaux genres. — Les Malvacées ont des feuilles alternes, des fleurs régulières, un calice à 5 sépales soudés, doublé d'un *calicule*, sorte de collerette de 3 petites feuilles (*fig.* 50). La corolle a 5 pétales libres. Les étamines (*fig.* 52, *o*), nombreuses, sont plus ou moins soudées entre elles par leurs filets. L'ovaire, libre, à plusieurs loges, est surmonté d'un style qui passe au centre du tube formé par les étamines et se divise en autant de stigmates que l'ovaire a de loges. Le fruit est une capsule (*fig.* 51, *b*). En France, cette famille est représentée par la *Mauve* et la *Guimauve*. Chaque loge de leur capsule arrondie renferme une seule graine et se détache isolément ; la capsule se divise en akènes. La *Mauve sauvage* (*fig.* 51) est une herbe vivace fort commune ; ses feuilles sont grandes et lobées ; ses fleurs sont d'un rose violacé.

Le *Baobab* du Sénégal est le plus gros des arbres ; il dépasse rarement 20 mètres de hauteur, mais il atteint plus de 20 mètres de circonférence à la base. Les feuilles rappellent celles du Marronnier d'Inde ; son fruit, ou *pain de singe*, gros comme un citron (*fig.* 53), est formé d'une pulpe acide dans laquelle sont les graines. Le *Cotonnier* (*fig.* 56) est le genre le plus important. Ses capsules, qui s'ouvrent par 3 à 5 valves.

Fig. 50.
Diagramme de la fleur de Mauve.
Les trois arcs extérieurs sont les pièces du *calicule*.

Fig. 51. — *Mauve sauvage.*
(80 cm. : fleur rose lilacé.)
a. coupe de la fleur ; *b*. fruit.

DICOTYLÉDONES DIALYPÉTALES

Fig. 52. — Guimauve.
(1 m. 20; fleur blanc rosé.)
a, étamines; b, fruit.

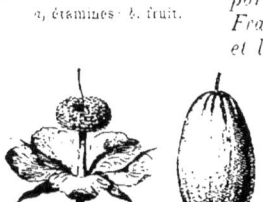

Fig. 53.
Fleur et fruit du Baobab.
fleur blanche ou rouge.

renferment de nombreuses graines fig. 55, entourées par des poils crépus, ou *coton*, garnis de dentelures qui les font adhérer les uns aux autres et permettent leur transformation en fil.

※ Les Malvacées ont des *fleurs régulières*, à *étamines nombreuses plus ou moins soudées entre elles par leurs filets*. En France, sont la Mauve et la Guimauve ; en Afrique, le Baobab ; dans les régions chaudes, le Cotonnier.

21. Usages des Malvacées. — Elles contiennent une substance visqueuse, ou mucilage, qui les fait employer comme émollientes ou adoucissantes, surtout la racine de Guimauve (fig. 52. Les fleurs de Mauve sont pectorales. On cultive dans les jardins la *Passe-rose* ou *Rose trémière* (fig. 54), belle espèce du genre Guimauve.

Avec les poils du Cotonnier on fait des étoffes chaudes, légères et de prix modique ; on fabrique le coton-poudre, le collodion, la soie artificielle ; le celluloïd est un mélange de camphre et de coton-poudre. Le Cotonnier croît en tous pays chauds et humides. On le cultive en Égypte, dans l'Inde, en Chine, et surtout dans le sud des États-Unis d'Amérique ; on l'a introduit dans la plupart de nos colonies d'Afrique. L'espèce la plus employée est le *Cotonnier herbacé* fig. 56. Aux États-Unis on le sème en février ; il donne, en mai, des fleurs éphémères, jaunes le matin, roses le soir ;

d'août à la fin d'octobre les capsules mûrissent en même temps que s'épanouissent de nouvelles fleurs. De la grosseur d'une noix, les capsules s'ouvrent d'elles-mêmes sous la pression du contenu. On cueille le coton à la main. Des machines séparent ensuite du duvet les graines, d'où l'on retire une huile alimentaire et industrielle très employée pour l'éclairage et la fabrication du caoutchouc artificiel.

Fig. 54.
Rose trémière ou Passe-rose.
(2 à 3 m. ; coul. var.)

Des arbres voisins, les *Bombax* ou *Fromagers* fig. 57, et surtout les *Ériodendrons*, de nos colonies d'Asie et d'Afrique, fournissent un coton trop court pour être tissé, mais qui, extrêmement léger et élastique, est utilisé

Fig. 55.
Graine du Cotonnier, avec ses filaments.

Fig. 56. — *Cotonnier herbacé*.
(1 m. 50 ; fl. jaune, puis rose.)

Fig. 57. — Un bouquet de *Fromagers*, au Soudan. (20 à 35 m.; fleur blanche.)

pour les objets de literie, le rembourrage.

❋ *Les Malvacées servent en médecine comme émollientes. Le Cotonnier est cultivé, surtout en Égypte et aux États-Unis, pour ses filaments ou coton dont on fait des étoffes et plusieurs produits industriels : coton-poudre, collodion, soie artificielle, celluloïd. Sa graine donne de l'huile.*

22. **Cacaoyer. Thé. Tilleul.** — Ces plantes appartiennent à des familles très voisines de celle des Malvacées. Le *Cacaoyer* (*fig.* 59), arbuste originaire du Mexique, est cultivé aujourd'hui dans toute l'Amérique tropicale, à la Réunion, à Madagascar, au Congo. Ses fleurs, petites (*fig.* 58, *a*), apparaissent toute l'année. Le fruit est jaune, en forme de concombre, et long de 15 à 20 centimètres. Il contient, dans une pulpe molle, une trentaine de graines de la grosseur d'un haricot (*fig.* 38, *b*). Elles renferment une matière grasse, le *beurre de cacao*, et une substance excitante, la *théobromine*, analogue à la caféine (55); on les grille pour enlever leur goût amer, on les moud, et la poudre obtenue est mélangée avec du sucre, de la vanille et de l'eau pour faire le *chocolat*.

Le *Théier* (*fig.* 60) est un arbuste originaire de Chine; on le cultive dans tout l'Extrême

Fig. 58. — *Cacaoyer.*
(4 à 10 m. ; fleur rougeâtre.)
a, fleur ; *b*, fruit ouvert.

Fig. 59. — *Cacaoyer* portant ses fruits, ou *cabosses*.

Orient, à Ceylan, à Java, au Brésil. Ses feuilles, alternes, sont coriaces ; ses fleurs peu odorantes. On détache seulement les feuilles terminales des rameaux ; elles sont mises à sécher, à fermenter, sont torréfiées et enroulées ; elles fournissent une infusion excitante très employée.

Fig. 60. — *Arbuste à thé.*
(50 cm. ; fleur blanche.)

Le *Tilleul*, grand et bel arbre d'ornement, a des fleurs parfumées, calmantes en infusion ; son bois, tendre, léger, sonore, sert pour la sculpture et la fabrication des instruments de musique. Son liber donne, après rouissage, des fibres très tenaces dont on fait des cordes. La *Corrète capsulaire* ou *Jute*, herbe cultivée dans l'Inde, en Chine et en Algérie, fournit des fibres estimées.

✽ *A des familles voisines des Malvacées appartiennent : le Cacaoyer, dont la graine sert à préparer le chocolat ; le Thé, dont les jeunes feuilles donnent, par infusion, une boisson aromatique, et le Tilleul, arbre de nos forêts.*

23. Vigne. — Les Ampélidées, famille à laquelle appartient la Vigne, sont des arbustes sarmenteux, grimpant à l'aide de vrilles qui sont opposées aux feuilles.

La *Vigne vierge*, plante d'ornement, a des vrilles qui, avec une force énorme, se fixent aux surfaces les plus lisses par des disques adhésifs. Celles de la *Vigne cultivée (fig. 61)* sont enroulables en hélice autour d'un support. Les fleurs de la Vigne apparaissent en mai ; elles sont petites, verdâtres, à 5 pétales soudés par le haut en un capuchon que les 5 étamines et le pistil soulèvent et font tomber par leur croissance *(fig. 61, b)*; le fruit, ou *raisin*, est une baie à jus sucré. En août-septembre on vendange, c'est-à-dire on coupe le raisin mûr, qu'on porte au pressoir ; le jus subit la fermentation alcoolique et donne le vin ; par distillation on en retire l'*alcool ;*

Fig. 61. — Rameau fleuri de *Vigne.*
(taille variable ; fleur verdâtre.)
a, bouton s'entr'ouvrant ; *b*, fleur ouverte ; *c*, coupe de la fleur.

une autre fermentation du vin donne le *vinaigre*. On récolte en France plus de 40 millions d'hectolitres de vin. Le raisin paraît sur les tables comme fruit de dessert. La Vigne est attaquée par de nombreux ennemis : insectes, comme le *phylloxéra* qui s'attaque aux racines, ou la *pyrale* qui tord les feuilles, etc. ; champignons, comme l'*oïdium*, le *mildew*, etc.

On peut rapprocher des Ampélidées les *Hespéridées* : Citronnier *(fig. 62)*, Oranger *(fig. 63)*, Mandarinier, et les *Acérinées* : Érables.

✽ *La famille des Ampélidées renferme la Vigne, dont le fruit, ou raisin, nous fournit le vin qui, par distillation, donne de l'alcool.*

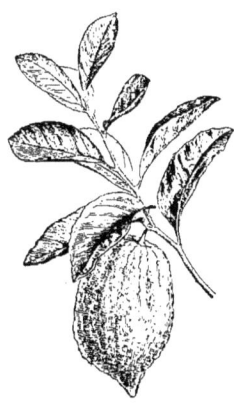

Fig. 62. — *Citronnier.*
(1 à 8 m. ; fleur blanche.)

Fig. 63. — La cueillette de la *fleur d'oranger*, en Algérie.

Ces fleurs, à l'odeur douce, macérées dans de l'eau, qu'on distille ensuite, donnent l'eau de fleur d'oranger. Macérées dans l'huile chaude, elles fournissent l'*essence de néroli*; pour saturer de parfum un kilogramme d'huile, il faut près de trois kilogrammes de fleurs.

FAMILLE DES PAPILIONACÉES
Type : *Pois*.

24. Caractères généraux. — Cette famille, très homogène, comprend un nombre considérable d'espèces, toutes aisément reconnaissables du premier coup d'œil, quand elles sont fleuries, à la forme de leur corolle. Les Papilionacées sont, pour la plupart, des plantes herbacées à feuilles alternes, composées, munies de stipules. La fleur, irrégulière, affecte un peu l'aspect d'un papillon (*fig.* 63, *a*). Le calice est à 5 sépales soudés ; la corolle comprend 5 pétales dont un grand, dressé, supérieur, l'*étendard*; 2 latéraux symétriques, ou *ailes*; 2 inférieurs, ordinairement soudés par leur bord, et formant la *carène*, leur partie antérieure rappelant, en effet, l'avant d'un navire (*fig.* 64, B). L'androcée comprend 10 étamines, dont 9, au moins, sont soudées par leurs filets (*fig.* 65, *b*), en un tube entourant l'ovaire, libre, à une seule loge. Le fruit est une *gousse*, ou *légume* (*fig.* 65, *c*), c'est-à-dire un fruit sec s'ouvrant en deux valves dont chacune porte un rang de graines (*fig.* 66).

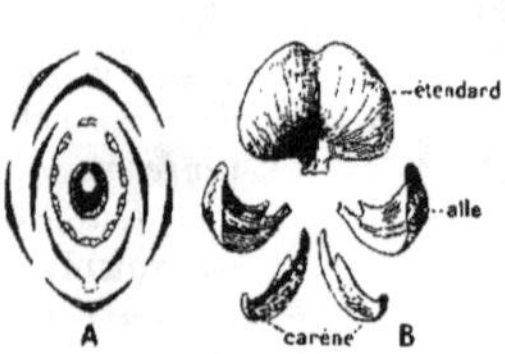

Beaucoup de plantes étrangères, à fleur de structure différente, ont aussi pour fruit un légume ; elles forment, avec les Papilionacées, une des plus

Fig. 64. — *Fleur* du Pois.
A, diagramme ; B, les pétales séparés.

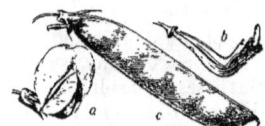

Fig. 65. — *Pois*.
a. fleur ; *b*, étamines et pistil ; *c*, gousse.

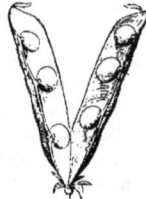

Fig. 66.
Gousse de Pois ouverte.

grandes familles végétales, celle des *Légumineuses*. Les Papilionacées ne sont donc qu'une partie, la plus vaste d'ailleurs et la plus importante, de l'immense famille des Légumineuses. Nous nous en occuperons d'abord et dirons plus loin (28) quelques mots des autres Légumineuses.

❊ Les Papilionacées *sont à feuilles composées; la fleur comprend : 5 sépales; 5 pétales inégaux*, étendard, ailes, carène; *10 étamines, dont 9, au moins, soudées par leurs filets; un ovaire libre à un seul carpelle se transformant en une gousse, ou légume. Les Papilionacées ne forment qu'une partie de l'immense famille des Légumineuses.*

25. Principaux genres. — L'*Ajonc (fig. 67)* est un arbrisseau des terres stériles; ses 10 étamines sont soudées par leurs filets en un seul groupe; ses feuilles et ses tiges sont transformées en épines. Les *Genêts (fig. 68)* ressemblent beaucoup aux Ajoncs par leurs fleurs, mais la plupart des espèces ne sont pas épineuses; les feuilles sont très réduites et, comme chez les Ajoncs, la tige verte, parfois élargie par une membrane, ou aile, supplée à leur insuffisance.

Chez les *Trèfles (fig. 69)* et les *Luzernes*, la feuille a trois folioles; leurs fleurs, très petites, sont groupées en une grappe presque globuleuse, surtout chez les Trèfles. Le *Haricot (fig. 75)* a aussi des feuilles à trois folioles; c'est une herbe grimpante dont la tige est volubile de gauche à droite. Le *Robinier faux acacia*, nommé à tort *Acacia blanc*,

Fig. 67. — *Ajonc.*
(1 à 2 m.; fleur jaune d'or.)

Fig. 68.
Genêt à balais.
(1 à 2 m. : fleur jaune d'or.)
a, coupe de la fleur.

est un grand arbre à fleurs blanches odorantes; ses feuilles composées pennées, à nombreuses folioles, présentent à leur base des épines qui sont des stipules transformées.

Toutes les espèces qui précèdent ont leur feuille formée d'un nombre *impair* de folioles; plusieurs autres en ont un nombre *pair*, la dernière foliole étant transformée en un simple filet, comme chez la *Fève (fig. 70)*, ou en un système de vrilles qui rendent la plante grimpante, tels sont les *Vesces*, le *Pois (fig. 76)*, les *Gesses*. Les Vesces ont de nombreuses folioles, peu de vrilles et, à la base de la feuille, des stipules très petites; le Pois a moins de folioles, plus de vrilles et des stipules plus larges que les feuilles; chez les Gesses, il n'y a plus que deux larges folioles, toutes les autres étant transformées en vrilles, mais la tige verte.

Fig. 69. — *Trèfle :*
A, *blanc* ; *a*. fleur : B, *rose* ; *b*, fleur ;
c, coupe de la fleur (30 cm.).

Fig. 70. — *Fève.*
(80 cm.; fl. blanche ou rosée.)
a, fleur; *b*, graine.

parfois ailée, avec l'aide des stipules, remplace, pour la nutrition de la plante, les folioles transformées. Enfin, la *Gesse aphaca*, commune dans les moissons, où ses fleurs jaunes ornent les chaumes, a sa feuille réduite à une vrille ; deux énormes stipules la remplacent pour la nutrition. (*Voir* les figures du Tableau-résumé, page 23.)

✽ *Les Papilionacées à nombre* impair *de folioles sont des arbrisseaux comme le Genêt, des arbres comme le Robinier, des herbes dressées* (*Trèfle*) *ou volubiles* (*Haricot*). *Celles à nombre pair de folioles ont la feuille terminée par un filet, comme chez la Fève, ou par des vrilles enroulables* : *Vesce, Pois, Gesse. Les feuilles transformées en épines ou en vrilles sont remplacées, pour la nutrition, par la tige ou les stipules.*

26. **Forme des gousses**. — Elle est très variable. Chez le *Baguenaudier* (*fig*. 71), souvent planté le long des chemins de fer, la gousse en mûrissant se gonfle d'air et forme un sac transparent. Les *Astragales* ont la gousse divisée en deux loges par une fausse cloison longitudinale (*fig*. 73, *a*) et les *Sainfoins* (*fig*. 73, *b*), en plusieurs loges, par de fausses cloisons transversales qui séparent les graines ; chaque article se détache séparément, formant un akène. Nous avons vu un mode analogue dans la silique du Radis (**16**). Le fruit de notre Sainfoin cultivé ne renferme qu'une seule graine et ne s'ouvre pas. Chez les *Luzernes*, la gousse, lisse ou épineuse, est contournée, spiralée, comme la coquille d'un gastéropode (*fig*. 72) ; celles des *Scorpiures* (*fig*. 74) et de plusieurs autres plantes de la région méditerranéenne sont articulées et velues ; elles ont une certaine ressemblance avec des chenilles ou avec des myriapodes. Chez d'autres, c'est la disposition des fruits qui est curieuse.

Fig. 74.
Scorpiure chenille et ses gousses spiralées. (60 cm. ; fleur jaune ou rougeâtre.) *a*, fleur.

✽ *La gousse est renflée chez le Baguenaudier, spiralée chez les Luzernes, divisée en loges par une cloison longitudinale chez l'Astragale ou par des cloisons transversales chez le Sainfoin. Dans ce dernier cas, elle ne s'ouvre pas, mais se sépare en akènes distincts.*

27. **Usages des Papilionacées**. — Ils sont très nombreux, variés et importants. Pour l'alimentation de l'homme. Le haricot (*fig*. 75).

Fig. 71.
Baguenaudier, avec ses gousses renflées. (2 à 5 m. ; fleur jaune.)

Fig. 72.
Gousse contournée de Luzerne.

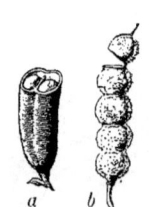

Fig. 73. — *Gousses* :
a, d'*Astragale*, coupée transversalement ;
b, articulée, d'un *Sainfoin* exotique.

Fig. 75.
Haricot. (50 cm. à 2 m. 50. ; fl. blanche ou violacée.) *a*, fleur ; *b*, gousse.

DICOTYLÉDONES DIALYPÉTALES

Fig. 76. — *Pois comestible.*
(80 cm. à 1 m. 50 ; fl. blanche.)
a, fleur ; *b*, pois Prince-Albert ;
c, pois mange-tout.

le pois (*fig. 76*), la fève (*fig.* 70, *b*), la lentille sont des graines riches en amidon et en une matière azotée, la *légumine*, voisine du *gluten* du blé : elles forment l'aliment végétal le plus riche en azote. Parfois on mange la gousse entière, soit avant sa maturité (haricots verts), soit après, quand le péricarpe n'est pas parcheminé ; tels sont les haricots et pois mange-tout (*fig. 76, c*).

Pour *l'alimentation du bétail*. Le Trèfle (*fig.* 69), la Luzerne, le Sainfoin forment les *prairies artificielles* ou *temporaires*. Ces plantes sont consommées à l'état vert ou à l'état sec ; elles donnent un excellent foin ; elles occupent le sol pendant plusieurs années, elles l'enrichissent en azote. Les luzernières sont souvent envahies par une plante parasite très nuisible, la Cuscute (44). Beaucoup d'autres Papilionacées sont fourragères ; on utilise même l'Ajonc, en vert, après l'avoir broyé à l'aide d'une machine qui écrase les piquants. Les graines des Vesces sont données aux volailles, celles de la Fève aux porcs.

Dans *l'industrie*. Les fibres du Genêt d'Espagne, après rouissage, servent à faire de la toile. Des Astragales d'Orient donnent la *gomme adragante*, employée pour épaissir les couleurs, apprêter les étoffes. L'Indigotier, cultivé surtout dans l'Inde, en Chine, à Java, au Mexique et dans l'Afrique tropicale, doit être semé tous les ans. On en fait 2 à 3 coupes qu'on met dans des cuves avec de l'eau ; au contact de l'air, par agitation, il se forme une matière bleu foncé, l'*indigo*, employée pour teindre les tissus. Aujourd'hui l'indigo artificiel, obtenu chimiquement en partant de la naphtaline, concurrence fortement l'indigo naturel. La culture de l'Indigotier disparaîtra sans doute prochainement, comme a disparu celle de la Garance (55). L'Arachide (*fig.* 77 et 78), cultivée dans tous les pays chauds, mûrit sous terre ses graines riches en une huile qui sert dans l'alimentation, mais surtout pour la fabrication du savon ; elles sont vendues sous leur nom arabe, *cacahuète*, et mangées comme friandise.

En *médecine*. Des Papilionacées d'Amérique four-

Fig. 77.
Arachide (40 cm. ;
fl. jaunâtre.)

Phot. de H. Gaboriaud.

Fig. 78. — Un tas de graines d'*Arachide*. en Guinée française.
Ce tas ou *silo* représente la récolte de l'année dans la région ; c'est ici que se fait la mise en sacs et l'expédition par wagonnets au port d'embarquement.

nissent le *baume du Pérou* et le *baume de Tolu*, calmants. Le rhizome de la Réglisse contient une matière sucrée pectorale ; le jus de réglisse, ou *sucre noir*, se prépare en Italie par ébullition prolongée du rhizome dans l'eau et évaporation du liquide.

En *horticulture*. La Glycine de Chine est une belle liane dont les grappes violettes ornent au printemps les façades ; le Haricot d'Espagne grimpe et garnit agréablement les tonnelles. On cultive la Gesse odorante ou Pois de senteur, le Cytise faux ébénier ou Acacia jaune ; le Robinier faux acacia orne les parcs et les promenades.

❋ *Les graines du Haricot, du Pois, de la Fève et de la Lentille servent à l'alimentation de l'homme. Le Trèfle, la Luzerne, le Sainfoin forment les prairies artificielles. Les feuilles de l'Indigotier donnent une matière colorante, et les graines de l'Arachide, de l'huile ; la Réglisse sert en médecine. Plusieurs Papilionacées sont ornementales.* (Voir *le Tableau-résumé de la famille des* PAPILIONACÉES, *page* 23.)

28. Autres Légumineuses. — Elles sont presque entièrement étrangères à l'Europe. Les fleurs sont, chez certaines, assez analogues à celles des Papilionacées ; chez d'autres, très différentes ; le caractère commun est le fruit, qui est une gousse. On trouve dans les parcs le *Gainier*, ou *Arbre de Judée*, à jolies fleurs roses paraissant avant les feuilles, et le *Février*, ou *Gleditschia*, bel arbre à fleurs verdâtres, à gousses brunes énormes ; certaines branches y sont transformées en piquants féroces. Le *Caroubier* (*fig.* 79), de la région méditerranéenne, a des fruits, ou *caroubes*, à saveur sucrée, comestibles pour l'homme, mais donnés surtout au bétail. La *Casse* contient des principes purgatifs qui, chez certaines espèces, existent dans les gousses (*casse*) ; chez d'autres, dans les feuilles (*séné*). Le *bois du Brésil*, le *bois de Campêche*, riches en matières colorantes rouges ou violacées, proviennent d'arbres de ce groupe. La *Sensitive*, originaire du Brésil, est célèbre par le mouvement que ses feuilles composées exécutent au moindre contact.

Les *Acacias* véritables (*fig.* 80) forment un groupe immense d'arbres souvent épineux, propres aux pays chauds, surtout à l'Afrique et à l'Australie. Certains laissent écouler des gommes : *gomme arabique, gomme du Sénégal* ; d'autres donnent le *cachou*, employé en teinture et pour tanner les peaux. Le Mimosa des fleuristes, vendu à Paris pendant tout l'hiver, n'est pas un Mimosa, mais provient de l'*Acacia dealbata*, originaire d'Australie et introduit à Nice.

❋ *Les Légumineuses non papilionacées sont des plantes étrangères ; elles nous fournissent des gommes, des bois de* teinture. *On a introduit partout en France l'Arbre de Judée, le Février et, dans le Midi, le Caroubier, aux fruits comestibles, et certains Acacias d'Australie. La Casse contient des principes purgatifs ; la Sensitive est célèbre par l'irritabilité de ses feuilles. Certains arbres de ce groupe fournissent plusieurs matières colorantes.*

Fig. 79. — *Caroubier.*
(5 à 10 m. ; fleur rougeâtre.)
a, fleur mâle ; *b*, fleur femelle ; *c*. fruit.

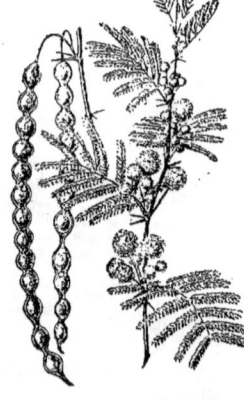

Fig. 80. — *Acacia arabique.*
(2 à 6 m. ; fleur jaune.)
Branche en fleurs et br. en fruits.

DICOTYLÉDONES DIALYPÉTALES

IV. — TABLEAU-RÉSUMÉ DE LA FAMILLE DES PAPILIONACÉES

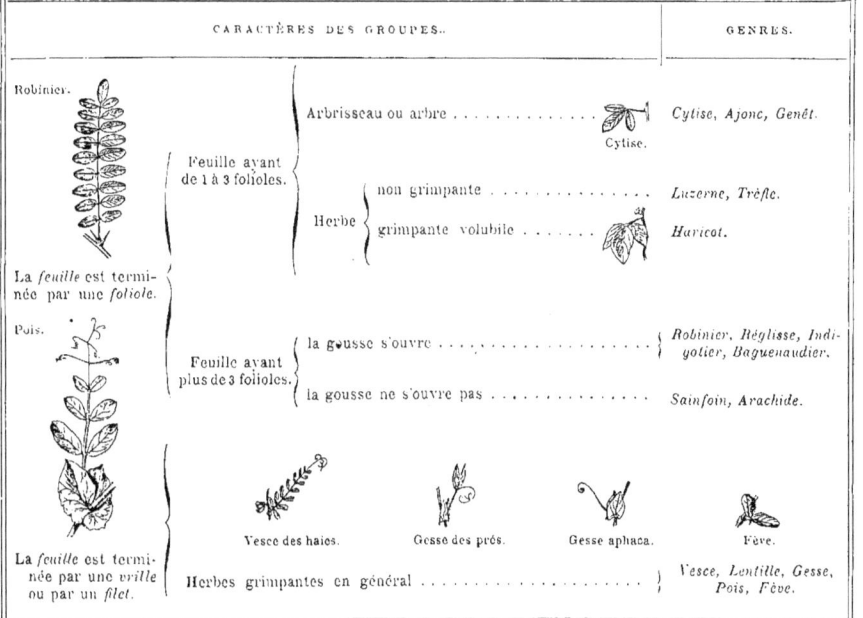

FAMILLE DES ROSACÉES

Types : *Prunier, Fraisier, Rosier, Pommier.*

29. Caractères généraux. — Les Rosacées forment une famille très importante ; nous lui devons la plupart de nos fruits de dessert. Ce sont des herbes, des arbrisseaux ou des arbres à feuilles ordinairement dentées et munies de stipules. Les fleurs, régulières, ont un calice à 5 sépales soudés, une corolle à 5 pétales libres, de nombreuses étamines libres insérées sur le calice et à anthères s'ouvrant vers le centre de la fleur. En *arrachant* un sépale jusqu'à sa base on *enlève* en même temps *des étamines*, ce qui permet toujours de distinguer une Rosacée d'une Renonculacée régulière (8). Là se bornent les caractères communs à toutes les Rosacées ; elles diffèrent profondément par le pistil et le fruit. C'est donc, comme les Renonculacées, une famille hétérogène. On l'a divisée en plusieurs tribus fondées sur la structure du pistil et du fruit ; nous en étudierons quatre : les Prunées, les Fragariées, les Rosées, les Pomacées.

❋ *Les Rosacées sont des plantes herbacées ou ligneuses, à corolle régulière, à nombreuses étamines libres, insérées sur le calice. On les a divisées en tribus d'après la nature du pistil et du fruit.*

Fig. 81.
Coupe de la fleur d'*Abricotier*.

30. Tribu des Prunées. — Cette tribu comprend les genres : *Prunier, Cerisier, Abricotier (fig. 82), Pêcher (fig. 83), Amandier (fig. 84),* arbres nous donnant les fruits à noyau. Ce sont des Rosacées à ovaire libre formé d'un seul carpelle, renfermant 2 ovules

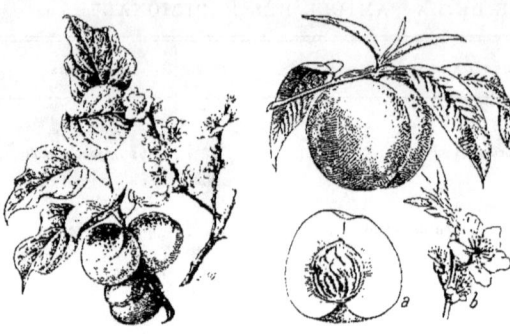

Fig. 82. — *Abricotier.*
Rameau fleuri et fruits.

Fig. 83. — *Pêcher.*
a. coupe du fruit ; b. fleur.

et surmonté d'un seul style (*fig.* 81). Cet ovaire se transforme en une drupe, à une seule graine dans le noyau, car un des ovules ne se développe pas.

La graine des Prunées contient du sucre et une huile douce; elle renferme, de plus, deux principes isolés dans des cellules distinctes et qui, par broyage au contact de l'eau (15°), réagissent l'un sur l'autre en donnant de l'essence d'amande amère et de l'acide cyanhydrique. L'acide cyanhydrique ou *acide prussique* est le plus redoutable des poisons; aussi y aurait-il danger, surtout pour un enfant, à manger une trop grande quantité d'amandes amères.

Fig. 84. — *Amandier.*
A, fruit.

✿ *Les Prunées sont les arbres fruitiers à noyau : Prunier, Cerisier, Pêcher, Abricotier, Amandier. L'ovaire est libre, à un seul carpelle, et se transforme* en une drupe. *Leurs graines sont oléagineuses et donnent, par broyage, au contact de l'eau, de l'essence d'amande amère et de l'acide prussique.*

31. Tribu des Fragariées. — Cette tribu, dont le type est le *Fraisier*, renferme des herbes communes partout, les *Potentilles* (*fig.* 86), et le groupe des *Ronces,* dont une espèce est le *Framboisier* (*fig.* 87). Les Ronces sont des arbrisseaux dont la tige et les nervures des feuilles sont garnies d'aiguillons recourbés. Les Fragariées ont des feuilles alternes, composées; le pistil est libre, formé de nombreux carpelles renfermant chacun un seul ovule et insérés sur un réceptacle saillant en forme de cône (*fig.* 85, A) : chaque carpelle devient un akène (Fraisiers, Potentilles) ou une drupe (Ronces). Le fruit est donc multiple; il est entouré à sa base par le calice persistant. Chez le Fraisier, le réceptacle devient charnu, rouge, comestible (*fig.* 85, B); la *fraise* est un faux fruit; chez les Potentilles, il reste sec. Les petites drupes des Ronces forment par leur ensemble un fruit multiple; la framboise est rouge et très parfumée; la *mûre*, fruit des Ronces de haies, qu'il ne faut pas confondre avec la mûre véritable, fruit du Mûrier (65), est noire et luisante. Les Fragariées, très envahissantes, se multiplient par marcottage naturel des branches chez les Ronces, des tiges rampantes chez les Fraisiers.

✿ *Les Fragariées sont des herbes comme les Fraisiers, des arbrisseaux à aiguillons*

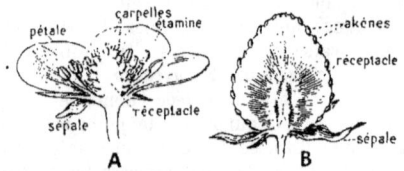

Fig. 85. — Fraisier.
A, coupe de la *fleur*; B, coupe d'une *fraise*.

DICOTYLÉDONES DIALYPÉTALES

Fig. 86.
Potentille ansérine.
(20 à 40 cm.; fleur jaune.)

comme les *Ronces*. Leur pistil comprend de nombreux carpelles à un seul ovule insérés sur un réceptacle saillant. Le fruit est multiple, formé d'akènes chez le *Fraisier* et la *Potentille*, de drupes chez les *Ronces*. Toutes ces plantes, très envahissantes, se multiplient par marcottage naturel.

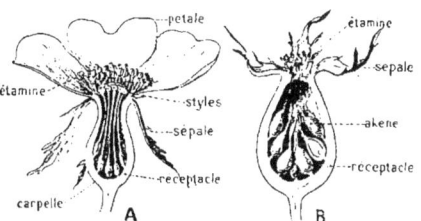

Fig. 88. — Églantier :
A. coupe de la *fleur*; B. coupe du faux fruit.

32. Tribu des Rosées. — Cette tribu ne comprend que le genre *Rosier*, dont les espèces sauvages se nomment *Églantiers* (fig. 89). Ce sont des arbrisseaux couverts d'aiguillons recourbés; à feuilles alternes, composées de folioles dentées. Considérons une fleur d'Églantier (fig. 88. A); son pistil, libre, est formé de nombreux carpelles munis d'un très long style et renfermant chacun un seul ovule. Ils sont insérés au fond d'un réceptacle creux en forme de bouteille. Le bord de cette coupe porte le calice à 5 sépales plus ou moins découpés, la corolle à 5 pétales rosés et un grand nombre d'étamines; ce sont ces étamines qui, dans les Rosiers cultivés, se transforment en nouveaux pétales. Chaque carpelle donne, à la maturité, un akène (fig. 88. B); le réceptacle devient rouge et charnu; il cache les fruits, et constitue un faux fruit, le *cynorrhodon*, légèrement sucré.

Aucune plante n'a donné, par la culture, plus de variétés que le Rosier (fig. 89). On

Fig. 87. — *Framboisier*.
(1 à 2 m.; fl. blanche.)

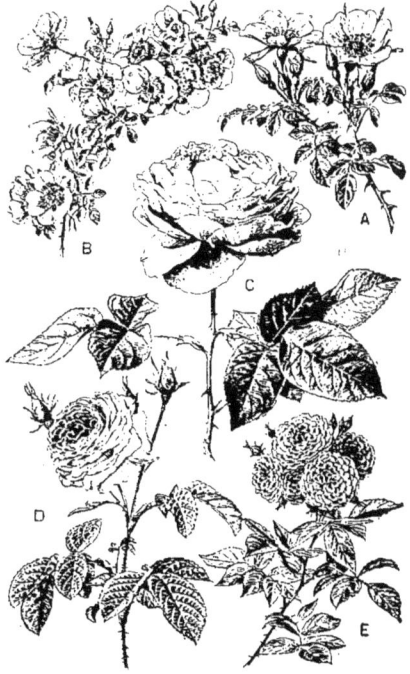

Fig. 89. — *Roses*:
A. des chiens, ou églantine ; B. capucine ; C, Paul Néron ;
D, cent-feuilles ; E, multiflore.

Phot. de M. F. Faideau.
Fig. 90. — *Galle chevelue* de l'*Églantier*.

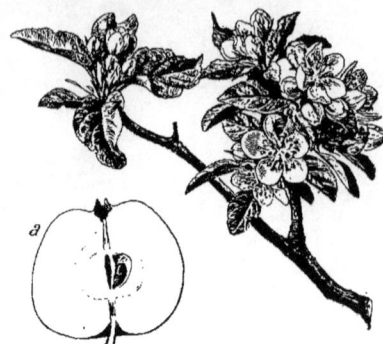

Fig. 91. — *Pommier sauvage*. *a*, coupe du fruit.

Fig. 92. — *Poirier sauvage*.
a, branche fleurie ; *b*. coupe de la fleur ; *c*, coupe du fruit ; *d*, graine ou pépin.

Fig. 93. — *Cognassier*.

nomme Rosiers *remontants* ceux dont la floraison se prolonge pendant toute la belle saison (*Rosier thé, Rosier du Bengale*, etc.). Rosiers *moussus*, ceux dont le pédoncule et le calice sont couverts de longs poils imitant une sorte de mousse verte qui entoure la fleur. On trouve souvent sur les rameaux des Rosiers de grosses excroissances couvertes de longs poils chevelus, rouges ou verts (*fig.* 90). C'est la *galle* du Rosier, ou *bédéguar*, due à la piqûre d'un insecte hyménoptère du groupe des *cynips*, qui a pondu ses œufs dans la tige.

✿ *Les* Rosées *sont des arbrisseaux couverts d'aiguillons ; elles ne renferment que le genre Rosier. Le pistil est à nombreux carpelles à un seul ovule ; ils sont insérés au fond d'un réceptacle en bouteille. Le fruit est formé de nombreux akènes enfoncés dans le réceptacle, qui devient rouge et charnu.*

33. Tribu des Pomacées. — Elle comprend le *Pommier* (*fig.* 91), le *Poirier* (*fig.* 92), le *Cognassier* (*fig.* 93), le *Néflier* (*fig.* 94), le *Sorbier* (*fig.* 95), l'*Aubépine* (*fig.* 96), c'est-à-dire, outre quelques arbustes d'ornement, les arbres nous fournissant les fruits à pépins.

La fleur pré-

DICOTYLÉDONES DIALYPÉTALES

Fig. 94. — *Néflier*.
a, coupe de la fleur; *b*, nèfle.

Fig. 95. — *Sorbier des oiseleurs*.
(10 m.. fleur blanche, fruit rouge)
branche en fleurs et br. en fruits.
a, fleur ; *b*. coupe de la fleur.

sente un réceptacle en forme de godet comme celui des Rosées (32), dont le fond est occupé par un ovaire à 5 loges surmonté de 5 styles (*fig.* 92, *b*) et sur les bords duquel s'insèrent, ou semblent s'insérer, 5 sépales, 5 pétales et de nombreuses étamines ; en réalité ces pièces se prolongent en dessous, de sorte que leur base est soudée à la paroi de l'ovaire qui est adhérent. Le fruit charnu est à 5 loges (*fig.* 92, *c*) dont chacune renferme 1 ou 2 graines, ou pépins ; c'est une sorte de réunion de drupes à noyau mince et parcheminé; chez le Néflier il y a 5 noyaux très durs, distincts.

❋ *Les Pomacées comprennent les arbres fruitiers à pépins : Pommier, Poirier, Cognassier, et des arbustes d'ornement, comme l'Aubépine. L'ovaire est adhérent, à 5 loges contenant chacune 2 ovules ; les fruits sont des sortes de drupes.* (Voir *le Tableau-résumé pour reconnaître les* ARBRES FRUITIERS *de la famille des* Rosacées, *page* 28.)

34. **Usages des Rosacées.** — Nous allons passer en revue leurs usages principaux.

Fruits de dessert. Les *prunes* sont de couleurs et de formes variables, tantôt presque sphériques (*reine-Claude*, *mirabelle*), tantôt ovoïdes (*prune d'Agen*). Les *cerises* sont sucrées (*guigne*, *bigarreau*), ou acides (*anglaise*, *Montmorency*). L'*abricot* a la peau veloutée, le noyau lisse ; la *pêche* a le noyau ridé et la peau ordinairement veloutée, rarement brillante et lisse (*brugnon*). Dans la *fraise* on mange le réceptacle charnu. Une seule Ronce est cultivée, le Framboisier. Il existe de très nombreuses variétés de *pommes* et de *poires*. Le *coing* n'est mangeable que cuit ; la *nèfle* que lorsqu'elle *blettit*, c'est-à-dire quand elle subit un commencement de décomposition qui fait apparaître dans sa chair des principes sucrés ; il en est de même de la *corme* et de l'*alise*, petits fruits fournis par des espèces du genre Sorbier.

On conserve ces fruits par dessiccation (pruneaux), par le sucre (confitures, pâtes de fruits), par l'eau-de-vie. La graine de l'Amandier ou *amande* est douce ou amère suivant les races ; on ne mange que la première ; elle contient une huile qu'on extrait, et le tourteau, ou *pâte d'amande*, sert en confiserie. L'amande entre dans la fabrication du sirop d'orgeat, des dragées, etc.

Boissons, liqueurs. Le jus des pommes *à cidre* donne par fermentation cette boisson ; avec les poires on fait le *poiré*.

Fig. 96.
Aubépine.
(2 à 10 m.; fleur blanche ou rosée.)
a. fruit (rouge).

Fig. 97. — *Laurier-cerisier*.
(2 à 5 m.; fleur blanche.)

V. — TABLEAU POUR RECONNAITRE LES ARBRES FRUITIERS DE LA FAMILLE DES ROSACÉES.

CARACTÈRES TIRÉS DE LA FLEUR ET DU FRUIT.			GENRES.	CARACTÈRES TIRÉS DES FEUILLES.
PRUNÉES. Ovaire *libre*. Fruit à noyau	pédoncule court. fleurs isolées ou par 2 à 5 ;	blanches ou roses . . .	*Amandier*, 3 à 12 m. févr., mars ; avant (1).	longues, sans poils ; dentées, pétiole assez long.
		rose rouge	*Pêcher*, 2 à 5 m. février, mars ; avant.	en lance ; moins longues ; presque doublement dentées ; pétiole court.
		un peu rosées	*Abricotier*, 2 à 6 m. février, mars ; avant.	presque en cœur, crénelées, doublement dentées, luisantes, coriaces.
		blanches	*Prunier*, 2 à 7 m. mars, avril ; av. ou avec.	elliptiques, finement dentées.
	pédoncule long. fleurs blanches, en corymbe ; Le fruit est . . .	rouge ; acide	*Cerisier*, 5 à 15 m. avril ; avant.	elliptiques, sans poils dès leur jeunesse ; d'abord pliées (2) ; écorce lisse.
		noir; très doux	*Guignier*,	elliptiques, velues en dessous; pétiole ayant au sommet 2 glandes rougeâtres ; écorce lisse.
		rouge, veiné	*Bigarreautier*, 5 à 15 m. avril ; avec.	
		petit, noir ; amer . . .	*Merisier*,	
POMACÉES. Ovaire *adhérent*. Fruit à pépins.	fleurs rosées. .	en corymbe ; pédoncule long ; 5 styles libres ; anthères pourpres.	(3) *Poirier*, 5 à 15 m. avril, mai ; avant ou avec.	oblongues, à long pétiole ; la jeune feuille se déroule des deux côtés à la fois.
		en ombelle ; pédoncule court ; 5 styles soudés à la base ; anthères jaunâtres.	*Pommier*, 4 à 12 m. avril, mai.	oblongues, dentées, à court pétiole ; se déroulent d'un seul côté.
	fleurs isolées. .	blanches ; calice à 5 longs sépales . . .	*Néflier*, 3 à 8 m. mai ; après.	finement dentées ; velues en dessous.
		rosées ; calice à 5 lobes aigus	*Cognassier*, 4 à 8 m. mai ; après.	entières, cotonneuses en dessous.
	fleurs blanches, en corymbe composé ;		*Cormier*, 8 à 20 m. mai ; après.	13 à 15 folioles.
			Alisier, 10 à 15 m. mai ; après.	7 lobes dentés (4).

(1) Fleurs s'épanouissant *avant*, *avec* ou *après* les feuilles. — (2) Les feuilles d'Amandier, de Pêcher, de Cerisier sont *pliées en deux*, en long, avant l'épanouissement ; les autres sont *roulées* en long. — (3) Le Poirier, le Pommier, le Néflier ont, à l'état sauvage, des rameaux *épineux*. — (4) Pour certains détails non figurés, voir les gravures du texte.

DICOTYLÉDONES DIALYPÉTALES

Fig. 98. — Le *triage des roses*, dans une parfumerie de Grasse (Alpes-Maritimes).

VI. — TABLEAU-RÉSUMÉ DE LA FAMILLE DES ROSACÉES

FAMILLE.	CARACTÈRES DES TRIBUS.			TRIBUS.		EXEMPLES.
ROSACÉES.	Ovaire libre.	à 1 seul carpelle : fruit à noyau.	Diagramme de Prunier.	1. PRUNÉES	à drupe charnue	*Prunier, Cerisier, Abricotier, Pêcher.*
					à drupe coriace ...	*Amandier.*
		à nombreux carpelles insérés :	sur un réceptacle *saillant* ; fruits visibles. Diagramme de Fraisier.	2. FRAGARIÉES	à akènes	*Fraisier, Potentille.*
					à drupes	*Ronces.*
			au fond d'un réceptacle *creux ;* fruits cachés. Diagramme d'Églantier.	3. ROSÉES.		*Rosier.*
	Ovaire adhérent : fruits à pépins		Diagramme de Pommier.	4. POMACÉES.	cloisons des loges, minces, parcheminées.	*Pommier, Poirier, Cognassier, Sorbier.*
					cloisons des loges, très dures.	*Néflier, Aubépine.*

Le cidre, distillé, donne une eau-de-vie, le *calvados*. Par fermentation et distillation des merises on a le *kirsch*; certaines prunes, traitées de même, donnent le *quetsch*.

Bois. Tous les bois fournis par les arbres de cette famille servent en ébénisterie ; l'abricotier, le poirier, très durs, sont recherchés par les tourneurs.

En *médecine*. L'huile d'amande douce sert comme purgatif pour les jeunes enfants ; l'eau de laurier-cerise (*fig.* 97) est un calmant.

En *parfumerie*. On utilise l'essence d'amande amère, l'eau de rose et l'essence de rose. Dans les Alpes-Maritimes on cultive surtout le *Rosier cent-feuilles* (*fig.* 89, D) pour la fabrication de l'eau de rose. En Bulgarie, le *Rosier musqué* et le *Rosier de Damas* pour en obtenir l'essence de rose. 3 000 kilogrammes de pétales de roses donnent 1 kilogramme d'essence par distillation avec l'eau ; d'où le prix élevé de ce parfum (*fig.* 98).

En *horticulture*. L'importance de la culture des Rosiers (*fig.* 89) pour l'ornementation des jardins et le commerce des fleurs coupées est considérable ; l'Églantier sert de porte-greffe.

✽ *Les Rosacées nous fournissent surtout d'excellents fruits de dessert, des boissons très appréciées, des bois d'ébénisterie, des parfums et des arbustes d'ornement.* (Voir le *Tableau-résumé de la famille des* ROSACÉES, *page 29.*)

FAMILLE DES OMBELLIFÈRES
Type : *Carotte*.

35. Caractères généraux. — Les Ombellifères sont des herbes à racine pivotante, à feuilles alternes très découpées et à grande gaine. Les fleurs, petites et très nombreuses, blanches ou jaunâtres, sont groupées en ombelles composées, caractère très apparent qui a servi à désigner la famille. Le calice est à 5 petits sépales ; la corolle, à 5 pétales libres, égaux ou inégaux parfois dans la même inflorescence ; 5 étamines alternent avec les pétales (*fig.* 99, *a*) et sont portées, comme eux, au sommet de l'ovaire. Celui-ci est adhérent, à 2 loges contenant chacune un seul ovule et surmonté de 2 styles distincts (*fig.* 99, *b*). Il

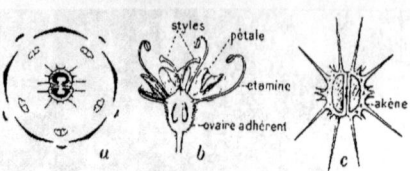

Fig. 99. — Carotte sauvage :
a, diagramme de la fleur ; *b*, coupe de la fleur ;
c, coupe du fruit.

donne à la maturité deux akènes qui, d'ordinaire, s'écartent l'un de l'autre (*fig.* 99, *c*).

C'est une famille très homogène. La plupart des Ombellifères renferment, dans leurs feuilles, leurs racines ou leurs fruits, des principes aromatiques sécrétés par des canaux spéciaux. Quelques Ombellifères sont comestibles, d'autres extrêmement vénéneuses ; telles sont les Ciguës.

✽ *Les Ombellifères ont des fleurs petites et nombreuses, groupées en ombelles composées. L'ovaire est adhérent, à 2 loges dont chacune renferme une graine ; le fruit est un double akène. Elles contiennent des principes aromatiques ; quelques-unes sont très vénéneuses.*

36. Principaux genres. — La *Carotte sauvage* (*fig.* 100) est une herbe bisannuelle dont l'ombelle est entourée à sa base par une collerette, ou *involucre*, très découpée ; l'*involucelle* ou collerette de chaque ombellule est divisée en trois parties. Le fruit est couvert de poils raides. La racine, blanchâtre, a une odeur très prononcée de carotte quand on l'entaille.

Fig. 100. — *Carotte*.
(50 cm.; fleur blanche.)
a, carotte courte.

Le *Fenouil*, grande herbe très parfumée, à fleurs jaunâtres, a des feuilles extrêmement découpées,

DICOTYLÉDONES DIALYPÉTALES

Comparaison des caractères du Persil, du Cerfeuil et des Ciguës.

Fig. 101.	Fig. 102.	Fig. 103.	Fig. 104.	Fig. 105.
Persil cultivé. (80 cm.; fl. j. verdâtre; tige sans taches.) a, persil ordinaire; b, frisé; c, fleur.	Cerfeuil cultivé. (80 cm.; fl. blanche; sans taches sur la tige.) a, fleur; b, fruit.	Ciguë vireuse. (1 m.; fl. blanche; sans taches sur la tige.) a, fruit.	Petite ciguë. (1 m.; fl. blanche, taches brunes sur la base de la tige.)	Grande ciguë. (2 m.; fl. blanche; taches rouge vineux sur toute la tige.)

presque réduites aux nervures. Le *Perce-pierre* ou *Crithme maritime* (fig. 106) croît sur les rochers et les falaises des côtes de l'Océan; il a des fleurs d'un blanc verdâtre, des feuilles épaisses et charnues. Les *Panicauts* (fig. 335) diffèrent de toutes les autres Ombellifères; leurs feuilles rigides à bords piquants, leurs fleurs groupées en capitule, les font ressembler à des chardons.

On donne le nom de *Ciguë* à presque toutes les Ombellifères vénéneuses, et principalement aux trois suivantes, appartenant à trois genres différents: 1° la *Grande ciguë* ou *Ciguë tachetée* (fig. 105), des lieux incultes : elle est d'autant plus vénéneuse qu'elle croît dans un pays plus chaud ; c'est la plante dont se servaient les Athéniens pour faire périr les condamnés à mort; 2° la *Ciguë vireuse* ou *Cicutaire* (fig. 103), des marais: l'odeur de ses feuilles écrasées est repoussante; 3° la *Petite ciguë* ou *Faux persil* (fig. 104) est surtout dangereuse parce qu'elle croît souvent dans les jardins et qu'on peut la confondre dans son jeune âge avec le Persil (fig. 101) et le Cerfeuil (fig. 102), mais les feuilles de ces deux dernières plantes, froissées entre les doigts, ont une odeur agréable, tandis que l'odeur des feuilles de la Ciguë est désagréable. La Petite ciguë a des taches sur la tige, le Persil et le Cerfeuil en sont dépourvus ; malgré ces indications, il faut se méfier de toute Ombellifère connue d'une façon insuffisante.

Fig. 106. — *Crithme maritime* ou *Perce-pierre*. (30 cm.; fleur blanc verdâtre.)

La Carotte, le Fenouil sont des espèces très répandues ; les Panicauts, par leurs feuilles rigides, piquantes, leurs fleurs en capitule, ressemblent à des chardons. On nomme Ciguë plusieurs espèces vénéneuses, dont certaines peuvent être confondues avec le Persil et le Cerfeuil.

37. Usages des Ombellifères.

La Carotte fait l'objet d'une culture très importante pour sa racine, utilisée dans l'alimentation de l'homme et des animaux ; elle contient une assez forte proportion de sucre, ainsi d'ailleurs que la racine du Panais, qui a les mêmes usages. Dans le Céleri on mange le pétiole et les nervures principales des feuilles ou la racine renflée (Céleri-rave). Le Persil, le Cerfeuil, le Fenouil, servent d'assaisonnement ; l'Angélique (*fig.* 107), cultivée surtout dans les Deux-Sèvres et près de Clermont-Ferrand (Puy-de-Dôme), est employée par les confiseurs ; les fruits de la Coriandre, de l'Anis vert servent, en confiserie, à la préparation d'essences, de liqueurs digestives, etc.

Fig. 107. — *Angélique.* (1 m. à 1 m. 50.; fleur jaunâtre.) A, fruit.

Fig. 108. — *Groseillier à grappes.* (1 m. ; fleur jaune verdâtre.) a, coupe de la fleur.

Fig. 109. *Cassis, ou Groseillier noir.* (1 m. à 1 m. 40 ; fl. verdâtre.)

※ *La Carotte est alimentaire et fourragère ; c'est l'Ombellifère la plus importante. On mange aussi la racine du Panais, le Céleri, le Persil et le Cerfeuil ; l'Angélique, les fruits de Coriandre, d'Anis servent en confiserie.*

38. Familles voisines.

On peut rapprocher des Ombellifères par leur ovaire adhérent, d'une part les *Grossulariées*, qui comprennent le Groseillier à grappes (*fig.* 108), le Groseillier à maquereau et le Groseillier noir, ou cassis (*fig.* 109) ; d'autre part les *Cucurbitacées*, qui sont des herbes rampantes ou grimpantes pourvues de vrilles. Les fleurs des Cucurbitacées sont unisexuées; leurs pétales sont libres chez certaines espèces, soudés chez d'autres ; elles forment donc transition avec les Gamopétales. Le fruit est une baie à paroi dure : potiron, citrouille, concombre, melon (*fig.* 110), coloquinte (*fig.* 111).

Fig. 110. — *Melon.* Cantaloup d'Alger (fleur jaune). a. coupe de la fleur mâle ; b, coupe de la fleur femelle ; c, fruit.

※ *Les Grossulariées nous fournissent des fruits de dessert, les groseilles ; les Cucurbitacées, des fruits légumiers : potiron, citrouille, concombre, melon.* (Voir le Tableau-résumé général de la classification des DICOTYLÉDONES DIALYPÉTALES, page 33.)

Fig. 111. — *Coloquintes :* a, du Malabar ; b, plate rayée ; c, bicolore ; d, poire rayée ; e, galeuse. (Fleur jaunâtre.)

DICOTYLÉDONES DIALYPÉTALES

VII. — TABLEAU-RÉSUMÉ DES DICOTYLÉDONES DIALYPÉTALES.

OVAIRE.	ÉTAMINES.	COROLLE.	FRUIT.	NOMS des FAMILLES.	CARACTÈRES CHIMIQUES, SÉCRÉTIONS.	EXEMPLES.
Libre.	Nombreuses, libres, insérées sur le réceptacle.	Régulière ou irrégulière.	Akène ou follicule.	RENONCULACÉES.	Suc âcre, vénéneux.	Renoncule, Ancolie.
		Régulière à 4 pétales.	Capsule ou silique.	PAPAVÉRACÉES.	Latex âcre, vénéneux.	Pavot.
	6, dont 4 grandes.	Régulière à 4 pétales en croix.	Silique.	CRUCIFÈRES.	Essence sulfurée, par broyage à l'eau.	Chou, Moutarde.
	10, libres.	Régulière à 5 pétales.	Capsule.	CARYOPHYLLÉES.	Saponine chez la Saponaire.	Œillet.
	Nombreuses, soudées par leurs filets.	Régulière à 5 pétales.	Capsule.	MALVACÉES.	Mucilage émollient.	Mauve, Cotonnier.
	10, soudées par leurs filets en 1 ou 2 groupes.	Irrégulière à 5 pétales.	Gousse.	PAPILIONACÉES.	Substances variables.	Pois, Haricot, Trèfle, Luzerne.
Adhérent.	Nombreuses, libres, insérées sur le calice.	Régulière à 5 pétales.	Drupe ou akène multiple. (Prunées, etc.)	ROSACÉES.	Essence d'amande amère et acide prussique, par broyage à l'eau, chez beaucoup.	Prunier, Cerisier, Pêcher, Abricotier, Amandier, Rosier, Pommier, Poirier, Cognassier.
	Nombreuses, libres, insérées sur le calice.		Fruit à pépins. (Pomacées.)			
	5 étamines.	Régulière à 5 pétales.	Double akène.	OMBELLIFÈRES.	Principes aromatiques : certaines espèces vénéneuses.	Carotte.

III. DICOTYLÉDONES GAMOPÉTALES

39. Généralités sur les Gamopétales. — Leur fleur, comme celle des Dialypétales, est à deux enveloppes distinctes. Les pétales, soudés entre eux, portent des étamines dont le nombre n'est jamais considérable, contrairement à plusieurs familles étudiées précédemment ; il est égal, habituellement, à celui des pétales, c'est-à-dire 4 ou 5. Le pistil n'est jamais formé non plus de nombreux carpelles ; le plus souvent il n'y en a que deux. Cette réduction et cette fixité du nombre des pièces essentielles de la fleur font considérer l'organisation florale des Gamopétales comme supérieure à celle des Dialypétales.

Les Gamopétales ont les fleurs à 4 ou 5 pétales soudés portant ordinairement autant d'étamines ; le nombre habituel des carpelles est 1 ou 2. Cette fixité et cette réduction du nombre des pièces essentielles sont l'indice d'une organisation supérieure.

FAMILLE DES SOLANÉES
Type : *Pomme de terre.*

40. Caractères généraux. — Ce sont des herbes à feuilles alternes, découpées, d'un vert sombre. La fleur est régulière, à 5 sépales soudés, 5 pétales soudés, 5 étamines insérées sur la corolle ; leurs filets sont

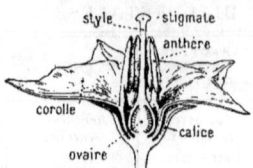

Fig. 112. — Coupe de la *fleur* de Pomme de terre.

gros et courts ; les anthères sont très rapprochées les unes des autres ; au lieu de s'ouvrir par deux fentes, elles s'ouvrent d'ordinaire par deux trous au sommet pour laisser sortir le pollen (déhiscence poricide). L'ovaire est libre, à 2 loges, avec style long et mince et stigmate en bouton (*fig.* 112). Le fruit est une baie ou une capsule, ce qui a permis, malgré la grande homogénéité de la famille, de la diviser en deux tribus. Toutes les Solanées, même celles qui sont alimentaires, renferment, dans l'un ou l'autre de leurs organes, des principes vénéneux.

❀ *Les* Solanées *ont des fleurs régulières du type 5 ; les anthères s'ouvrent par 2 trous ; l'ovaire est libre, à 2 loges ; le fruit est une baie ou une capsule. Toutes contiennent des principes vénéneux.*

41. Solanées à baies. — La *Morelle tubéreuse* ou *Pomme de terre* (*fig.* 113) est une herbe à feuilles composées, à fleurs blanches ou violacées ; son fruit est une baie vé-

Fig. 113.
Pomme de terre. (60 cm.; fleur violette ou blanche.)
A, rameau fleuri ; B, pied entier, avec les tubercules ; C, fruit.

néneuse ainsi que les feuilles. Ses rhizomes se renflent par places en tubercules, ou pommes de terre. Quand on place une pomme de terre dans un lieu chaud, humide et éclairé, sa surface verdit par la formation de chlorophylle. Le bourgeon, placé au centre de chaque dépression ou *œil*, s'allonge et donne une tige ; on dit que le tubercule *germe*, expression impropre, le terme de germination devant être réservé au développement de la graine. La formation de la nouvelle plante a lieu aux dépens de l'amidon du tubercule qui se transforme en glucose, et il y apparaît un poison violent, la *solanine*. Les pommes de terre « germées » ont, en effet, une saveur douceâtre ; elles ont parfois occasionné des empoisonnements.

Originaire du Chili, la Pomme de terre fut introduite en Espagne vers 1534. Au début du XVIIe siècle elle existait dans presque toutes les contrées d'Europe, mais simplement comme plante curieuse de jardin. En France, on utilisa d'abord ses tubercules pour l'alimentation, dans les Vosges et en Lorraine ; mais dans les autres régions de notre pays on refusait de les employer, même pour le bétail. Ils étaient d'ailleurs probablement moins agréables qu'aujourd'hui, un peu amers, non encore perfectionnés par la culture ; on les utilisait cependant en Angleterre dès 1660. Deux siècles après l'introduction de la Pomme de terre en France, Parmentier mena une campagne très active en sa faveur et sut intéresser Louis XVI à sa cause ; cependant la culture de cette plante ne devint générale en notre pays que vers 1820.

Parmi les autres espèces du genre Morelle sont l'*Aubergine* (*fig.* 117), originaire de l'Inde, et la *Douce-amère*, plante sarmenteuse des haies, à fruits ovoïdes d'un beau rouge. Le fruit de la *Belladone* (*fig.* 114) est une baie noire, extrêmement vénéneuse.

❀ *La Morelle tubéreuse* ou Pomme de terre *a été introduite en Europe vers 1534. Son emploi dans l'alimentation a été accepté en France difficilement, et encore grâce aux efforts de Parmentier. L'Aubergine, la Belladone, sont aussi des Solanées à baies.*

DICOTYLÉDONES GAMOPÉTALES

42. Solanées à capsules. — Le *Datura* a pour fruit une grosse capsule s'ouvrant par des fentes longitudinales et garnies de piquants, d'où son nom de *Pomme épineuse*. La capsule de la *Jusquiame* (*fig.* 116), plus petite, s'ouvre par une fente transversale qui détache une sorte de couvercle; c'est une *pyxide*. Ces deux herbes croissent dans les lieux incultes et sont très vénéneuses. Le *Tabac* (*fig.* 120), originaire d'Amérique, a été introduit en Europe au XVIe siècle ; on en cultive aujourd'hui de nombreuses variétés dont plusieurs, pour la beauté de leur feuillage, sont utilisées pour l'ornementation des jardins. Le fruit est une capsule lisse s'ouvrant par deux fentes (*fig.* 120, *b*).

❀ *Les principales Solanées à capsules sont le Datura ou Pomme épineuse, la Jusquiame et le Tabac ; ce sont trois plantes extrêmement* vénéneuses.

43. Usages des Solanées. — Deux Solanées seulement donnent lieu à un commerce très important, la Pomme de terre (*fig.* 113) et le Tabac.

Dans l'*alimentation*. La Pomme de terre est aujourd'hui une plante de grande culture ; il en existe des centaines de variétés. Ses tubercules jouent un grand rôle, non seulement dans notre alimentation, mais dans celle du bétail : c'est un aliment très riche en amidon, mais trop pauvre en substance azotée. L'aubergine (*fig.* 117), la tomate *fig.* 115, le piment *fig.* 118 sont des fruits légumiers bien connus.

Dans l'*industrie*. La Pomme de terre est aussi une plante industrielle de premier ordre ; on retire de son tubercule la *fécule*, que la chimie transforme en *dextrine*, en *glucose*, en *alcools* d'industrie.

Fig. 114. — *Belladone.*
(1 m.; fleur rouge brun.)
a, coupe du fruit; *b*, graine.

Fig. 115.
Tomate. (1 m.; fleur jaune.)
a, fleur; *b*, tomate poire; *c*, tomate olive; *d*, tomate grosse rouge hâtive.

Fig. 116. — *Jusquiame.* (50 cm.; fleur brun jaune.) *a*, fruit.

Fig. 117. — *Aubergine.*
(80 cm.; fleur blanche ou violette.)

Le Tabac est universellement cultivé pour ses feuilles qui, après des préparations compliquées (*fig.* 119), sont vendues pour priser, mâcher ou fumer, habitudes tyranniques dont la dernière surtout est fortement enracinée chez nombre de gens. Le tabac renferme un violent poison, la *nicotine*; son abus

Fig. 118.
Capsule
du *Piment.*

Fig. 119. — Le séchage des feuilles de *tabac*, en Australie.

❊ *Les tubercules de la Pomme de terre servent dans l'alimentation de l'homme et des animaux; on en retire de l'amidon qu'on transforme en dextrine, glucose, alcool. Le Tabac fait l'objet d'une culture, d'une industrie et d'un commerce importants pour un usage nuisible. La tomate, l'aubergine, le piment sont des fruits légumiers.*

44. Famille voisine : Convolvulacées.

— Leur corolle est évasée en entonnoir, leur fruit contient peu de graines. A cette famille appartiennent nos *Liserons* indigènes *fig.* 121, et le *Volubilis*. La *Patate*, originaire de l'Inde, a une racine tuberculeuse qui, dans les régions tropicales, remplace la pomme de terre.

amène des maux d'estomac, des migraines, des troubles de la mémoire. Dans beaucoup de pays, la culture, la fabrication et la vente du tabac sont l'objet d'un monopole exploité par l'État. En France, sa culture est autorisée dans 23 départements ; la régie en retire un produit annuel de 400 millions de francs. Le jus de tabac sert dans les jardins pour détruire les insectes nuisibles.

En *médecine*. De la Belladone, on extrait un poison, l'*atropine*, employé comme calmant ; il dilate la pupille, propriété utile dans le traitement de certaines maladies des yeux.

Fig. 120.
Tabac. (1 à 2 m.; fleur variable.)
a, fleur; *b*, fruit.

Fig. 121. — *Liseron des haies.*
(1 à 3 m.; fleur blanche.)
a, fruit.

La *Cuscute* (*fig.* 122) est une herbe parasite de plusieurs plantes, principalement des Luzernes. Dépourvue de chlorophylle, elle s'enroule en hélice autour de la plante hospitalière, émet aux points de contact des racines-suçoirs qui vont aspirer la sève nourricière ; dès lors tout rapport avec le sol lui devient inutile ;

DICOTYLÉDONES GAMOPÉTALES

sa racine meurt, ainsi que le bas de sa tige. Elle donne de petites fleurs roses groupées, et meurt après avoir produit des graines. C'est une plante nuisible très difficile à détruire.

❀ *Parmi les Convolvulacées sont : les* Liserons, *dont plusieurs espèces sont ornementales ; la* Patate, *dont la racine renflée est alimentaire, et la* Cuscute, *parasite des Luzernes.*

Fig. 122. — *Cuscute du Thym.* (Long. var. : fl. rosée ou blanche.) *a*, coupe de la fleur, grossie.

FAMILLE DES SCROFULARINÉES

Type : *Muflier* ou *Gueule-de-loup*.

45. Caractères ; principaux genres. — On peut considérer les Scrofularinées comme des Solanées à fleurs irrégulières et n'ayant plus que 4 étamines, dont 2 plus petites. Ce sont, pour la plupart, des herbes à feuilles simples, opposées ; le calice, persistant, est à 5 sépales ; la corolle est souvent à deux lèvres distinctes et imite plus ou moins un mufle d'animal ; 2 pétales soudés forment la lèvre supérieure ; les 3 autres, la lèvre inférieure *fig.* 123. L'ovaire, libre, est à deux carpelles et se transforme en une capsule *fig.* 124. *b*.

Le *Muflier* ou *Gueule-de-loup* (*fig.* 124) porte des grappes de grandes fleurs dont la corolle, rouge ou blanche, à gorge jaune, forme un tube en bosse à la base. La capsule s'ouvre par trois trous au sommet et, quand on la retourne sens dessus dessous à sa maturité, elle a l'aspect d'une tête de mort. Les *Linaires* ont des fleurs assez semblables à celles du Muflier, mais munies à la base de la corolle

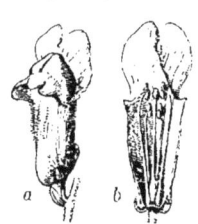

Fig. 123. *Fleur* de Muflier. *a*, fl. entière ; *b*, coupe en long.

d'un long éperon. La *Scrofulaire*, herbe commune dans les bois, a donné son nom à la famille.

La *Digitale* (*fig.* 125) est une grande herbe très vénéneuse atteignant parfois la taille d'un homme ; elle porte, en une longue grappe, de grandes fleurs pourprées presque régulières et en forme de dé à coudre, d'où son nom. Les *Véroniques* (*fig.* 126), petites herbes à jolies fleurs, ont aussi une corolle presque régulière à deux étamines seulement.

Plusieurs Scrofularinées, bien qu'ayant de la chlorophylle, sont parasites. Les plus communes sont les *Mélampyres* (*fig.* 127), qui se nourrissent aux dépens des Graminées par des suçoirs qui partent de leurs racines et s'enfoncent dans les racines des plantes hospitalières. Les *Orobanches* (*fig.* 128) peuvent être considérées comme des Scrofularinées parasites, à feuilles réduites et sans chlorophylle. Leur racine, profondément enfouie dans le

Fig. 124. *Muflier* ou *Gueule-de-loup.* (80 cm. ; fleur variable.) *a*, coupe de la fleur ; *b*, fruit.

Fig. 125. — Fleurs de *Digitale*.

Fig. 126.
Véronique en épi.
(20 à 50 cm.; fl. bleue.)
a, fleur; b, coupe de la fleur.

Fig. 127.
Mélampyre des champs.
(50 cm.; fleur rose.)
a, coupe de la fleur.

sol, porte un renflement d'où partent les suçoirs qu'elles enfoncent dans les racines du Trèfle, du Sainfoin, du Chanvre, etc. Ce sont des parasites *de racines*, tandis que la Cuscute **44**, est parasite *de tige*.

❃ *Les Scrofularinées sont des Solanées irrégulières n'ayant plus que 4 étamines, dont 2 petites; leur fruit est une capsule. La corolle est à deux lèvres et en forme de mufle d'animal chez le Muflier et la Linaire; elle est presque régulière chez la Digitale et les Véroniques. Les Mélampyres sont des parasites vertes de racines; les Orobanches sont dépourvues de chlorophylle.*

46. Usages des Scrofularinées. — Les Mufliers, la Digitale sont ornementales. Le Paulownia du Japon est un bel arbre que l'on voit dans les parcs et sur les promenades; il a de larges feuilles en cœur; ses grandes fleurs bleues très parfumées s'épanouissent en mai. Des feuilles de la Digitale on retire un poison, la *digitaline*, employé en médecine contre les palpitations du cœur. La Molène ou *Bouillon blanc* (fig. 129), grande herbe à feuilles cotonneuses, porte une longue grappe de fleurs jaunes employées en infusion contre la toux.

❃ *Le Muflier, la Digitale, le Paulownia sont des plantes ornementales: la Digitale ralentit les battements du cœur; la fleur du Bouillon blanc est pectorale.*

Fig. 128. — *Orobanche du Gaillet.*
(10 à 50 cm.; fleur rouge brique pâle.)

Fig. 129.
Molène ou Bouillon blanc.
1 m. à 1 m. 50; fleur jaune.
a, fleur; b, coupe de la fleur; c, fruit.

DICOTYLÉDONES GAMOPÉTALES

FAMILLE DES BORRAGINÉES

Type : *Bourrache*.

47. Caractères ; principaux genres, usages. — Les Borraginées se distinguent des Solanées par leur inflorescence et par leur ovaire. Ce sont des herbes à feuilles alternes, simples, couvertes de poils rudes. Leur inflorescence est une cyme scorpioïde qui se redresse à mesure que les fleurs s'épanouissent. La fleur est régulière du type 5 ; l'ovaire est libre, à 2 carpelles et à 2 loges, devenant plus tard, par formation d'une fausse cloison, à 4 logettes qui abritent chacune un ovule. Le fruit consiste en 4 akènes *fig.* 130, *a*. La plupart de ces plantes contiennent dans leurs tissus une quantité assez notable de salpêtre ou azotate de potassium.

La *Pulmonaire* a des feuilles longues, souvent couvertes de taches blanches arrondies. Les *Myosotis* sont employés dans les jardins pour leurs jolies fleurs bleues. La *Bourrache fig.* 130, qui a donné son nom à la famille, a de grandes fleurs bleues, roses ou blanches ; elles sont employées en tisane, ainsi que les feuilles, pour provoquer la transpiration. L'*Héliotrope du Pérou fig.* 131 est cultivé dans les jardins pour ses fleurs à odeur suave.

※ *Les Borraginées sont des Solanées à fleurs groupées en cymes scorpioïdes ; à ovaire divisé en 4 logettes et donnant 4 akènes ; elles contiennent du salpêtre. On cultive dans les jardins les Myosotis et l'Héliotrope ; la Bourrache est employée comme sudorifique.*

FAMILLE DES LABIÉES

Type : *Lamier blanc*.

48. Caractères généraux. — Les Labiées sont des herbes à tige carrée, à feuilles opposées *fig.* 132, E. Le calice est à 5 sépales soudés ; la corolle est labiée, c'est-à-dire à deux lèvres, la lèvre supérieure formée de 2 pétales soudés, la lèvre inférieure de 3. Il y a 4 étamines, dont 2 plus petites. L'ovaire est libre, à 4 logettes donnant 4 akènes *fig.* 133. Les Labiées sont couvertes de poils renflés à leur extrémité en une petite glande sécrétant des essences aromatiques *fig.* 134. Nous avons vu que chez les Ombellifères **35** les essences sont contenues dans des canaux intérieurs.

Les Labiées ressemblent aux Borraginées par l'ovaire, aux Scrofularinées par la corolle et les étamines. Ce sont des Borraginées irrégulières, comme les Scrofularinées sont des Solanées irrégulières. Les nombreuses AFFINITÉS de ces QUATRE FAMILLES sont groupées dans un Tableau-résumé page 41.

※ *Les Labiées sont des Borraginées*

Fig. 130.
Bourrache.
(50 cm. ; fleur bleue).
a, fruit ; *b*, deux...

Fig. 131. — *Héliotrope du Pérou*...

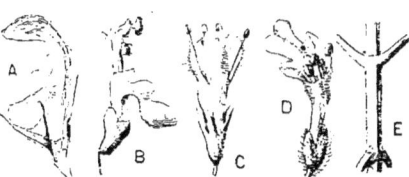

Fig. 132. — *Corolles et tiges de Labiées* :
A. Lamier coupe de la fleur ; B. Germandrée ; C. Menthe ; D. Bugle ; E. tige carrée du Lamier.

40 BOTANIQUE ÉLÉMENTAIRE

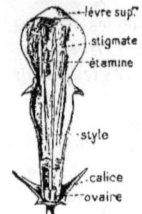

Fig. 133.
Coupe en long
d'une *fleur*
de Lamier blanc.

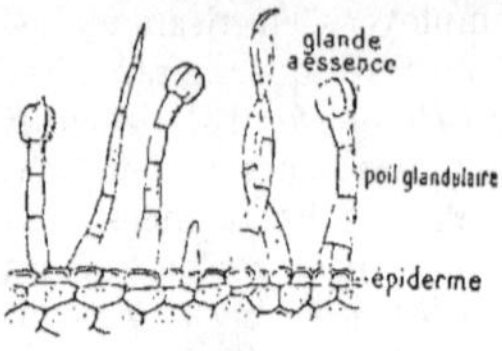

Fig. 134.
Poils glandulaires de Labiée.

à fleurs irrégulières : *la corolle a deux* lèvres. *Elles ont 4 étamines, dont 2 petites ; un ovaire à 4 logettes donnant 4 akènes ; leur tige est carrée ; leurs feuilles sont opposées.*

49. Principaux genres. — Le *Lamier blanc* (*fig.* 135) est très commun dans les endroits incultes, au milieu des Orties, auxquelles il ressemble, par son aspect général, d'une

Phot. de M. F. Faideau.
Fig. 135. — *Lamier blanc.* (20 à 60 cm. ; fl. blanche.)

manière étonnante. Cette ressemblance est si parfaite, fleurs à part, que bien des personnes hésitent à toucher au Lamier blanc, craignant de se piquer. La *Sauge*, ornement des prés en été, n'a, par exception, que 2 étamines. La corolle des *Bugles* (*fig.*132, D) n'a pas de lèvre supérieure ; celle des *Menthes* (*fig.* 132, C) est presque régulière. Le *Gléchome faux lierre* est une des Labiées les plus communes ; ses fleurs sont bleues, son odeur très forte ; citons encore l'*Origan* ou *Marjolaine sauvage*, les *Stachys* (*fig.* 138), etc.

Nos Labiées les plus intéressantes sont le Lamier blanc, *qui croît au milieu des Orties et leur ressemble par son feuillage ; la* Sauge, *à 2 étamines ;* les Bugles, *à une seule lèvre ;* les Menthes, *à corolle régulière.*

50. Usages des Labiées. — Ce sont des plantes très mellifères, fort recherchées par les abeilles ; dans les prairies elles parfument le foin. C'est à cause de leurs essences aromatiques qu'on les utilise.

En *parfumerie*. Du Romarin on retire une essence estimée. Le *Patchouli*, herbe de l'Inde et de la Chine, possède un parfum pénétrant. La *Lavande vraie*, plante ligneuse d'un mètre de haut, couvre les régions montagneuses de Provence. Comme les fleurs ne supportent pas le voyage,

Fig. 136.
Menthe poivrée.
(50 cm. ; fl. violacée.)
a, fleur grossie.

Fig. 137.
Lavande spic.
(60 cm. ; fl. bleu violacé.)
a, coupe de la fleur.

DICOTYLÉDONES GAMOPÉTALES

on en retire le parfum sur place à l'aide de distilleries ambulantes. En juillet et août on coupe à la faucille les épis floraux au ras des feuilles et on les met dans l'alambic en présence de l'eau. La Lavande vraie est cultivée aux environs de Londres et donne une essence estimée. La *Lavande spic*, *fig.* 137, qui croît dans le midi de la France, donne l'*essence de spic*, qui, mélangée à l'essence de térébenthine, sert en peinture. Les *essences de thym, de menthe* sont aussi employées, cette dernière en confiserie et dans la préparation de certaines liqueurs.

En *médecine*. Les Labiées sont toniques et stimulantes. On utilise les *infusions* de menthe *fig.* 136, mélisse *fig.* 139, sauge, lavande, thym, et aussi l'*alcool de menthe*, l'*eau de mélisse*. Par macération dans l'alcool et distillation, les Labiées donnent des liqueurs digestives. De l'essence de menthe on retire un camphre, le *menthol*, employé en médecine sous forme de crayons antimigraine, pastilles, etc. De l'essence de thym, on extrait le *thymol*, substance antiseptique.

Dans l'*alimentation*. Leur rôle est très effacé ; le thym, le serpolet, la sarriette, le basilic, servent de condiments. Le *Stachys du Japon*, cultivé en France depuis 1885, a des rhizomes en chapelet, qui sont vendus comme légumes sous le nom de crosnes *fig.* 138.

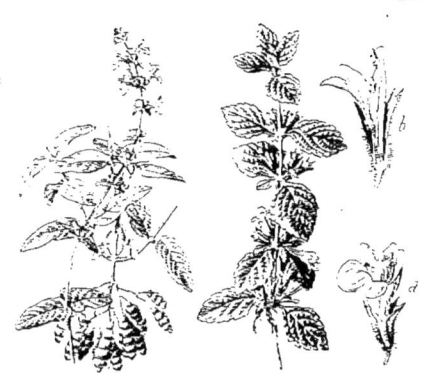

Fig. 138. — *Stachys du Japon*. 30 à 40 cm.; fleur pourprée.

Fig. 139. *Mélisse*. 70 cm.; fleur blanche. *a*, fleur ; *b*, coupe de la fleur.

En *horticulture*. On cultive le Basilic, les Sauges, la Lavande, etc., soit pour la beauté de leurs fleurs, soit pour leur parfum.

✾ *Les Labiées doivent leurs propriétés et leurs usages aux essences qu'elles renferment. Elles sont très employées en parfumerie Lavande, Menthe, en confiserie Menthe, pour la fabrication de liqueurs. On utilise en médecine, soit directement leurs feuilles ou leurs fleurs, soit des produits retirés de leurs essences :* menthol, thymol.

VIII. — TABLEAU-RÉSUMÉ DES RELATIONS ENTRE LES QUATRE FAMILLES : SOLANÉES, SCROFULARINÉES, BORRAGINÉES, LABIÉES.

	OVAIRE A 2 LOGES		OVAIRE A 4 LOGES	
Fleur régulière	SOLANÉES	Lycium de la Pomme de terre	 BORRAGINÉES	Inflorescence de la Bourrache
Fleur irrégulière	SCROFULARINÉES	Diagramme du Muflier	 LABIÉES	Diagramme du Lamier blanc. 

FAMILLE DES PRIMULACÉES
Type : *Primevère*.

31. Caractères, principaux genres, usages.
— Les Primulacées sont des herbes à fleurs régulières du type 5 ; les 5 étamines, soudées par leur filet au tube de la corolle (*fig.* 140. D), sont placées vis-à-vis *du milieu des pétales*. C'est une exception remarquable à la règle de l'alternance des pièces florales d'un verticille à l'autre : dans presque toutes les autres familles les étamines sont placées, en effet, en face du milieu des sépales. L'ovaire libre est à une seule loge, renfermant une sorte de colonne autour de laquelle sont fixés les nombreux ovules ; c'est la placentation *centrale*, caractéristique de la famille. Le fruit est une capsule.

Les *Primevères* ou *Coucous* (*fig.* 140. C) ont un rhizome d'où part une tige aérienne très courte, portant une rosette de larges feuilles. Une hampe florale rigide, velue, se termine

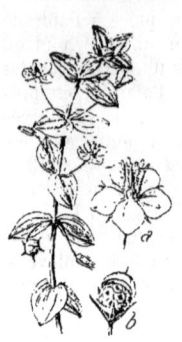

Fig. 141.
Mouron rouge.
(10 à 30 cm.; fl. var.)
a, fleur ; *b*, fruit.

Fig. 142. — *Jasmin*.
(30 cm. à 2 m.; fl. blanche.)
a, coupe de la fleur.

par une ombelle de 8 à 12 fleurs jaunes; la capsule s'ouvre à son sommet par 5 valves. Le *Mouron rouge* (*fig.* 141) est une très petite herbe à fleurs rouges, bleues, ou parfois blanches ; il ne faut pas la confondre, dans ce dernier cas, avec le Mouron des oiseaux (18), car ses graines, au contraire, les font périr ; son fruit est une pyxide. On cultive dans les jardins les *Cyclamens*, nos Primevères indigènes, la *Primevère de Chine* (*fig.* 140, A), la *Primevère auricule* ou *Oreille-d'ours*, etc.

❈ *Les Primulacées ont des fleurs régulières du type 5 ; les étamines sont en face du milieu des pétales ; l'ovaire est libre, à une loge, à placentation centrale ; le fruit est une capsule ; exemples : la Primevère, le Mouron rouge, le Cyclamen.*

32. Famille voisine. Oléacées. — Ce sont des arbres ou des arbustes dont la fleur, à corolle variable, n'a que 2 étamines ; l'ovaire est à 2 loges avec 2 ovules dans chaque loge ; le fruit est variable. Le *Lilas* a pour fruit une capsule. L'importance de cet arbuste est très grande en horticulture.

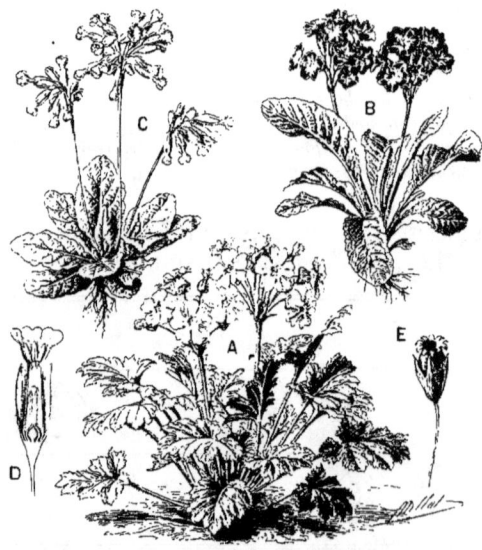

Fig. 140. — *Primevères* :
A, *de Chine* (30 cm.; fl. var.); B, *des fleuristes* (20 cm.; fl. var.);
C, *officinale* (30 cm.; fl. jaune); D, coupe de la fleur; E, fruit.

Fig. 143. — Une forêt d'*Oliviers*, à Corfou (Grèce).

Le *Jasmin* fig. 142 est un arbrisseau grimpant, cultivé dans les Alpes-Maritimes pour ses fleurs dont on retire un parfum délicat. On ne peut l'obtenir par distillation, car la chaleur le détruit ; on le fait absorber par de l'huile ou par un corps gras à son contact : c'est l'*enfleurage*. L'*Olivier* fig. 143, qui a donné son nom à la famille, est un arbre de la région méditerranéenne. Ses fleurs, blanchâtres, aux quatre pétales arrondis fig. 145, a, s'épanouissent en avril-mai ; ses feuilles sont simples, d'un blanc argenté en dessous ; son fruit ou *olive* fig. 145, b est une drupe colorée en violet verdâtre à sa maturité.

On mange les olives après un séjour dans la saumure qui enlève leur saveur âcre ; de leur pulpe on retire l'huile de table la plus estimée. Les *Frênes* sont des arbres à feuilles composées ; le fruit est une samare ; les fleurs, unisexuées, sont portées sur le même pied (arbres monoïques). Le *Frêne commun* fig. 144 a des fleurs sans calice ni corolle ; son bois, dur et tenace, sert pour le charronnage et la charpente. Le *Frêne à feuilles*

Fig. 144. — *Frêne*.
(8 à 25 m.; fleur rougeâtre.)
a, fleur ; b, graine.

Fig. 145. — *Olivier*.
(4 à 15 m.; fleur blanche.)
a, fleur ; b, fruits.

Fig. 146. — Un moulin à huile dans la région de Nice (Alpes-Maritimes).

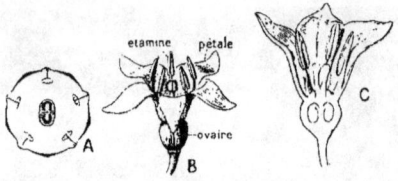

Fig. 147. — *Garance*.
A, diagr. de la fleur ; B. fleur entière ; C, coupe de la fleur.

rondes d'Italie a, au contraire, des fleurs pétalées. Il laisse écouler, par incision de son écorce, une substance sucrée, la *manne*, excellent purgatif pour les enfants.

❀ *Les* Oléacées *n'ont que 2 étamines et un ovaire à 2 loges. Les genres principaux sont* : *le* Lilas, *le* Jasmin, *dont on retire, par enfleurage, un délicat parfum* ; *l'*Olivier, *dont la pulpe du fruit fournit de l'huile, et les* Frênes, *utiles par leur bois ou par la manne qui s'écoule de leur tronc*.

FAMILLE DES RUBIACÉES
Type : *Garance*.

53. Caractères généraux. — Les Rubiacées forment une grande famille représentée en France par quelques herbes sans importance, mais qui comprend, parmi ses genres exotiques, des plantes de grande utilité, comme le Quinquina et le Caféier. Ce sont des herbes ou des arbres à feuilles opposées, à fleurs régulières. Le calice est peu visible ; la corolle est à 4 ou 5 pétales ; les étamines sont en nombre égal ; l'ovaire est adhérent, à 2 loges, renfermant chacune un seul ovule (*fig.* 147) ; le fruit est variable. Plusieurs de ces plantes renferment dans leurs racines des matières colorantes rouges.

❀ *Les* Rubiacées *sont une grande famille de plantes à fleurs régulières, ayant 4 à 5 pétales, autant d'étamines, un ovaire adhérent à 2 loges renfermant chacune un ovule. Elles sont importantes par le* Quinquina *et le* Caféier.

54. Principaux genres. — Les *Gaillets*, très communs en France, sont des herbes à tige mince, quadrangulaire ; à feuilles verticillées en apparence par 4 à 12, mais deux de ces feuilles seulement peuvent produire des rameaux à leur aisselle ; on les considère comme opposées, les autres n'étant que des stipules de même forme que les vraies feuilles, c'est-à-dire étroites et longues.

Les *Quinquinas* sont des arbres de l'Amérique du Sud ; leurs fleurs, roses ou blanches, sont très odorantes ; le fruit est une capsule à 2 loges s'ouvrant de bas en haut. Le *Caféier* (*fig.* 149) a des fleurs blanches, d'odeur agréable. Le fruit est une baie rouge de la grosseur d'une petite cerise ; la pulpe douceâtre renferme deux noyaux minces, chacun desquels est une graine, ou grain de café, à albumen dur, corné et portant un sillon sur sa face plane (*fig.* 151).

DICOTYLÉDONES GAMOPÉTALES

✻ *En France, le genre Gaillet est représenté par de nombreuses herbes à tige quadrangulaire, à feuilles en apparence verticillées, à fleurs petites. Les Quinquinas sont des arbres et le Caféier un arbuste, dont la drupe renferme une graine en chacun de ses deux noyaux.*

55. Usages des Rubiacées. — La Garance (*fig.* 148) était cultivée jadis pour l'*alizarine*,

Fig. 148. — *Garance*.
(1 m. 20 ; fleur verdâtre.)

belle matière colorante rouge que donne, par oxydation à l'air, l'écorce de sa racine. On prépare aujourd'hui l'alizarine artificiellement en partant du goudron de houille.

Les Indiens d'Amérique connaissent depuis des siècles les propriétés de l'écorce de Quinquina pour combattre la fièvre. Dès 1640 ce précieux remède fut introduit en Europe, mais ce ne fut qu'un siècle plus tard que l'on connut l'arbre qui le produit. Les Quinquinas sont aujourd'hui cultivés non seulement dans l'Amérique du Sud, mais à Java, dans l'Inde anglaise, à Ceylan, à la Réunion : on les propage par bouturage ou par semis. On arrache l'arbre à sept ans et on le dépouille de son écorce ; celle-ci est desséchée ; on en fait des vins, des sirops, mais surtout on en retire la *quinine*, utilisée sous forme de sulfate de quinine contre la migraine, la fièvre ; c'est le remède par excellence du paludisme ou fièvre des marais ; il tue le parasite du sang qui en est la cause. A haute dose, la quinine est un poison.

Le Caféier, originaire d'Abyssinie, a été introduit d'abord en Arabie et cultivé aux environs de Moka ; de là sa culture s'est étendue dans l'Inde, à Java, à la Réunion, aux Antilles (*fig.* 150) et dans l'Amérique du Sud. Le Brésil est le plus fort producteur (*fig.* 152). Les graines, perdant très vite leur pouvoir germinatif, sont semées dès leur maturité ; la plantation doit être protégée par un rideau

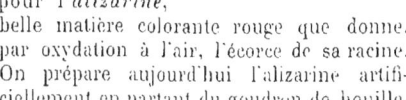

Fig. 150. — *Café*.
a, Martinique ;
b, Moka ;
c, Bourbon.

Fig. 149. — *Caféier*.
(2 à 12 m. ; fleur blanche ; branche portant au sommet, des fleurs, et à sa base, des fruits.)

Fig. 151.
Coupe de la *cerise du Caféier*.

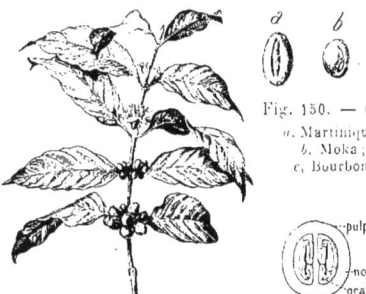

Fig. 152. — Une plantation de *Caféiers* en fruits.

d'arbres contre le vent et l'ardeur du soleil. Les baies ou cerises du Caféier sont mises dans des moulins qui broient la pulpe; on lave pour séparer les noyaux, dont on extrait les graines; on débarrasse celles-ci de leur tégument. Avant d'être employé en infusion, le café est torréfié et moulu. Il renferme un stimulant du système nerveux, la *caféine*.

L'Ipécacuanha du Brésil est une herbe dont les racines, annelées, fournissent un vomitif, l'*ipéca*.

✳ *L'écorce du Quinquina fournit la quinine, le meilleur des fébrifuges; elle tue le parasite de la fièvre paludéenne. Les graines torréfiées du Caféier servent à préparer une infusion excitante, le café. La racine de l'Ipécacuanha est vomitive.*

FAMILLE DES COMPOSÉES
Types : *Bleuet, Pâquerette, Pissenlit.*

56. Caractères généraux. — C'est la plus vaste famille végétale; elle comprend plus de 10 000 espèces sur environ 100 000 Phanérogames. Ce sont des herbes à feuilles simples, parfois très découpées, à fleurs groupées en un *capitule*, entouré par un involucre de bractées (*fig.* 153, *a*). Cet ensemble, composé de nombreuses fleurs, ressemble à une fleur unique, d'où le nom de la famille. Chaque fleur comprend : un calice très réduit; une corolle à 5 pétales, 5 étamines *soudées* par leurs *anthères* (*fig.* 134) en un tube au centre duquel passe le style terminé par un stigmate fourchu. L'ovaire, adhérent,

renferme un seul ovule; le fruit est un akène, souvent surmonté d'une blanche aigrette provenant du calice (*fig.* 155, *e;* 156, *c*).

Chez les Composées on rencontre des fleurs de deux sortes : les unes à corolle régulière, ordinairement petite; on les nomme *fleurons* ou fleurs en tube (*fig.* 153, *c*); les autres à corolle rejetée d'un seul côté, en languette (*fig.* 153, *b*); ce sont les *ligules* ou *semi-fleurons*. Ce caractère a permis la division des Composées en trois tribus : 1° les Tubuliflores, dont le capitule est entièrement formé de fleurons; 2° les Radiées, dont le capitule comprend des fleurons au centre et des ligules rayonnantes au pourtour; 3° les Liguliflores, à capitule entièrement formé de ligules. Toutes les Composées renferment des principes amers. Elles abondent dans les champs; aucune ne joue un rôle bien saillant, sauf en horticulture.

✳ *Les Composées ont les fleurs groupées en capitule, 5 étamines soudées par leurs anthères, un ovaire adhérent à un seul ovule; le fruit est un akène. On les divise en Tubuliflores, Radiées, Liguliflores, d'après la forme des fleurs composant le capitule.*

57. Tribu des Tubuliflores. — Le *Bleuet* (*fig.* 155) a le centre de son capitule formé de fleurons réguliers, tandis que le pourtour porte des fleurons plus larges, irréguliers, stériles. Les *Chardons* (*fig.* 157) sont de mauvaises herbes très envahissantes, dont la destruction est prescrite par la loi; leurs feuilles alternes sont coriaces, épineuses, ainsi que les bractées de l'involucre; ils se propagent avec la plus déplorable facilité par leurs fruits légers, à aigrette. La *Bardane* est une herbe à très grandes feuilles

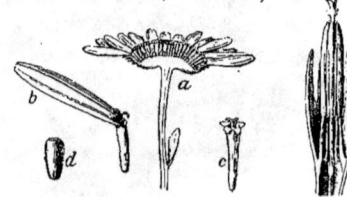

Fig. 153. — *Grande marguerite.*
(80 cm.; fleur blanche au pourtour et jaune au centre.)
a, coupe du capitule; *b*. fleur ligulée;
c, fleuron; *d*, fruit.

Fig. 154.
Étamines à
anthères soudées
d'une Composée
(Chardon).

Fig. 155.
Bleuet ou *Centaurée bleue.* (70 cm.; fleur bleue.)
a, capitule. *b*. fleur stérile du pourtour; *c*, fleur fertile;
d, coupe en long de la fleur fertile; *e*, fruit.

cotonneuses, dont le capitule de fleurons, d'un rose violacé, se transforme en un capitule d'akènes hérissés de poils en hameçon, s'accrochant aux vêtements ou à la toison des animaux qui les disséminent.

❊ *Les Tubuliflores ont le capitule entièrement formé de fleurons : ils comprennent : les* Bleuets, *communs dans les blés ; les* Chardons, *plantes épineuses dont le vent dissémine les fruits à aigrette ; la* Bardane, *à larges feuilles, aux fruits munis de crochets.*

58. Usages des Tubuliflores. — Ils sont peu importants. Quelques espèces sont cultivées dans les jardins : Bleuets, Eupatoire bleue, etc. Dans les capitules de l'Artichaut (*fig.* 156 et 158), on mange le *fond* ou réceptacle et la base des *feuilles*, ou bractées de l'involucre ; le *foin* est formé par les fleurs qui ne sont pas encore épanouies. Le Cardon est une espèce du genre Artichaut : on le fait blanchir en le couvrant de paille et de terre ; on mange les côtes ou grosses nervures.

❊ *Le capitule de l'Artichaut et les nervures du Cardon sont d'excellents* légumes.

59. Tribu des Radiées. — La *Pâquerette* a des fleurons centraux, très petits et d'un jaune d'or, les ligules d'un blanc pur, souvent rosées en dessous, et sans étamines, mais renfermant un ovaire surmonté d'un style et d'un stigmate fourchu ; l'akène est dépourvu d'aigrette. La *Leucanthème* ou *Grande marguerite* a un capitule analogue, mais plus grand et d'une étude plus facile (*fig.* 153). L'*Hélianthe annuel*, ou *Soleil*, est une grande herbe dont les énormes capitules peuvent atteindre 0ᵐ.25 de diamètre (*fig.* 159) ; fleurons et ligules

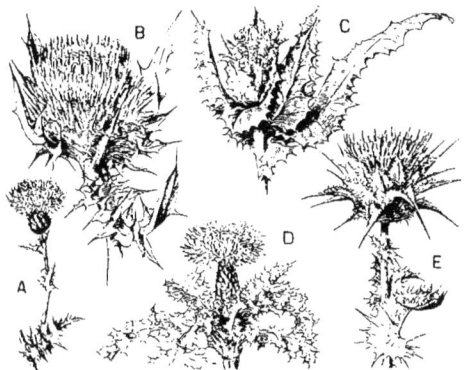

Fig. 157. — *Chardons :*
A. *Cirse des champs* (1 m. ; fleur violacée) ; B. *Cirse laineux* (1 m. 60 ; fleur rouge) ; C. *Chicaut bénit* 50 cm. ; fleur jaune) ; D. *Cirse acaule* (5 à 20 cm. ; fleur rouge) ; E. *Sylbe de Marie* ou *Chardon Notre-Dame* (1 m. ; fleur pourpre ou blanche).

Fig. 156. — *Artichaut.*
a. capitule ; b. fleuron ; c. fruit.

sont jaunes ; ces dernières sont stériles. Les Radiées les plus communes en France à l'état sauvage sont, outre la Pâquerette et le Leucanthème, le *Tussilage* ou *Pas-d'âne*, le *Souci*, la *Tanaisie*, le *Séneçon*. L'*Edelweiss* est une petite plante alpine remarquable par le duvet blanc, laineux qui couvre toutes

Fig. 158. — *Artichaut.* (1 m. à 1 m. 50 ; fleur bleue.)
a. artichaut de Laon ; b. artichaut camus de Bretagne, c. œilleton servant à la multiplication.

48 BOTANIQUE ÉLÉMENTAIRE

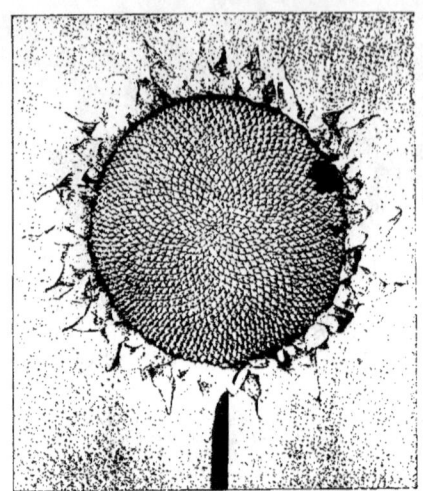

Fig. 159. — Capitule d'akènes du *Grand soleil* ou *Hélianthe annuel*.

ses parties. Elle est très recherchée par les alpinistes.

❊ Les Radiées *ont le capitule formé, au centre, de petits fleurons, et au pourtour, de ligules rayonnantes ayant parfois une autre couleur que les fleurons. On trouve dans les jardins l'Hélianthe annuel ou Soleil; dans les champs, la Pâquerette, le Leucanthème, le Souci, etc.; sur les hautes montagnes, l'Edelweiss.*

60. Usages des Radiées. — Pour la beauté de leurs fleurs on les cultive; elles renferment des principes amers et aromatiques auxquels elles doivent leurs propriétés médicinales; passons en revue leurs usages.

Pour *l'alimentation*. L'*Armoise estragon* (*fig*. 160) sert comme condiment dans la salade. L'*Hélianthe tubéreux* ou Topinambour (*fig*. 161) est une des plantes les plus importantes de la tribu : originaire du Brésil, elle a été introduite en Europe au XVIIe siècle; ses gros tubercules, dont la saveur rappelle celle de l'artichaut, sont comestibles pour l'homme et les bestiaux.

Dans l'*industrie*. Les tubercules de Topinambour *fig*. 161, *b* servent surtout en distillerie par la transformation de leur amidon en alcool. Les capitules du Pyrèthre, desséchés et broyés, donnent la *poudre insecticide*. L'*Armoise absinthe fig*. 162 est une grande herbe qui, avec des Labiées comme la Mélisse, des Ombellifères comme le Fenouil et l'Anis, après macération dans de l'alcool fort et distillation, donne l'*absinthe*, prétendu apéritif.

En *médecine*. Les capitules de Camomille (*fig*. 163) donnent une infusion calmante et digestive ; ceux de l'*Armoise maritime* fournissent un principe vermifuge, la *santonine*. La *teinture d'Arnica*, très employée en lotions sur les plaies ou ingérée étendue d'eau comme stimulante et tonique, n'a, d'après la médecine actuelle, aucune efficacité.

Fig. 160.
Armoise estragon.
(1 m.; fleur jaunâtre.)

Fig. 161. — *Topinambour*.
(1 à 2 m.; fleur jaune.)
a. ligule; *b*. tubercule.

Fig. 162.
Armoise absinthe.
(80 cm.; fleur jaune.)
a. rameau fleuri;
b. capitule; *c*. fleur.

DICOTYLÉDONES GAMOPÉTALES

En *horticulture*. Les Radiées sont importantes pour l'ornementation. Elles nous fournissent les Dahlias, les Reines-Marguerites, les Zinnias, les Œillets d'Inde, les Cinéraires et surtout les Chrysanthèmes (*fig.* 164), fleurs d'automne, dont il existe aujourd'hui des variétés étonnantes par le coloris, la grosseur du capitule, la forme des fleurons et des ligules. L'Immortelle jaune est cultivée dans le Var pour la fabrication des couronnes et des bouquets perpétuels.

❧ Les *tubercules du Topinambour sont* fourragers *et servent* en distillerie. *Avec d'autres herbes, l'Armoise absinthe sert à préparer une* dangereuse *liqueur alcoolique. La Camomille, l'Armoise maritime sont* médicinales. *Les Radiées nous fournissent surtout de belles plantes d'ornement : Dahlias, Reines-Marguerites, Chrysanthèmes, etc.*

61. Tribu des Liguliflores. — Le *Pissenlit*, ou *Dent-de-lion*, est une herbe à tige très courte ; les feuilles en rosette sont longues et incisées en dents. Le fruit est un akène surmonté d'une aigrette de poils blancs portés par une longue épine. L'ensemble de tous les fruits d'un capitule passé forme une sphère délicate, soyeuse, dont les éléments se dispersent au moindre souffle. Le *Salsifis des prés*, aux capitules jaunes, donne aussi une grosse sphère d'akènes à aigrette élégante (*fig.* 166, *a*). La *Chicorée sauvage* est également très commune.

❧ *Les* Liguliflores *ont un capitule entièrement formé de fleurs en languette ; tels sont : le* Pissenlit *et le* Salsifis des prés, *aux capitules jaunes, aux akènes surmontés d'aigrettes disséminatrices ; la* Chicorée sauvage, *plante très commune.*

62. Usages des Liguliflores. — Elles renferment un latex amer. Leur saveur à l'état sauvage est, d'ordinaire, insupportable ; en les étiolant on est arrivé par la culture à les rendre douces et comestibles. On mange en salade le Pissenlit, la Laitue cultivée, dont les principales variétés sont : les *laitues pommées*, les

Fig. 163.
Camomille. (30 cm.; pourtour blanc, centre jaune.)
a. fleuron grossi.

romaines, à feuilles plus allongées, à nervures droites et fermes, les *batavia*, pommées et à larges feuilles. La Chicorée (*fig.* 165) a donné la *barbe-de-capucin*, par la culture en cave, l'*endive*, la *chicorée frisée*, la *scarole*, etc. Le Salsifis cultivé (*fig.* 166) a des fleurs violettes ; il est bisannuel ; on mange sa racine, qui est blanche (*salsifis blanc*), la première année ; la Scorsonère (*fig.* 167) est vivace ; on mange sa racine, ou *salsifis noir*, la deuxième année. Dans le nord de la France, en Belgique, on cultive la Chicorée pour ses grosses racines qu'on arrache à l'automne. On les lave, on coupe en fragments qu'on dessèche ; on torréfie, on moud : c'est la *chicorée à café*, qu'on mélange souvent avec le café. Le latex obtenu par incision des Laitues montées en tige est le *lactucarium* ou opium de laitue, narcotique employé en médecine.

Fig. 164. — *Chrysanthème*. Variétés diverses.

✻ *Les Liguliflores ont un latex amer; la culture les rend comestibles. On mange en* salade *le Pissenlit, les variétés de la Laitue et de la Chicorée. Les racines du Salsifis sont* alimentaires: *celles de la Chicorée donnent la* chicorée à café; *le suc de Laitue est* narcotique comme l'opium. (V. ci-dessous *le Tableau-résumé de la classification des* DICOTYLÉDONES GAMOPÉTALES.)

Fig. 165. — *Chicorée.*
(50 cm. à 1 m.; fleur bleue.)

Fig. 166.
Salsifis cultivé.
(30 cm. à 1 m. 20; fl. violette.)
a, capitule de fruits; *b*, racine comestible.

Fig. 167.
Scorsonère.
(60 cm.; fleur jaune.)
a, fleur;
b, racine comestible.

IX. — TABLEAU-RÉSUMÉ DES DICOTYLÉDONES GAMOPÉTALES.

OVAIRE.	ÉTAMINES.	COROLLE A 5 PÉTALES.	FRUIT.	NOMS des FAMILLES.	CARACTÈRES CHIMIQUES, SÉCRÉTIONS.	EXEMPLES.
Libre	5 étamines	Régulière	Baie ou capsule.	SOLANÉES.	Principes vénéneux.	*Pomme de terre, Belladone.*
			4 akènes	BORRAGINÉES.	Salpêtre.	*Bourrache.*
	4, dont 2 petites	Irrégulière	Capsule	SCROFULARINÉES.	Plusieurs sont vénéneuses.	*Muflier, Digitale.*
			4 akènes	LABIÉES.	Poils renflés, à essences aromatiques.	*Sauge.*
	5, en face du milieu des pétales.	Régulière	Capsule	PRIMULACÉES.		*Primevère.*
Adhérent.	4 ou 5 étamines	Régulière, à 4 ou 5 pétales.	Fruit variable, à 2 graines.	RUBIACÉES.	Matières colorantes, fébrifuges, excitantes.	*Garance. Quinquina. Caféier.*
	5, soudées par leurs anthères; fleurs groupées en capitule.	Régulière (fleuron) ou en languette (ligule).	Akène	COMPOSÉES.	Amères (*Tubuliflores*). Amères et aromatiques (*Radiées*). Latex amer (*Liguliflores*).	*Bleuet, Artichaut. Camomille, Absinthe. Pissenlit, Laitue.*

Fig. 168. — Racines-palettes d'un *Figuier* à caoutchouc, à Ceylan.

IV. DICOTYLÉDONES APÉTALES

63. Généralités sur les Apétales. — Les fleurs de ces plantes passent ordinairement inaperçues, en raison de leur petitesse et de leurs couleurs ternes. Elles n'ont qu'une seule enveloppe, dont les pièces, disposées sur une ou deux rangées, sont semblables entre elles ; on les considère comme formant un calice, la corolle vraie étant absente, d'où le nom d'*apétales*; parfois ce calice lui-même manque, la fleur est *nue*. Ce sont les Dicotylédones les moins élevées en organisation. Nous les étudierons plutôt au point de vue de leur utilité que pour leurs caractères botaniques.

✻ Les Apétales *forment le groupe le plus inférieur des Dicotylédones. Leurs fleurs n'ont qu'une seule enveloppe, petite, peu apparente, considérée comme un calice; parfois même elle manque.*

FAMILLE DES URTICÉES
Type : *Ortie.*

64. Caractères généraux. — Les Urticées sont des herbes ou des arbres à fleurs unisexuées, régulières : tantôt les fleurs à étamines et les fleurs à pistil sont sur le même pied (plantes monoïques), tantôt sur des pieds différents (plantes dioïques).
Les fleurs mâles ont des étamines en nombre égal aux pièces du calice et placées vis-à-vis de leur milieu (*fig.* 169, *a*). Les fleurs fe-

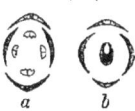

Fig. 169.
Diagramme de la fleur d'*Ortie*.
a, fleur à étamines ; *b*, fleur à pistil.

Fig. 170.
Chanvre. (1 à 2 m.; fleur verdâtre.)
a, tige mâle; *b*, tige femelle; *c*, fleur mâle; *d*, fleur femelle.

Fig. 171.
Poil d'Ortie, très grossi.

melles ont un ovaire libre à un seul carpelle renfermant un seul ovule (*fig.* 169, *b*); le fruit est un akène ou une drupe.

❉ *Les Urticées sont herbacées ou ligneuses; leurs fleurs sont unisexuées; les fleurs mâles ont des étamines en nombre égal aux pièces de*

Fig. 172. — *Ortie dioïque* (pied femelle).
(1 m. 50; fleur verdâtre.)

l'enveloppe; les fleurs femelles ont un ovaire libre à une loge; le fruit est un akène ou une drupe.

63. Principaux genres. — La *Grande ortie* ou *Ortie dioïque* (*fig.* 172) a des fleurs en grappes. Les feuilles opposées sont couvertes de poils canaliculés (*fig.* 171) dont

Fig. 173. — *Houblon.*
(hauteur variable; fleur verdâtre.)
a, fleur mâle; *b*, fleur femelle.

la base est une glande sécrétant un liquide brûlant qui, en pénétrant sous la peau quand la pointe du poil se casse, cause une douleur vive, avec rougeurs et ampoules. Les fleurs se composent simplement d'un calice à 4 pièces entourant soit 4 étamines, soit un ovaire libre (*fig.* 7, *a* et *b*); le fruit est un akène.

Le *Chanvre* aussi est dioïque (*fig.* 170). Ses feuilles composées palmées ont de 5 à 7 folioles. Les fleurs mâles, en longues grappes, comprennent 5 sépales et 5 étamines; les fleurs femelles, placées par petits groupes à l'aisselle des feuilles, se composent d'une bractée protégeant l'ovaire, qui a 2 longs styles. Le *Houblon* (*fig.* 173) est une herbe dioïque, volubile de gauche à droite; ses feuilles rappellent celles de la Vigne; les fleurs femelles forment un épi globuleux se transformant en cônes ovoïdes à amples écailles.

Le genre *Figuier* comprend des arbres à latex. Leur inflorescence, très remarquable, est un capitule à réceptacle courbé en une coupe presque close dont les parois portent des fleurs fort simples. Après la fécondation, le réceptacle devient charnu et forme la plus grande partie de la *figue*, fruit composé (*fig.* 174, A);

les vrais fruits sont les petits akènes jaunâtres inclus dans la pulpe. En dehors de notre Figuier commun (*fig.* 174), il existe nombre d'espèces exotiques. Le Figuier indien ou *Banian*, le Figuier des pagodes sont des arbres de l'Inde. De toutes leurs branches pendent des racines adventives qui descendent, s'enterrent, s'épaississent et forment des colonnes solides, de sorte que l'arbre s'accroît horizontalement. Un Banian célèbre de l'Inde a 620 troncs de grandes dimensions et forme, à lui seul, une forêt de 630 mètres de tour ; on lui donne trente siècles d'existence. Le Figuier élastique, ou *Caoutchouc*, arbuste à feuilles rigides, cultivé dans nos appartements, devient dans l'Inde un arbre énorme. Les racines de plusieurs espèces de Figuiers de l'Inde sont saillantes, comme celles de beaucoup d'arbres des pays tropicaux; on les nomme *racines-palettes* (*fig.* 168).

Les *Mûriers* (*fig.* 176) sont aussi des arbres à latex ; leur fruit composé rappelle par sa forme le fruit multiple des Ronces (31). L'*Orme*, ou *Ormeau* (*fig.* 177), est un grand arbre dont les fleurs rougeâtres sont complètes, c'est-à-dire pourvues d'étamines et d'un pistil ; elles apparaissent avant les feuilles ; le fruit est une samare arrondie.

❦ *Les principales* Urticées *sont :* les *Orties, dont les feuilles portent des poils glandulaires à piqûre cuisante ; le* Chanvre*, herbe*

Fig. 176.
Mûrier noir. (8 à 12 m. ; fleur verdâtre.)
A, mûres.

Fig. 177. — *Orme.*
(15 à 30 m. ; fl. rougeâtre.)
A, fragment de branche fleurie ; B, fleur grossie ; C, fruit.

dressée, dioïque ; le Houblon*, herbe volubile dont les fleurs femelles sont groupées en cônes ; les* Figuiers*, arbres à latex, dont l'inflorescence est un capitule clos ; certaines espèces de l'Inde ont des racines-supports ou des racines-palettes. Le* Mûrier *et l'*Orme *sont aussi des Urticées.*

66. Usages des Urticées. — Le Chanvre est notre plante textile la plus importante après le Lin. Les opérations qui donnent les fils sont identiques à celles que subit le Lin (**19**) ; on en fait des cordages et des toiles résistantes. La graine ou *chènevis* nourrit la volaille, donne une huile pour l'éclairage, la peinture, les savonneries. En Orient, on prépare avec le haut de la tige du Chanvre le *hachisch*, substance enivrante et narcotique comme l'opium. Notre Ortie pourrait fournir une filasse comparable à celle du Chanvre. Une Ortie des pays chauds, la Ramie, ou *China-grass* (*fig.* 175), cultivée en Indo-Chine, en Chine, au Japon, donne la filasse la plus belle, la plus longue et la plus résistante ; on en fait des toiles qui brillent comme de la soie.

Fig. 174. — *Figuier commun.* (4 à 10 m. ; fleurs cachées dans un involucre verdâtre.)
A, coupe d'une figue ; B, un des akènes séparé.

Fig. 175. — *Ramie.*
(1 m. 50 à 2 m. ; fl. verdâtre.)

Le Houblon est cultivé

Fig. 178. — Fruit du *Jacquier* ou *Arbre à pain*.

dans l'Europe septentrionale ; on le fait grimper autour de perches atteignant 10 mètres de haut *fig*. 181. Ses cônes femelles, dont les écailles sont recouvertes d'une poussière jaune, le *lupulin*, amère et aromatique, servent dans la fabrication de la bière. Notre Figuier commun a des fruits qu'on mange frais ou secs ; par fermentation, on en tire, en Algérie, une sorte de vin et, par distillation, de l'alcool. Les Figuiers de l'Inde donnent, par incision, un latex qui, desséché, est le *caoutchouc*.

Les feuilles du Mûrier nourrissent les vers à soie ; son fruit est comestible. Le bois de l'Orme est dur, tenace, élastique, propre au charronnage. L'Arbre à lait du Venezuela donne un suc blanc, laiteux, très nourrissant, mais s'aigrissant vite à l'air. Le Jacquier, cultivé aujourd'hui dans tous les pays chauds, porte un fruit verdâtre, gros comme une tête d'homme (*fig*. 178 : sa pulpe farineuse est la base de l'alimentation dans certaines îles de l'Océanie.

✻ *Le Chanvre, la Ramie sont textiles ; les graines du Chanvre donnent de l'huile, et ses tiges, le hachisch ; les cônes du Houblon entrent dans la préparation de la bière. On mange les figues, les mûres, les fruits du Jacquier. Les feuilles du Mûrier nourrissent les vers à soie ; le bois de l'Orme est propre au charronnage ; le latex desséché des Figuiers de l'Inde est le caoutchouc.*

Fig. 179. — *Seringuero* récoltant le latex ou *caoutchouc* de l'Hévéa, dans les forêts du Brésil.

67. Familles voisines. — Plusieurs familles voisines renferment des plantes importantes par leurs usages. A celle des *Chénopodées* appartiennent l'Épinard, dont on mange, comme légume, les feuilles cuites, et la Betterave (*fig*. 180), plante de première importance pour l'alimentation du bétail, la fabrication du sucre et de l'alcool. Les Chénopodées ont des feuilles sans stipules, des fleurs à 5 étamines placées *en face du milieu* des pièces de l'enveloppe ; le fruit est un akène *arrondi*.

La famille des *Polygonées* renferme :

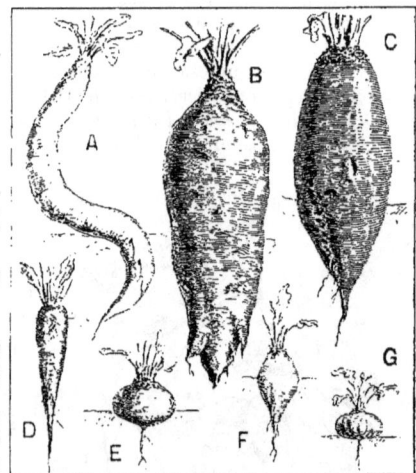

Fig. 180. — *Betteraves* :
fourragères : A. corne de bœuf ; B. Disette mammouth ; C. jaune géante ; D. E. *potagères* ; F. G. *sucrières*.

DICOTYLÉDONES APÉTALES

Fig. 181. — Une *houblonnière* dans le comté de Kent (Angleterre).

l'Oseille, dont on mange les feuilles acides ; le Sarrasin (*fig.* 182), aux fleurs recherchées par les abeilles, et dont les graines ou *blé noir* servent en Bretagne à préparer une bouillie ; la Rhubarbe, grande herbe à larges feuilles, décorative dans les jardins et contenant un principe purgatif. Les Polygonées ont les feuilles alternes, pourvues de stipules, soudées en un manchon qui entoure la tige ; la fleur renferme 6 à 9 étamines, *alternant* avec les pièces de l'enveloppe ; le fruit est un akène à *3 angles*.

A la famille des *Euphorbiacées* appartiennent : le Buis, dont le bois très dur sert pour la gravure ; l'Hévéa, principale source du caoutchouc (*fig.* 179) qu'on recueille à l'aide d'incisions, sous chacune desquelles on place un petit vase. Les tubercules du Manioc (*fig.* 183) contiennent une farine servant à préparer le tapioca ; enfin, le Ricin a des graines donnant une huile purgative.

✺ *La Betterave, le Sarrasin, l'Hévéa, plante à caoutchouc, le Manioc, aux tubercules alimentaires, et le Ricin, aux graines oléagineuses, appartiennent à des familles voisines de celle des Urticées.*

Fig. 182. — *Sarrasin.*
(60 cm.: fleur blanche ou rose.)
a, fleur ; *b*, coupe de la fleur ; *c*, fruit.

Fig. 183.
Manioc. (3 m.: fleur rougeâtre.)
a, fl. mâle ; *b*, fl. femelle ; *c*, racine.

FAMILLE DES AMENTACÉES

Types : *Chêne, Bouleau, Noyer, Saule.*

68. Caractères généraux. — Cette vaste famille comprend la plupart des arbres de nos forêts. Leurs feuilles sont alternes; les fleurs, unisexuées, monoïques ou dioïques. Les fleurs mâles sont toujours groupées en épis. Un épi formé de fleurs unisexuées se nomme *chaton* (*fig.* 188, *a*, en latin, *amentum*, d'où le nom de la famille : les fleurs à pistil, parfois aussi groupées en chatons, ont un ovaire à 2 ou 3 loges renfermant chacune un seul ovule. On a divisé les Amentacées en quatre tribus suivant la nature du fruit, la forme des feuilles, la disposition des fleurs sur le même pied ou sur deux pieds différents : ce sont les Cupulifères, les Bétulinées, les Juglandées, les Salicinées.

✳ *Les Amentacées sont des arbres à feuilles alternes, à fleurs unisexuées: elles sont monoïques ou dioïques. Les fleurs mâles sont toujours groupées en chatons. On divise cette grande famille en quatre tribus.*

69. Tribu des Cupulifères. — Ce sont des arbres monoïques à feuilles simples ; le fruit est un akène entouré complètement ou en partie par une enveloppe, la *cupule*, formée par des bractées plus ou moins soudées entre elles. Cette tribu comprend cinq genres.

Le *Chêne* a ses feuilles profondément crénelées. Les chatons sont pendants, formés de 12 fleurs mâles espacées, dont chacune comprend 8 étamines entourées par un verticille de bractées *fig.* 184, *a*) ; les fleurs à pistil sont par 2 à 3 sur de petites branches dressées ; le fruit ou *gland* est entouré par une cupule hémisphérique *fig.* 185). Il existe de nombreuses espèces de Chênes. Le Chêne vert ou *Yeuse*, du Midi, conserve ses feuilles pendant l'hiver; il en est de même du Chêne-liège.

Le *Hêtre* (*fig.* 186), grand et bel arbre à l'écorce lisse, a des feuilles entières ou à peine dentées, d'un vert intense ; les fleurs mâles sont en chatons globuleux (*fig.* 186. *a*) ; les fruits ou *faînes* sont, par 2 à 3, enfermés dans une cupule hérissée s'ouvrant par 4 fentes. Le *Châtaignier* (*fig.* 187) est un grand arbre à feuilles dentées très allongées ; ses fruits sont des akènes, les *châtaignes*, groupées par trois, sous une cupule garnie d'épines aiguës et s'ouvrant par 4 fentes. Le *Coudrier noisetier* (*fig.* 188) est un arbrisseau à tige très ramifiée ; les fleurs apparaissent avant les feuilles, souvent dès la fin de janvier. Les fleurs mâles sont en chatons pendants très nombreux ; chacune d'elles comprend une écaille portant 8 étamines. Avec un peu d'attention on aperçoit, sur certaines branches, des bourgeons un peu plus gros que les autres et terminés par une sorte de houppe cramoisie (*fig.* 188. *b*) ; ces bourgeons sont formés de bractées entourant 2 ou 3 fleurs femelles dont chacune comprend un ovaire surmonté de 2 longs stigmates cramoisis. Le fruit ou *noisette* est un

Fig. 184. — *Chêne.*
(20 à 45 m.)
a, fleur mâle ; *b*, fleurs femelles : *c*, chatons de fleurs mâles.

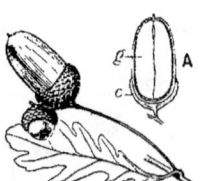

Fig. 185.
Gland du *Chêne.*
A, coupe :
g, graine ; *c*, cupule.

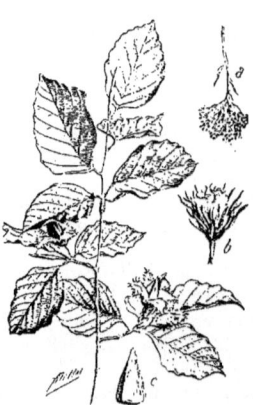

Fig. 186. — *Hêtre.* (10 à 35 m.)
a, chaton de fleurs mâles ; *b*, chaton de fleurs femelles ; *c*, akène.

DICOTYLÉDONES APÉTALES

akène, à enveloppe ligneuse, entouré par une cupule déchiquetée. Le *Charme* (*fig.* 189) est un arbre qui se laisse tailler et prend toutes sortes de formes dans les *charmilles*, ou allées de charmes. Les deux sortes de fleurs sont en chatons; elles apparaissent en même temps que les feuilles; la cupule du fruit ressemble à une feuille à 3 lobes.

❧ *Les* Cupulifères *sont caractérisées par une collerette de bractées persistantes, ou* cupule*, entourant le fruit. Il y en a cinq genres :* le *Chêne,* le *Hêtre,* le *Châtaignier,* le *Charme,* le *Coudrier noisetier.*

Fig. 187.
Châtaignier. (5 à 30 m.)
a, fleur mâle ; *b.* fleur femelle ;
c, fruit ; *d,* akène.

Fig. 188.
Coudrier noisetier. (4 à 7 m.)
a, chaton de fleurs mâles ; *b,* fleurs femelles ; *c,* fruit sans la cupule.

70. Usages des Cupulifères. — C'est surtout par leur bois que ces arbres sont importants; ils fournissent aussi beaucoup d'autres produits de grande utilité.

Pour *l'alimentation.* Les *châtaignes,* groupées par 3, sous une cupule épineuse, sont plates d'un côté, convexes de l'autre; par la culture on a obtenu certaines variétés n'ayant qu'un gros akène arrondi sous chaque cupule; on le nomme *marron.* La châtaigne est savoureuse, sucrée, riche en fécule; elle joue un certain rôle dans l'alimentation en Corse et dans le Plateau Central. Les *glands* sont amers et nourrissent les porcs; mais certains chênes verts de Grèce et d'Algérie fournissent des glands doux qu'on mange comme les châtaignes; torréfiés ils donnent une sorte de café. La *noisette* est comestible; on en fait des dragées sphériques; on en tire une huile alimentaire. L'huile de *faîne* est comestible et sert pour l'éclairage.

Le *bois.* Le chêne tient le premier rang par les qualités de son bois, dur, solide, résistant à l'humidité; il est bon pour le chauffage, la carbonisation, la charpente, la construction, l'ameublement. Le bois de hêtre est le meilleur pour le chauffage, la distillation; on en fait des meubles, des sabots. Le châtaignier pétille trop au feu; tenace et souple, il sert à faire des futailles, des cercles, des pieux pour palissades. Le charme, dur, très dense, est propre au chauffage, au charronnage, à la confection de vis de pressoir, des poulies. Du noisetier, souple et tendre, on fait des échalas, des cercles, des paniers.

Produits divers. L'écorce de chêne, riche en tanin, sert sous le nom de *tan.* On emploie beaucoup depuis quelques années, comme substance tannante et comme mordant en teinturerie, l'*extrait de châtaignier*.

Le Chêne-liège, de la région méditerranéenne, commence à être exploité vers quinze ans. Le premier liège est de qualité très médiocre; dix ans après, on enlève le liège reformé qui est excellent, et ainsi de suite tous les dix ans jusqu'à 150 ans environ. La récolte a lieu au printemps, à l'aide d'incisions divisant le liège en plaques qu'on enlève et dont les usages sont innombrables. Les *noix de galle* sont dues à la piqûre d'un *cynips* qui pond ses œufs dans les feuilles et les jeunes pousses d'un petit chêne d'Orient. Elles sont

Fig. 189. — *Charme.* (10 à 30 m.; fleur jaunâtre.)
a, fl. mâle; *b,* fl. femelle; *c,* fruit.

très riches en tanin et servent en teinturerie, en tannerie, à la fabrication de l'encre.

✿ *Les châtaignes jouent, en plusieurs régions, un grand rôle dans* l'alimentation *; les glands doux, les noisettes sont comestibles. Les Cupulifères sont importantes par leur bois, leurs matières* tannantes *; l'écorce du* Chêne-liège *a de multiples usages.*

71. Tribu des Bétulinées. — Ce sont des arbres monoïques à feuilles simples ; les fleurs à pistil sont en chatons comme les fleurs mâles ; le fruit n'a pas de cupule. Cette tribu comprend deux genres, le *Bouleau*, qui lui a donné son nom, et l'*Aune*.

Le *Bouleau blanc* (*fig.* 190) est reconnaissable à son écorce d'un blanc d'argent se détachant par lames minces, transversales ; ses jeunes pousses sont flexibles et pendantes : son feuillage, léger, très mobile. Les fleurs mâles, à 4 étamines, sont groupées en chatons terminant les branches ; les fleurs femelles, à un ovaire surmonté de 2 stigmates longs et fins, sont groupées à l'aisselle des feuilles, en chatons isolés qui, à la maturité, se transforment en épis fructifères. Le bois du Bouleau est léger, propre au chauffage, à la menuiserie grossière, au charronnage ; de ses jeunes pousses on fait des balais. Par distillation, son écorce fournit un goudron qui donne aux cuirs de Russie leur odeur agréable.

L'*Aune* (*fig.* 191) est un arbre du bord des eaux ; ses chatons femelles sont des sortes de cônes dont les écailles dures persistent après la chute des fruits. Le bois de l'Aune résiste à l'action de l'eau ; on en fait des pilotis et des conduites d'eau ; son charbon léger entre dans la fabrication de la poudre à tirer.

✿ *Les* Bétulinées *sont des arbres monoïques à feuilles* simples *; les deux sortes de fleurs sont groupées en chatons ; le fruit est sans cupule. Elles comprennent le* Bouleau, *arbre à l'écorce d'un blanc d'argent, et l'*Aune, *dont les fruits sont portés par des écailles rassemblées en un petit cône. On utilise leur bois.*

72. Tribu des Juglandées. — Elle comprend le genre *Noyer*. Notre Noyer commun (*fig.* 192) est un arbre monoïque à feuilles composées pennées, d'odeur forte. Les fleurs mâles sont en chatons pendants ; les fleurs à pistil sont groupées par 2 et 3 ; leur ovaire est adhérent, à une seule loge, surmontée d'un style court à deux branches. Le fruit (*fig.* 193) est une sorte de drupe s'ouvrant comme une capsule ; il présente

Fig. 192. — *Noyer.*
(10 à 25 m. ; fleur verdâtre.)
a, chaton mâle.

Fig. 190.
Bouleau blanc.
(10 à 25 m. ;
fleur verdâtre.)
a, branche avec
chatons femelles ;
b, fl. mâle ; c, fl.
femelle ; d, fruit.

Fig. 191.
Aune. (2 à 30 m. ; fl. verdâtre.)
Branche avec chatons mâles et cônes.
a, fleur femelle ; b, fleur mâle.

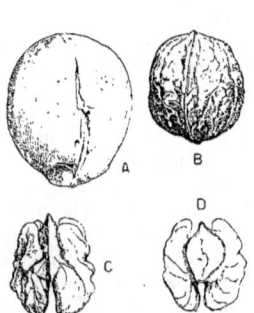

Fig. 193. — *Noix.*
A, fruit ; B, fruit dépouillé de son brou ; C, graine ; D, coupe de la graine.

une partie charnue ou *brou*, un noyau ou *coquille* pouvant s'ouvrir, et une seule graine à surface mamelonnée, divisée en 2 ou 4 lobes par des cloisons incomplètes partant du noyau ; elle est sans albumen ; les cotylédons sont charnus. Le bois du Noyer est très recherché par les ébénistes, les carrossiers ; on en fait des sabots, des crosses de fusil ; les *cerneaux* ou noix vertes sont employés par les confiseurs ; la graine de la noix est comestible : elle donne une huile qui sert pour l'alimentation, l'éclairage, la peinture, la fabrication des savons ; le brou de noix donne une matière brune pour teindre les bois.

La tribu des Juglandées *comprend le* Noyer. *C'est un arbre monoïque à feuilles composées ; son fruit est une drupe s'ouvrant comme une capsule. Son bois est recherché par les ébénistes ; sa graine est comestible et donne de l'huile.*

73. Tribu des Salicinées. — Ce sont des arbres ou des arbrisseaux dioïques à feuilles simples. Les fleurs sont nues, groupées en chatons ; le fruit est une capsule, à nombreuses petites graines entourées de longs poils soyeux. Les *Saules* (*fig.* 194) ont ordinairement des feuilles allongées et des chatons dressés, ovoïdes, apparaissant avant les feuilles. La fleur mâle comprend une écaille portant 2 à 5 étamines, et la fleur pistillée une écaille portant un ovaire à une loge ; les nombreuses espèces de ce genre aiment les lieux humides ; elles se multiplient aisément par bouture. Le Saule des vanniers, le Saule pourpre, et aussi le Saule fragile et le Saule blanc fournissent les branches flexibles, ou *osier*, employées par les vanniers. On cultive ces arbres en *têtards* ou en *oseraies* ; dans le premier cas on coupe leur sommet à 2 mètres de haut et on sectionne chaque année les branches adventives formées ; dans le second, on rase les saules à quelques décimètres du sol. Le Saule Marsault est une espèce commune ; ses rameaux, trop cassants, ne donnent pas d'osier, mais font des échalas. Le Saule de Babylone, ou Saule pleureur, est

Fig. 194.
Saules (fleur mâle, jaune ; fleur femelle, verte).

A. *Saule Marsault* (2 à 12 m.) : *a*, chaton mâle ; *b*, fleur mâle ; *c*, chaton femelle ; *d*, fleur femelle ; *e*, fruit ; *f*, graine ; B. *Saule des vanniers* (3 à 7 m.) ; C, *Saule pourpre* (1 à 4 m.).

l'ornement des parcs au bord des pièces d'eau, dans lesquelles se reflètent ses rameaux pendants ; on ne connaît en France que les individus à pistil. L'écorce des Saules est utilisée comme matière tannante ; on en tire un fébrifuge, amer, la *salicine*.

Les *Peupliers* (*fig.* 195 à 197) sont de grands arbres ; les fleurs mâles, groupées en chatons pendants, ont de nombreuses étamines ; les feuilles ont un pétiole aplati latéralement qui les rend très mobiles. On voit dans nos forêts le Peuplier noir (*fig.* 197), grand arbre à rameaux étalés, souvent envahis par des touffes de Gui. Le Peuplier pyramidal ou d'Italie, introduit en France en 1760, a les branches faibles dressées contre le tronc ; nous ne possédons que des pieds mâles. Le Peuplier Tremble (*fig.* 196), bel arbre à l'écorce lisse, a des feuilles d'une extrême mobilité. Tous ces arbres ont un port élégant ; ils ornent les parcs et les avenues ; leur croissance est rapide. De leur bois, blanc, léger, peu résistant, on fait des caisses d'emballage, du papier, du charbon pour la poudre à tirer.

Les Salicinées *sont des arbres dioïques à feuilles simples ; les deux sortes de fleurs sont en chatons. Le fruit est une capsule ; les*

Fig. 195. — *Peupliers suisses.* (Route de Paris à Granville.)

Fig. 196. — *Peuplier Tremble.*
(5 à 25 m.; fl. grisâtre.)
a, chaton mâle; *b*, fleur mâle;
c, chaton femelle; *d*, fleur femelle.

graines *portent des poils soyeux.* Les Saules *fournissent l'osier pour la* vannerie; *leur écorce est tannante; on en tire un remède, la* salicine. Les Peupliers *sont de grands arbres à feuilles mobiles; leur bois est léger et de peu de valeur.* (Voir ci-dessous le *Tableau-résumé de la classification des* DICOTYLÉDONES APÉTALES, *et*, p. 61, *le Tableau pour reconnaître les principaux* ARBRES DICOTYLÉDONES *à leurs feuilles.*)

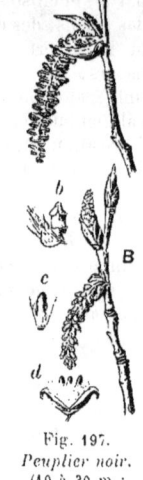

Fig. 197.
Peuplier noir.
(10 à 30 m.;
fleur rougeâtre.)
A, chatons mâles;
B, chatons femelles;
a, fleur mâle;
b, fleur femelle;
c, graine, *d*, fruit.

X. — TABLEAU-RÉSUMÉ DES DICOTYLÉDONES APÉTALES.

CARACTÈRES des FAMILLES.	FAMILLES.	CARACTÈRES DES TRIBUS.			TRIBUS.	EXEMPLES.
Herbes ou arbres. Fleurs unisexuées, à périanthe; non groupées en chaton.	URTICÉES	Sans latex				Ortie, Chanvre, Houblon, Orme.
		A latex				Figuier, Hévéa, Mûrier.
Arbres à fleurs unisexuées, sans périanthe. Fleurs mâles groupées en chatons.	AMENTACÉES	Monoïques	à feuilles simples.	Akène entouré d'une cupule.	Cupulifères.	Chêne, Hêtre, Châtaignier, Noisetier, Charme.
				Akène sans cupule.	Bétulinées.	Bouleau, Aune.
			à feuilles composées.		Juglandées.	Noyer.
		Dioïques; le fruit est une capsule.			Salicinées.	Saule, Peuplier.

DICOTYLÉDONES APÉTALES

XI. — TABLEAU POUR RECONNAITRE LES PRINCIPAUX ARBRES A LEURS FEUILLES (1).

FEUILLES COMPOSÉES
- *Opposées.*
  - 5 à 7 folioles palmées ; gros bourgeons bruns, résineux .... 1. *Marronnier d'Inde.*
  - Folioles pennées ; grand arbre à écorce grise, lisse ; bourgeons gros, à écailles noires .... 2. *Frêne.*
- *Alternes.* 2 épines à la base des feuilles, à folioles nombreuses ...... 3. *Robinier faux acacia.*

FEUILLES SIMPLES
- *Opposées, lobées, à nervation palmée.*
  - luisantes sur les 2 faces : 5 à 7 folioles très dentées .... 4. *Érable platane.*
  - blanchâtres en dessous : 5 folioles inégalement dentées .... 5. *Érable sycomore.*
  - 5 lobes arrondis .... 6. *Érable champêtre.*
- *Alternes.*
  - entières : bourgeons allongés en cigare ; écorce grise, lisse. 7. *Hêtre.*
  - lobées.
    - nervation pennée ; lobes arrondis, irréguliers ..... 8. *Chêne.*
    - nervation palmée ; velues en dessous .... 9. *Platane.*
  - dentées.
    - pétiole arrondi.
      - glandes rouges au sommet du pétiole (*Cerisier*, voir *Rosacées*, p. 28).
      - lancéolées ; longues de plus de 10 cm. ; dents recourbées.................. 10. *Châtaignier.*
      - pointues, longues ; à petites stipules vertes. 11. *Saules.*
      - en coin à la base, tronquées au sommet. . 12. *Aune.*
      - petites, en triangle, très mobiles ; à long pétiole .... 13. *Bouleau.*
    - pétiole aplati à la base, aplati en sens inverse au sommet.
      - feuilles ovales.
        - molles ; poils blancs en dessous à la bifurcation des nervures. 14. *Tilleul.*
        - doublement dentées, plissées aux nervures ; pétiole lisse . . 15. *Charme.*
        - doublement dentées ; pétiole velu .... 16. *Noisetier.*
        - rudes au toucher ; pétiole court. 17. *Orme.*
      - bourgeons visqueux.
        - écorce gercée en long ; feuilles finement et régulièrement dentées, sans poils.
          - branches étalées. 18. *Peuplier noir.*
          - branches dressées et petites. 19. *Peuplier pyramidal.*
        - feuilles grossièrement dentées, sans poils ; pétiole pourpre, double de la feuille .... 20. *Tremble.*
      - bourgeons non visqueux : feuilles grossièrement dentées, blanches en dessous au jeune âge ; pétiole moitié de la feuille . . 21. *Peuplier blanc.*

(1) Voir les Tableaux pour les arbres fruitiers de la famille des Rosacées (p. 28) et pour les Conifères (p. 86).

Fig. 198. — *Lin de la Nouvelle-Zélande.* (4 m.; fleur jaune.)

V. MONOCOTYLÉDONES

74. Généralités sur les Monocotylédones.
— L'embryon de leur graine n'a qu'un seul cotylédon. Les feuilles sont, le plus souvent, allongées, sans découpures et à nervation parallèle (*fig.* 6) ; la racine est fasciculée ; la fleur, du type 3. Les deux enveloppes florales sont ordinairement identiques. On nomme cependant *calice* les trois pièces formant le verticille le plus externe. Ces pièces protectrices peuvent être libres, soudées ou absentes.

✿ *Les* Monocotylédones *sont des Angiospermes ayant un cotylédon à l'embryon, les feuilles à nervation parallèle ; la fleur est du type 3. Le calice et la corolle sont ordinairement* identiques, *à pièces libres ou soudées.*

FAMILLE DES LILIACÉES

Types : *Lis, Asperge.*

75. Caractères généraux. — Les Liliacées sont des herbes vivaces grâce à un bulbe ou à un rhizome ; certaines espèces exotiques sont ligneuses. Les feuilles sont simples, entières ; les fleurs régulières ont un périanthe à 3 sépales colorés vivement comme les 3 pétales ; 6 étamines ; un ovaire libre d'adhérence avec les enveloppes florales ; il est à 3 loges, formées de 3 carpelles soudés ; la placentation est axile (*fig.* 199). Le fruit est une capsule ou une baie, ce qui a permis la division des Liliacées en deux tribus.

Fig. 199.
Diagramme de la fleur du Lis.

✿ *Les* Liliacées *sont des herbes vivaces. Leurs fleurs régulières ont 3 sépales et 3 pétales*

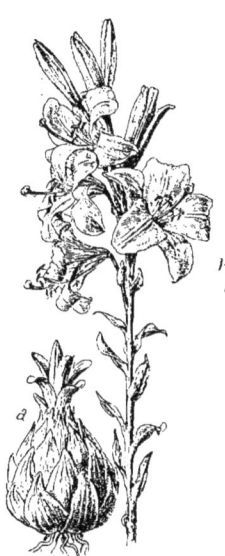

Fig. 200. — *Lis blanc.* (1 m. 30; fleur blanche.) *a*, bulbe.

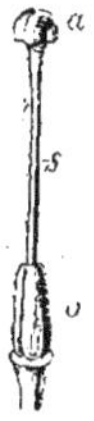

Fig. 201. *Pistil* du Lis. *a*, stigmate ; *s*, style ; *o*, ovaire.

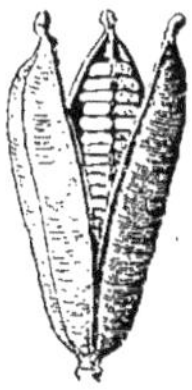

Fig. 202. *Capsule* du Lis. s'ouvrant par 3 fentes.

de nuances vives, 6 étamines et un ovaire libre à 3 loges, donnant une capsule ou une baie.

76. **Liliacées à capsules.** — La fleur du *Lis blanc* (*fig.* 200) des jardins est d'une étude facile en raison de sa grande taille : elle comprend 3 sépales blancs (*fig.* 199), un peu verdâtres vers l'extérieur, 3 pétales blancs, 6 étamines sur 2 verticilles. En coupant l'ovaire en travers, on voit ses 3 loges ; il est surmonté d'un style et d'un stigmate à 3 sillons (*fig.* 201). La capsule s'ouvre par 3 fentes longitudinales au milieu de la paroi des loges (*fig.* 202). Le bulbe du Lis est gros, à écailles charnues, très visibles, se recouvrant partiellement : c'est un bulbe *écailleux ;* il en part une tige distincte portant les feuilles (*fig.* 200, *a*).

La *Tulipe*, l'*Ail* (*fig.* 203, A) ont, comme le Lis, les sépales et les pétales libres. Toutes les espèces du genre Ail (*Oignon, Échalote, Poireau*, etc.) renferment une essence sulfurée, ou *essence d'ail*, à laquelle elles doivent leurs propriétés irritantes. Les écailles de leurs bulbes se recouvrent complètement, ce sont des bulbes *tuniqués* (*fig.* 204, *b*) ; ils produisent parfois des bulbes latéraux ou *caïeux* (gousses d'ail). Les fleurs sont groupées en ombelle

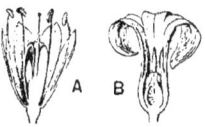

Fig. 203. A, coupe de la fleur de l'*Ail des bois* ; B, coupe de la fleur de *Jacinthe*.

simple, terminale, enfermée, avant l'épanouissement, dans une spathe commune. Chez les *Jacinthes* (*fig.* 203, B), les sépales et les pétales sont soudés à leur base en un tube sur lequel s'attachent les étamines ; toutes les feuilles partent du bulbe. Le *Yucca* (*fig.* 205) et l'*Aloès* (*fig.* 206) sont des espèces étrangères, ligneuses, à feuilles épaisses.

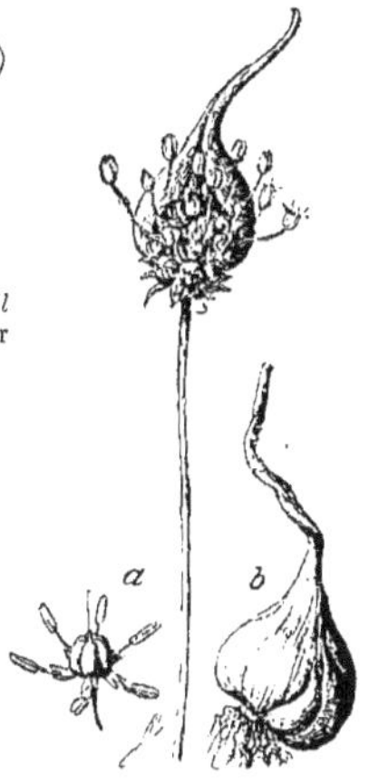

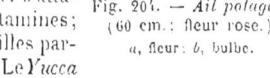

Fig. 204. — *Ail potager.* (60 cm. : fleur rose.) *a*, fleur ; *b*, bulbe.

Le *Colchique d'automne* (*fig.* 207) diffère des espèces précédentes par 3 styles libres, et par sa capsule dont les fentes suivent les cloisons, et non le milieu des loges. C'est une herbe vivace n'ayant jamais en même temps de feuilles et de fleurs. En septembre, dans les prés, ses grandes fleurs semblent sortir directement du sol et sont comme piquées dans l'herbe. Elles partent d'un bulbe profondément enterré, à écailles très réduites, ou bulbe *plein*. A la fin d'octobre, les fleurs se flé-

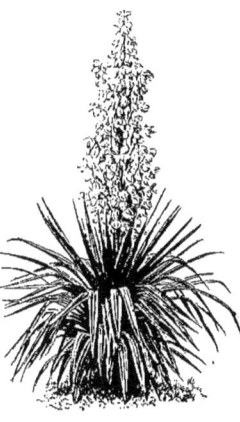

Fig. 205. — *Yucca.* (2 à 5 m. ; fleur blanc verdâtre.)

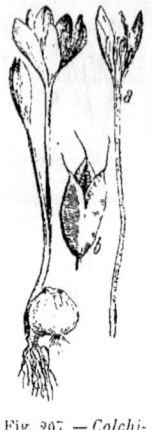
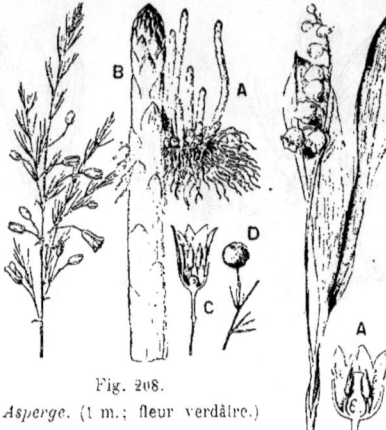

Fig. 206.
Aloès vulgaire.
(1 m. 50 à 2 m.; fleur rouge.)
a, fleur; *b*, coupe de la fleur.

Fig. 207. — *Colchique d'automne.*
(15 cm.: fleur lilas. Bulbe avec deux fleurs.)
a, coupe de la fleur; *b*, capsule.

Fig. 208.
Asperge. (1 m.; fleur verdâtre.)
A. griffe, ou rhizome;
B. tige comestible; C, fleur mâle;
D. fruit.

Fig. 209. - *Muguet.*
(20 cm; fl. blanche.)
A, coupe de la fleur.

trissent; les fruits mûrissent sous terre et sortent au printemps, entourés d'une rosette de grandes feuilles. C'est une plante vénéneuse par toutes ses parties.

✼ *Les Liliacées à capsules ont les enveloppes florales à pièces libres, comme le Lis, la Tulipe, l'Ail, ou soudées, comme la Jacinthe; leur fruit s'ouvre par 3 fentes longitudinales au milieu des loges. Chez le Colchique d'automne, les 3 fentes sont voisines des cloisons. Le bulbe des Liliacées est plein chez le Colchique, écailleux chez le Lis, tuniqué chez l'Oignon.*

77. Liliacées à baies. — L'*Asperge fig.* 208) est une plante dioïque, vivace à l'aide d'un rhizome, ou *griffe*, émettant des tiges aériennes que l'on coupe avant leur sortie de terre et qui sont alors comestibles. Si on les laisse pousser, elles deviennent fort ramifiées.

Les feuilles, très réduites, sont remplacées par des tiges vertes en aiguille, prises à tort pour les feuilles. Les fleurs sont petites, d'un blanc verdâtre; le fruit est une petite baie rouge.

Le *Muguet* (*fig.* 209) et le *Sceau de Salomon*, plantes très communes dans les bois frais, sont du même groupe. Le *Dracœna* ou *Dragonnier*, plante ligneuse des pays chauds, ressemble un peu aux Palmiers : il peut acquérir avec l'âge des dimensions énormes.

✼ *Nos principales Liliacées à baies sont l'Asperge, le Muguet, le Sceau de Salomon. Dans les pays chauds croît le Dracœna, qui ressemble à un Palmier.*

78. Usages des Liliacées. — Quelques-unes sont alimentaires, la plupart ornementales.

Pour l'*alimentation*. Les bulbes de l'Ail *fig.* 204, de l'Oignon *fig.* 210, de l'Échalote, de la Ciboule sont employés comme condiments, et le Poireau comme légume. Les jeunes pousses de l'Asperge sont un légume estimé.

Usages divers. Le *Phormium*, ou Lin de la Nouvelle-Zélande *fig.* 198, est cultivé aujourd'hui dans nombre de colonies anglaises ; ses feuilles étroites, longues de 1 à 2 mètres, on retire une filasse servant à faire des cordages et des tissus. Les feuilles épaisses de l'Aloès *fig.* 206, plante d'Afrique, fournissent aussi des fibres textiles et un latex amer, purgatif, l'*aloès*.

MONOCOTYLÉDONES

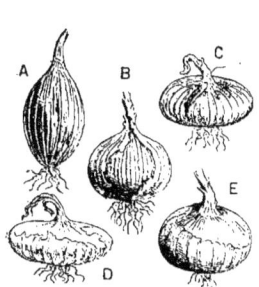

Fig. 210. — *Oignons* :
A, piriforme rouge ; B, géant ;
C, jaune paille ; D, blanc, d'Italie ;
E, rouge pâle ordinaire.

Fig. 211.
Narcisse blanc des poètes.
(30 cm. : fleur blanche.)
a, coupe de la fleur ; *b*, bulbe.

En *horticulture*. Les Liliacées sont extrêmement importantes en horticulture. Les Tulipes nous viennent d'Orient : leur culture fit fureur en Hollande au XVIIe siècle ; on cultive pour leurs fleurs les Lis, extrêmement variés comme coloris et comme formes, la Fritillaire couronne impériale, les Jacinthes, les Scilles, le Muguet (*fig.* 209) ; pour leurs feuilles, les Aspidistras ; pour leur port, les Yuccas, les Aloès.

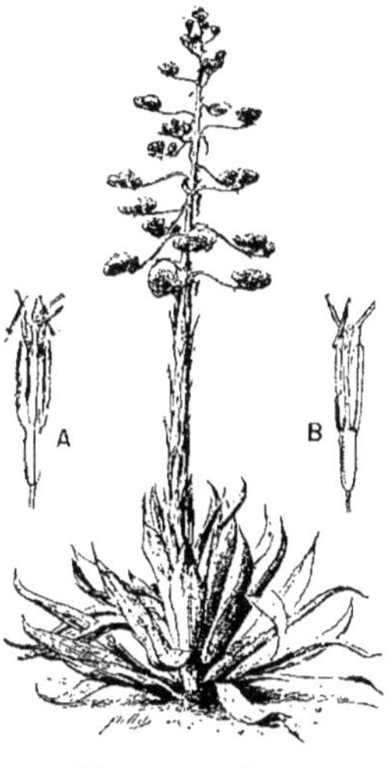

✽ *L'Ail, l'Oignon, l'Échalote, le Poireau, les jeunes pousses de l'Asperge sont comestibles ; le Phormium et l'Aloès sont textiles. Les Liliacées sont importantes en horticulture.*

79. Famille voisine : Amaryllidées. — Ce sont des Liliacées à ovaire adhérent ; celles de nos pays sont bulbeuses : tels sont la *Perce-neige*, qui épanouit sa fleur blanche dès le mois de février, et les *Narcisses* (*fig.* 211).

Le Narcisse commun, ou *Narcisse jaune*, a le périanthe soudé en un entonnoir étroit terminé par 6 divisions libres étalées, d'un jaune pâle et portant à la gorge une couronne, ou godet, d'un jaune plus foncé. Les *Agaves* (*fig.* 212) sont des plantes américaines à rhizome, à grandes feuilles charnues et dentées atteignant 2 mètres de long et un poids considérable ; elles sont terminées par des épines, dures, dangereuses. L'Agave ne fleurit qu'une fois, vers l'âge de 15 à 20 ans, et meurt après la floraison.

Toutes les Amaryllidées sont utilisées dans les jardins. Les feuilles de l'Agave donnent une filasse dont on fait des filets, des nattes, des toiles d'emballage. Pour cet usage, on arrache à chaque plante environ 30 feuilles par an sans qu'elle périsse. La moelle de la tige d'Agave peut remplacer le liège. Les Mexicains aspirent la sève de cette plante à l'aide d'une sorte de siphon dans une cavité préparée par eux (*fig.* 213) ; ils la font fermenter et en tirent une boisson alcoolique, le *pulque*. Les Agaves, plantes défensives, forment des haies impénétrables.

✽ *Les Amaryllidées sont des Liliacées à ovaire adhérent. La Perce-neige et les Narcisses sont des plantes ornementales. Les Agaves, originaires d'Amérique, forment des haies impénétrables, fournissent de la filasse, et un liquide alcoolique, le pulque.*

FAMILLE DES IRIDÉES

Type : *Iris*.

80. Caractères ; genres principaux ; usages. — Ce sont des Liliacées à 3 étamines et à ovaire adhérent ; elles sont vivaces par un tubercule ou par un bulbe. L'*Iris* (*fig.* 214) possède un gros rhizome horizontal ramifié, très envahissant ; il en part des touffes de feuilles étroites, en lames de sabre, du milieu

Fig. 212. — *Agave.*
(8 à 9 m. : fleur jaunâtre.)
A, fleur ; B, coupe de la fleur.

Fig. 213.
Indien recueillant la *sève* de l'*Agave*.

Fig. 214.
Iris d'Allemagne. (80 cm.; fleur violette.)

Fig. 215.
Diagramme de la fleur d'Iris.

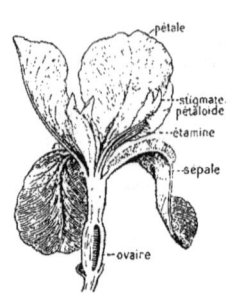

Fig. 216. — Coupe longitudinale de la *fleur* d'Iris.

Fig. 217.
Capsule d'Iris ouverte.

desquelles s'élèvera plus tard la hampe florale. Le calice comprend 3 grands sépales colorés réfléchis, pourvus d'une bande de papilles veloutées au milieu de leur face externe, sous les anthères (*fig.* 215, 216); 3 pétales dressés, 3 étamines à anthères s'ouvrant *vers l'extérieur* de la fleur; un ovaire à 3 loges, surmonté d'un style et de 3 stigmates étalés comme des pétales. Le fruit est une capsule, s'ouvrant par 3 fentes au milieu des loges (*fig.* 217).

Les *Crocus* ont un bulbe plein comme les Colchiques; les *Glaïeuls* (*fig.* 218) ont une fleur irrégulière. Iris, Crocus et Glaïeuls sont ornementaux. Le *Safran* (*fig.* 219) est un Crocus fleurissant à la fin de l'été. La récolte se fait le matin, à mesure de l'épanouissement; elle consiste à séparer les stigmates jaune orangé du reste de la fleur; on les fait sécher. On les utilise comme condiments, dans divers produits pharmaceutiques, pour colorer des mets et des liqueurs; mais ils n'ont plus d'emploi en teinture.

Le rhizome de l'Iris d'Allemagne (*fig.* 214)

des jardins acquiert en se desséchant une odeur de violette persistante ; on l'emploie à la campagne pour parfumer le linge. En Italie, on cultive l'Iris de Florence, à fleurs blanches, pour obtenir l'*essence d'iris*. Aujourd'hui on prépare artificiellement le principe odorant de l'essence d'iris, et la culture de cette plante en Italie est menacée.

✿ *Les Iridées sont des Liliacées à 3 étamines et à ovaire* adhérent : *les anthères s'ouvrent vers l'extérieur de la fleur. Les Iris, les Crocus, les Glaïeuls sont* ornementaux ; *le Safran est un Crocus dont on utilise les stigmates ; le rhizome de l'Iris fournit une essence odorante.*

81. Ananas, Bananier, Ravenala. — Ces trois plantes appartiennent à des familles voisines de celle des Iridées. L'*Ananas* (*fig.* 220), originaire d'Amérique, est cultivé aujourd'hui dans tous les pays chauds ; il ne porte qu'un fruit par pied. Ce fruit, qui pèse 2 kilogrammes et plus, est composé de toutes les baies provenant de l'épi floral, de l'axe de l'inflorescence et des bractées, de-

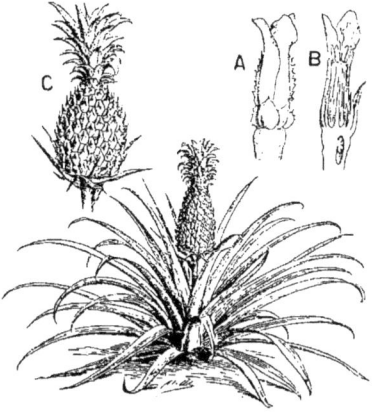

Fig. 220. — *Ananas.* (1 m. 50 ; fleur violacée.)
A, fleur ; B, coupe de la fleur ; C, fruit.

venus charnus et intimement soudés : un bouquet de feuilles piquantes le termine. Les feuilles fournissent des fibres textiles dont, aux Philippines, on fait des toiles fines et solides.

Le *Bananier* (*fig.* 221) est cultivé aux Antilles, dans l'Amérique tropicale, en Guinée française. Son tronc herbacé se termine par une couronne de feuilles longues de 2 à 3 mètres, larges de 0ᵐ,60. La tige porte un épi terminal ou *régime* de fleurs, long de plus d'un mètre ; les fleurs inférieures seulement sont fertiles et donnent des fruits, ou *bananes*. Un régime de bananes contient de 160 à 180 fruits et pèse de 30 à 40 kilogrammes (*fig.* 221, *b*). Les bananes vertes sont très riches en amidon, qu'on retire après dessiccation ; mûres, elles sont jaunes, et riches en sucre. Les feuilles et la tige de certaines espèces fournissent, aux Philippines, des fibres textiles estimées : c'est le *chanvre de Manille* ou *abaca* ; on en fait un papier excellent.

Le *Ravenala* de Madagascar a le port d'un Palmier. Son stipe se termine par un bouquet de grandes feuilles en éventail ; elles sont longues de 3 à 4 mètres avec un mètre de large. Leurs gaines, emboîtées les unes dans les autres, forment une sorte de réservoir,

Fig. 218. — *Glaïeuls* :
a. commun (50 cm.) ;
b, de Gand (1 m. 30).

Fig. 219. — *Safran.*
(20 cm. ; fl. violette.)
a. stigmate.

toujours rempli d'une eau fraîche, d'où le nom d'*Arbre du voyageur*. On prétend, en effet, que cette eau est très utile au voyageur altéré ; c'est une légende, car le Ravenala croît dans les lieux humides.

❋ *L'Ananas et le Bananier sont utiles par leurs fruits ; la banane surtout est très riche en matières nutritives. Leurs feuilles fournissent des fibres textiles. Le Ravenala, ou Arbre du voyageur, est une plante curieuse de Madagascar.*

FAMILLE DES ORCHIDÉES
Type : *Orchis tacheté.*

82. Caractères généraux. — Les Orchidées forment une famille homogène à caractères nettement tranchés. Ce sont des herbes vivaces par un tubercule ou par un rhizome ; les feuilles sont alternes, entières, à fines nervures parallèles. Les fleurs, groupées en grappes ou en épis, sont irrégulières. Le

Fig. 221.
Bananier. (3 à 8 m. ; bractées roses ou violacées.)
a, fleur ; *b*, régime.

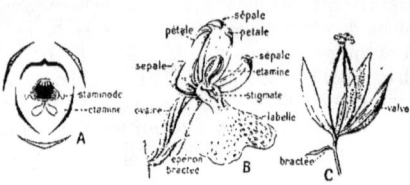

Fig. 222.
A. Diagramme d'une fleur d'Orchidée ;
B, ensemble d'une *fleur* ; C, mode d'ouverture du *fruit.*

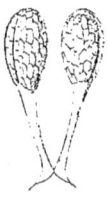

Fig. 223.
Pollinies d'une Orchidée.

calice est à 3 sépales colorés dont un dressé ; la corolle, à 3 pétales inégaux dont deux latéraux et un troisième pendant, le *labelle*, de forme variée *fig.* 222. B). Il n'y a qu'une seule étamine ; elle est soudée avec le stigmate. Chacune des deux loges de l'unique anthère renferme une masse de pollen, non en poussière comme chez les autres plantes, mais agglomérée en une boule, ou *pollinie*, que porte un pédicelle terminé à sa base par un disque visqueux (*fig.* 223). L'ovaire est adhérent, allongé, à 3 carpelles formant une seule loge ; il ne faut pas le prendre pour le pédoncule de la fleur *fig.* 222. B). Le fruit est une capsule s'ouvrant par 6 fentes en long (*fig.* 222, C) pour laisser sortir des milliers de graines aussi menues que de la fine sciure de bois.

Les Orchidées sont remarquables par la beauté et l'étrangeté de leurs fleurs. Celles de nos pays sont terrestres ; celles des pays chauds, les plus nombreuses et les plus belles, sont *épiphytes* (*fig.* 227) pour la plupart, c'est-à-dire vivent fixées sur une branche à laquelle elles n'empruntent rien, se nourrissant par des racines adventives qui pendent dans l'air et absorbent les gaz et la vapeur d'eau.

❋ *Les Orchidées sont des herbes vivaces, à fleurs irrégulières, à 3 sépales, 3 pétales dont un pendant, le labelle, très variable ; une seule étamine, à pollen groupé en deux masses pédicellées, ou pollinies ; un ovaire adhé-*

MONOCOTYLÉDONES

Fig. 224.
Tubercules digités
d'Orchis moucheron.

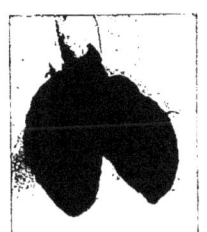

Fig. 225.
Tubercules arrondis
d'Orchis pourpre.

Phot. de M. F. Faideau.
Fig. 226. — *Ophrys frelon.* (40 cm. ; fleur rose.)

rent à une loge; le fruit est une capsule. Leur pollinisation a lieu par les insectes. Elles sont terrestres *dans nos climats*, épiphytes *dans les pays chauds*.

83. Principaux genres. — Nous ne nous occuperons que de nos Orchidées indigènes. L'*Orchis tacheté* (*fig.* 228) a les racines renflées à la base en deux tubercules digités, semblables à deux mains : l'un, noir, vide et ridé, a employé ses réserves à former la tige et les fleurs ; l'autre, blanc et gorgé de nourriture (*fig.* 224), passera l'hiver sous la terre et il en partira un bourgeon qui, au printemps, percera le sol. Les feuilles sont souvent marquées de taches violacées ; les fleurs ont un labelle plat à 3 lobes ; l'ovaire est tordu sur luimême. D'autres Orchis ont des tubercules arrondis parce qu'il y a soudure complète des racines adventives qui les forment (*fig.* 225).

C'est le labelle qui, par les variations de sa couleur et de sa forme, donne à chaque Orchidée son allure spéciale. Chez les *Cypripèdes* il se contourne en un mignon sabot ; chez les *Ophrys* il est épais, velouté et ressemble à un insecte, d'où les noms de nos espèces indigènes : Ophrys mouche, O. araignée, O. frelon (*fig.* 226), O. abeille.

La *Néottie nid d'oiseau* habite les parties sombres des bois ; elle n'a pas de chlorophylle. Ses racines sont courtes, charnues, enchevêtrées au possible, rappelant la disposition des matériaux qui forment un nid d'oiseau ; c'est une plante *saprophyte*, c'est-

Fig. 227. — *Angræcum*, Orchidée **épiphyte**.

BOTANIQUE ÉLÉMENTAIRE

Fig. 228.
Orchis tacheté.
(60 cm.; fleur lilas ou blanche.)
a, fleur.

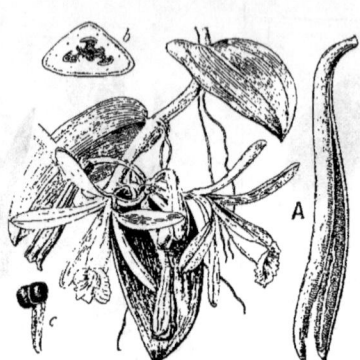

Fig. 229. — *Vanillier.* (Haut. var.; fl. vert pâle.)
a, gousse: b, coupe de la gousse;
c, deux graines.

à-dire vivant de l'*humus*, ensemble des matières végétales en décomposition.

❊ *Nos principales Orchidées indigènes sont : les Orchis, aux tubercules digités ou arrondis; le Cypripède ou Sabot de Vénus; les Ophrys, dont les fleurs rappellent différents insectes; la Néottie nid d'oiseau, plante saprophyte, sans chlorophylle, à racines courtes et très enchevêtrées.*

84. Usages des Orchidées. — Nos espèces indigènes se cultivent très difficilement ; au contraire, les Orchidées épiphytes s'obtiennent admirablement aujourd'hui en serre tempérée. Leurs fleurs très grandes, souvent odorantes, sont l'objet d'un véritable engouement. Les tubercules d'Orchis renferment une fécule nutritive qu'on extrait en Perse, et qui constitue le *salep*.

Les *Vanilliers* (*fig.* 229) grimpent à l'aide de racines aériennes, véritables vrilles qui les fixent au support. Ce sont des plantes du Mexique, introduites dans l'Inde, à Java, à Maurice ; leur culture est particulièrement importante à la Réunion. Au Mexique la pollinisation des fleurs des Vanilliers a lieu par les insectes ; mais dans les autres pays ces insectes manquent et, sans l'intervention de l'homme, les fleurs ne porteraient pas de fruits: on pollinise à la main 3 à 6 fleurs par grappe pour ne pas fatiguer la plante. Le fruit est une gousse allongée, sans odeur, même à maturité ; son parfum incomparable se développe sous l'influence de la fermentation ; il brunit et se couvre de petits cristaux blancs contenant la *vanilline*, principe odorant. On emploie la vanille en parfumerie et aussi pour aromatiser certains desserts.

❊ *Les Orchidées exotiques cultivées en serre sont très recherchées pour l'ornementation. Les tubercules des Orchis renferment une matière féculente, le salep. La gousse du Vanillier possède un parfum exquis; on l'emploie pour aromatiser les mets.*

FAMILLE DES PALMIERS
Type : *Dattier.*

85. Caractères généraux. — Les Palmiers sont des arbres des pays chauds ; leur tige ou *stipe*, haute et mince (*fig.* 232), se termine par un bouquet de feuilles, parfois gigantesques ; elle est très rarement ramifiée ; les bourgeons axillaires ne donnent pas de branches, mais des fleurs. Les feuilles, dans leur jeune âge, sont entières et plissées ; elles se déchirent plus tard suivant les arêtes des plis et prennent l'apparence de feuilles composées pennées (*fig.* 232) ou palmées (*fig.* 236). De jeunes feuilles se développent constamment au milieu, tandis que les plus externes tombent, sauf la base du pétiole qui forme des rugosités sur le stipe.

Fig. 230.
Diagramme d'une fleur complète de Palmier.

Les fleurs, petites, nombreuses, jaunâtres ou verdâtres, sont groupées en une sorte de grappe nommée *régime*, et entourées ordinairement d'une grande bractée, ou *spathe*, en forme

MONOCOTYLÉDONES

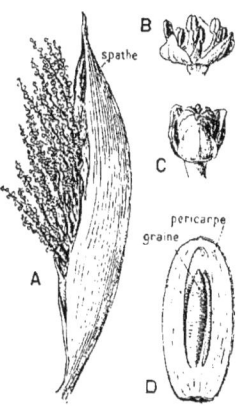

Fig. 231.
A, *Régime* de fleurs femelles de Dattier; B, fleur *mâle* de Chamærops; C, fl. *femelle* de Chamærops; D, coupe d'une *datte*.

Fig. 232. — *Dattiers* dans les dunes de l'Oasis de Gabès.

de nacelle (*fig.* 231, A). Elles sont complètes (*fig.* 230) ou unisexuées, chacune comprenant un calice à 3 sépales libres, très petits; une corolle à 3 pétales; 6 étamines et un pistil à 3 carpelles, renfermant chacun un seul ovule (*fig.* 231, B, C). Le fruit est charnu, à une seule graine, 2 des ovules ne se développant pas; c'est une baie ou une drupe.

❧ *Les Palmiers sont des arbres des pays chauds. La tige, rugueuse, cylindrique, non ramifiée, ou stipe, se termine par une couronne de feuilles. Les fleurs, petites et nombreuses, sont en grappes nommées régimes; elles sont du type 3 avec 6 étamines. Le fruit est une baie ou une drupe, et ne contient qu'une graine.*

86. Principaux genres. — Le *Dattier* (*fig.* 232) est un Palmier dioïque du nord de l'Afrique. Dans une plantation de dattiers, au milieu des arbres portant les fleurs à pistil, les Arabes conservent toujours un petit nombre de dattiers mâles à l'aide desquels ils assurent la fructification. Dès que les arbres fleurissent, en avril, ils coupent les régimes des fleurs mâles et, en s'aidant des écailles du stipe, montent au sommet des arbres à pistil et en saupoudrent les fleurs de pollen. La pollinisation par l'homme est aussi pratiquée, comme nous l'avons vu, pour le Vanillier (84). Les fruits, ou *dattes*, sont mûrs en novembre; un arbre en plein rapport donne chaque année une dizaine de régimes pesant 6 à 8 kilogrammes. La datte est une baie dont la partie dure, que l'on prend pour un noyau, est la graine elle-même (*fig.* 231, D).

Le *Cocotier* (*fig.* 233) vit au voisinage de la mer dans tous les pays tropicaux. Son stipe mince se couronne de grandes feuilles pennées. Son fruit est une grosse drupe coriace dont l'épais noyau, ou *noix de coco*, est entouré par une substance fibreuse. A l'intérieur est la graine ou amande; son volumineux albumen, blanc, charnu, comestible, est creusé en son centre, avant la complète maturité, d'une cavité remplie d'un liquide

Fig. 233. — *Cocotiers* dans les Îles Gilbert (Océanie).

laiteux ou *lait de coco*, représentant l'albumen non encore solidifié (*fig.* 234).

Les *Rotangs* ou *Rotins* (*fig.* 237) sont des Palmiers grimpants de l'Asie orientale ; leurs tiges, garnies de fortes épines qui leur permettent de s'accrocher, peuvent atteindre 500 mètres de long. Ce sont des lianes, grosses parfois comme des câbles ; elles courent sur le sol ou relient les arbres entre eux.

✽ Le *Dattier* est un *arbre dioïque cultivé dans le nord de l'Afrique ; son fruit*, ou datte, *est une baie à graine dure. Le* Cocotier *vit au bord de la mer dans tous les pays chauds ; son fruit, la* noix de coco, *est une* drupe. *Les* Rotangs *grimpent ; leur tige épineuse atteint 500 mètres de long.*

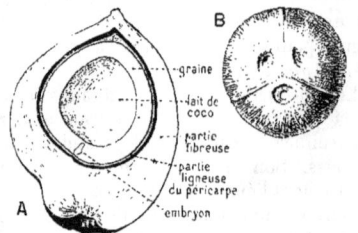

Fig. 234.

A, coupe d'une *noix de coco*; B, noix de coco vue en dessous et montrant les trois cavités correspondant aux carpelles.

87. Usages des Palmiers. — L'importance des Palmiers est immense pour les habitants des régions chaudes du globe ; ils peuvent suffire à tous les besoins de la vie de populations peu exigeantes. On en tire aussi des produits utilisés en Europe. En Provence, le *Palmier nain* ou *Chamærops* (*fig.* 236) vit en pleine terre.

Dans les pays où croissent les Palmiers,

MONOCOTYLÉDONES

Fig. 235. — La fabrication du *sagou* en Nouvelle-Guinée (Océanie).

on construit, avec leur bois dur, des habitations, des meubles, des canots, des ustensiles; leurs feuilles servent à faire des toitures, des paniers; on en retire des fibres résistantes; leurs fruits forment la base de la nourriture. Le bourgeon terminal, ou *chou palmiste*, de diverses espèces est un excellent légume; mais sa section tue l'arbre. La moelle de la tige du *Sagoutier*, des Moluques, fournit le *sagou*, substance farineuse comestible. On fend la tige en plusieurs morceaux (*fig.* 235), on enlève la moelle qu'on sépare des fibres ligneuses, on la râpe, on l'agite dans l'eau et la fécule se dépose. De la sève sucrée de plusieurs espèces on retire du sucre ou, par fermentation, une boisson alcoolique pétillante, le *vin de palme*, dont l'aigrissement donne un vinaigre et dont la distillation donne de l'alcool.

Le Dattier est l'arbre nourricier du désert; il lui faut à la fois beaucoup de chaleur et d'humidité. Tous les puits artésiens creusés dans le sud de l'Algérie deviennent les centres d'oasis où prospèrent

Fig. 236. — *Chamærops humble* ou *Palmier nain*. (2 à 8 m.)
a, fleur mâle ; *b*, fleur femelle.

Fig. 237. — *Rotang*.
(Jusqu'à 300 m.)

Fig. 238. — Préparation de l'*huile de palme*, au Dahomey.

les Dattiers (*fig.* 232), qui sont par eux-mêmes une richesse, et dont l'ombre permet la culture d'autres plantes. Le Dattier est cultivé aussi en Tunisie, en Égypte, à Elche (Espagne). Les dattes, base de la nourriture des Arabes du Sud, font l'objet d'un commerce important et nous fournissent un dessert estimé.

Le Cocotier est l'arbre aux cent usages. La fibre qui entoure la noix de coco fournit des cordes, des paillassons. Son amande est comestible, et le lait de coco est une boisson agréable. L'amande desséchée ou *coprah* donne l'huile, ou *beurre de coco*, utilisée pour l'éclairage, la fabrication des savons, la falsification du beurre et du lait. Le *Palmier à huile*, de Guinée et du Sénégal, produit 2 ou 3 grappes de chacune 1 000 à 1 500 fruits, qui sont des drupes jaune d'or, grosses comme une olive. Leur chair donne une huile jaune, odorante, l'*huile de palme* (*fig.* 238), objet d'un grand commerce pour la fabrication des savons, des bougies, des graisses à machines, etc. Les feuilles du *Raphia* fournissent des liens résistants, employés surtout par les jardiniers. Certains Palmiers de l'Amérique du Sud laissent exsuder une *cire* utilisée. L'*Arbre à ivoire* du Pérou a des graines grosses comme de petites pommes et dont l'albumen, dur et d'un blanc opaque, se taille, se polit comme l'ivoire; c'est l'*ivoire végétal* ou *corozo*. Des Rotangs ou Rotins on fait des cannes nommées *joncs*, des paniers.

❃ *Des Palmiers, les habitants des pays chauds tirent leur bois de construction, leurs ustensiles, leurs vêtements, leur nourriture. Le Dattier, le Cocotier sont les plus importants; leurs usages sont variés. La noix de coco, le fruit du Palmier à huile fournissent des huiles industrielles; on peut citer aussi le Sagoutier, le Raphia, le Palmier à cire, l'Arbre à ivoire, le Rotang.*

FAMILLE DES GRAMINÉES

Type : *Avoine*.

88. Caractères généraux. — Les Graminées forment une des plus importantes familles végétales: elles fournissent à l'homme et aux herbivores leur principale nourriture. Ce sont ordinairement des herbes à tige souterraine d'où s'échappent à chaque nœud un paquet de racines et une tige aérienne, nommée *chaume* ou *paille* (*fig.* 240); elle est cylindrique, creuse, avec des cloisons à la hauteur des nœuds. Les feuilles sont alternes, sans pétiole, avec une longue gaine entourant la tige, et fendue du côté opposé au limbe; celui-ci présente sur sa face supérieure à sa jonction avec la gaine une stipule, ou *ligule*.

Les fleurs sont toujours groupées en petits épis ou *épillets*, réunis eux-mêmes en épis ou en grappes. Chaque épillet (*fig.* 239) porte à sa base 2 bractées ou *glumes*. Chaque fleur

MONOCOTYLÉDONES

comprend 2 petites écailles, ou *glumelles*, tenant lieu de calice. 2 écailles très petites, ou *glumellules*, tenant lieu de corolle, et 3 étamines à long filet, à anthères en forme d'X allongé, pendantes à la maturité. L'ovaire est libre, à un seul ovule, surmonté de deux stigmates plumeux (*fig.*241, c). Le fruit est un akène dont le péricarpe est soudé intimement à la graine ; on le nomme *caryopse* ; vulgairement c'est un *grain de blé*, un *grain d'avoine*, etc. La graine renferme un albumen très abondant, le plus souvent farineux.

Fig. 239. Schéma d'un épillet de Blé.

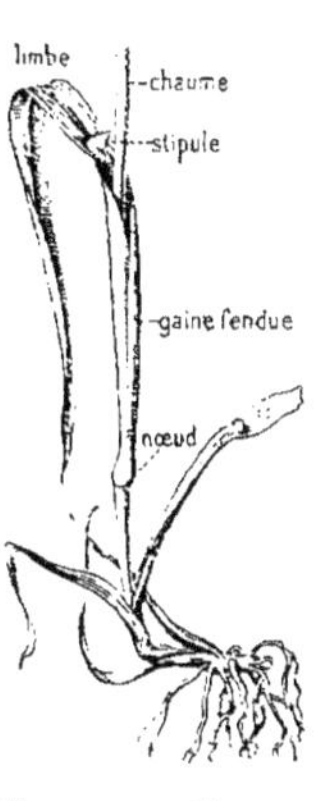

Fig. 240. — *Chaume et feuille du Blé.*

※ *Les* Graminées *sont des herbes dont la tige est un* chaume ; *les feuilles sont alternes, à longue gaine fendue du côté opposé au limbe, à fleurs groupées en* épillets, *portant à la base 2 bractées ou* glumes. *Chaque fleur comprend 2* glumelles, 2 glumellules, 3 étamines, un ovaire libre à un seul ovule, surmonté de 2 stigmates plumeux ; le fruit est un* caryopse.

89. Principaux genres.

— L'examen de quelques genres va nous montrer les exceptions aux caractères indiqués ci-dessus.

L'*Avoine* (*fig.* 241. B) a les fleurs groupées en grappes d'épillets à longs pédoncules. Chaque épillet comprend 2 fleurs, dont l'une, incomplètement développée, est stérile : les deux glumes qui l'entourent ont de 3 à 5 centimètres de long et forment la *bale*. La glumelle inférieure porte sur son dos une longue arête ou *barbe*. Les épillets du *Blé* (*fig.* 241. A) sont groupés en épi terminal ; ils sont fixés alternativement de côté et d'autre

Fig. 241.

A, *Blé* épi : *a*, épillet : *b*, fleur isolée ; *c*, fleur dépouillée des glumelles ; *d*, graine ; *e*, coupe de la graine ; B. *Avoine* grappe d'épillets ; *f*, épillet.

d'un axe flexueux et se recouvrent étroitement les uns les autres. Chaque épillet comprend 2 à 3 fleurs fertiles et une stérile. Suivant les variétés, la glumelle se termine soit par une simple pointe, soit par une longue arête (*blés barbus*). Dans le *Seigle* (*fig.* 242) les épillets à 2 fleurs sont aussi isolés sur les dents de l'axe flexueux ; chez l'*Orge* (*fig.* 243) ils y sont groupés par 3 et l'épi offre, par suite, une section triangulaire ; la glumelle

Fig. 242. — *Seigle.* (1 à 2 m.)
a, épillet ; *b*, fleur isolée ; *c*, épi mûr.

Fig. 243. — *Orge.*
A, Orge à 6 rangs ;
B, Orge à 2 rangs.

Fig. 244. — *Maïs.* (1 à 2 m.)
A, fleur mâle ; B, épi.

Fig. 245. — *Canne à sucre.*
(3 à 6 m.) *a*, fleur.

Fig. 246. — *Bambou.* (5 à 30 m.)
a, épi ; *b*, épillet fleuri.

inférieure, ainsi que chez le Seigle, porte une longue barbe.

Le *Riz* (*fig.* 248) est une plante semi-aquatique dont les épis ressemblent à ceux de l'Orge ; la fleur a 6 étamines et 3 carpelles. La tige du *Maïs* (*fig.* 244) est pleine ; c'est une herbe monoïque ; les grappes de fleurs à étamines sont au sommet de la tige ; les épis de fleurs à pistil sont insérés au-dessus des nœuds, le long de la tige ; les ovaires, prolongés par de longs stigmates, sont arrondis, lisses, disposés obliquement en séries longitudinales. La *Canne à sucre* (*fig.* 245) est une plante vivace ; sa tige pleine a des nœuds rapprochés, desquels partent de grandes feuilles, et elle se termine par un panache soyeux et argenté formé par les fleurs.

Les *Bambous* (*fig.* 246) sont des Graminées ligneuses de la zone torride. Certaines espèces sont de grands arbres de $0^m,50$ à $0^m,60$ de diamètre à la base. Les fleurs, qui n'apparaissent que vers la quatrième année, comprennent chacune 3 glumellules et 6 étamines, entourant l'ovaire ; elles sont groupées au sommet des tiges en panaches d'épis.

❀ *L'Avoine a les fleurs groupées en grappes d'épillets ; le Blé, le Seigle, l'Orge,* *en épis d'épillets très serrés, à raison d'un épillet sur chaque dent de l'axe chez les deux premiers, de trois épillets sur chaque dent chez l'Orge. Le Riz a 6 étamines ; le Maïs est monoïque, sa tige est pleine. Le Bambou est une Graminée ligneuse de grande taille.*

90. Usages : Céréales. — Les céréales sont les Graminées dont le grain, réduit en farine, sert à la nourriture de l'homme sous forme de pain, de bouillie, etc. Un peu avant la maturité du grain, on *moissonne* à la faux, à la faucille ou encore à l'aide de machines dites « moissonneuses ». Le *battage* détache le grain de la paille ; le *vannage* sépare le grain des bales. Le grain passe sous des meules ; le péricarpe devient le *son* ; l'albumen et l'embryon donnent la *farine* ; celle-ci pétrie avec l'eau, fermentée et cuite, devient le *pain*. Le pain bis contient un peu de son. Le Blé ou Froment est la plus importante céréale pour l'alimentation des peuples de race blanche ; son grain renferme de 65 à 75 p. 100 d'amidon et de 7 à 15 p. 100 d'une substance azotée, le gluten. Le Seigle, peu exigeant comme température et comme terrain, mûrit où ne croît pas le blé : il donne un pain brun

Fig. 247. — La plantation du Riz, au Japon.

à saveur forte; mélangé au miel, il sert à fabriquer le pain d'épice. L'Orge donne un pain lourd, indigeste.

Le Riz est la céréale des pays chauds; elle alimente les peuples de race jaune (*fig. 247*); elle est moins nourrissante que le blé; très riche en amidon (75 à 80 p. 100), elle est trop pauvre en gluten. Le Maïs, originaire d'Amérique, est cultivé aujourd'hui dans tous les pays tempérés; sa farine est très riche en amidon, en matières albuminoïdes et en corps gras; elle est très nourrissante et se mange en bouillie. Aux États-Unis c'est, après le Cotonnier, la plante la plus importante; sa graine forme la base de l'alimentation dans le sud de ce pays; on en fait une bière; par fermentation elle donne une sorte de whisky; l'embryon fournit une huile alimentaire et industrielle; ses feuilles servent de fourrage; ses graines engraissent les volailles et surtout les porcs. C'est sous forme de porcs, a-t-on pu dire, que les Américains exportent leur maïs. Au point de vue de la chaleur nécessaire à leur développement, les céréales apparaissent du nord au sud dans l'ordre suivant : orge, seigle, blé, maïs, riz.

Toutes ces graines, principalement l'avoine et l'orge, servent à nourrir le cheval, les volailles; le son est aussi employé. On peut séparer l'amidon et le gluten des farines. L'*amidon* a de nombreux emplois en nature; de plus, on le transforme en dextrine, glucose et alcool. Le *gluten*, mélangé à la farine et à l'eau, sert à préparer les pâtes alimentaires. L'orge est la base de la préparation de la *bière*. Par fermentation et distillation l'avoine donne une eau-de-vie, le *whisky*, consommée en Écosse. Le riz donne le *saki* dont s'enivrent les Japonais. Des balles d'avoine on fait la

Fig. 248. — Riz. (1 m. 50.)
a. Riz barbu; b, épillet fleuri.

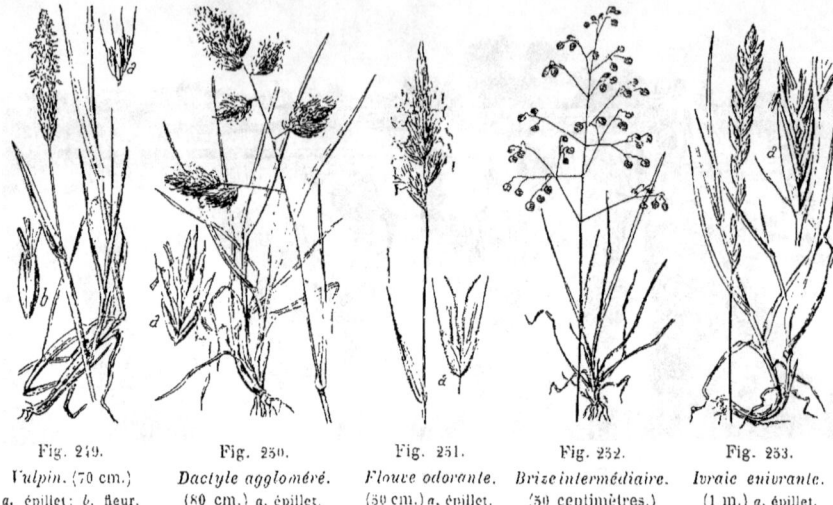

Fig. 249. *Vulpin.* (70 cm.) a, épillet; b, fleur.
Fig. 250. *Dactyle aggloméré.* (80 cm.) a, épillet.
Fig. 251. *Flouve odorante.* (50 cm.) a, épillet.
Fig. 252. *Brize intermédiaire.* (50 centimètres.)
Fig. 253. *Ivraie enivrante.* (1 m.) a, épillet.

literie pour les enfants. La paille sert de fourrage, de litière; elle couvre les maisons; on la transforme en papier; on la tresse; les plus estimées sont celles du Riz et du Seigle.

❋ *Les céréales les plus importantes pour nourrir l'homme sont le* Blé, *chez les peuples de race blanche, le* Riz *en Asie. Le* Maïs *joue un grand rôle aux États-Unis. L'amidon et le gluten retirés des farines ont de nombreux usages. L'*Orge *sert à préparer la bière; toutes les Graminées peuvent fournir des liquides alcooliques. La* bale, *le* son *et, surtout, la* paille *ont des emplois importants.*

91. Usages : Graminées fourragères. — Tandis que les céréales sont annuelles, les Graminées fourragères sont vivaces ; elles forment les *prairies naturelles.* Les meilleures Graminées de prairies sont les *Pâturins,* dont les épillets violacés sont en grappe ; les *Vulpins (fig.* 249) et les *Fléoles,* aux épis cylindriques; les *Dactyles (fig.* 250), les *Fétuques;* la *Flouve odorante (fig.* 251), qui communique au foin sa saveur aromatique, agréable ; la *Brize (fig.* 252), aux gracieuses grappes d'épillets en cœur, qui tremblent au moindre souffle; on peut y joindre aussi l'*Ivraie vivace* ou *Ray-grass.*

Il ne faut pas confondre cette dernière espèce avec l'*Ivraie enivrante (fig.* 253), plante annuelle, qui pousse quelquefois au milieu des blés et dont la graine, narcotique, peut rendre malade quand elle est mélangée au pain. Le Ray-grass, cultivé dans les jardins et les parcs, forme le *gazon anglais,* qui croît très vite et reste toujours vert; on le fauche souvent pour l'empêcher de fleurir. On cultive aussi dans les jardins quelques autres Graminées : Roseaux, Bambous. Gynérie argentée ou *Herbe des pampas* de l'Amérique du Sud; ses longs panaches de fleurs sont d'un blanc soyeux. L'Orge maritime et l'Élyme des sables fixent par les ramifications de leurs rhizomes le sable mobile des dunes.

❋ *Les Graminées forment l'herbe des prairies naturelles, dont la coupe est le* foin. *L'*Ivraie enivrante *est une* mauvaise herbe *des moissons; l'*Ivraie vivace, *ou* Ray-grass, *forme le* gazon anglais *des parcs et des jardins. Quelques Graminées sont ornementales.*

92. Usages : Graminées industrielles. — Les céréales, par l'amidon, le glucose et l'alcool qu'elles fournissent, pourraient aussi figurer dans cette catégorie.

La tige de la Canne à sucre renferme dans les entre-nœuds une moelle sucrée. Originaire de l'Inde, cette plante est cultivée dans les pays chauds d'Afrique et d'Amérique. Aux Antilles, on coupe au ras du sol les tiges fleuries lorsqu'elles ont environ 18 mois (*fig.* 234); on les porte au moulin : on obtient un jus sucré ou *vesou* qui donne le sucre : le résidu non cristallisable est la *mélasse*. La fermentation et la distillation du vesou donnent le *rhum*; celles des mélasses, le *tafia*. Le Sorgho, cultivé aux États-Unis, en Chine, en Algérie, fournit aussi du sucre.

L'Alfa ou *Spart* est une plante du sud de l'Espagne et du nord de l'Algérie. De sa tige, extrêmement résistante, on fait les ouvrages de sparterie (paniers, nattes, etc.) ; ses longues feuilles donnent une filasse excellente pour la fabrication des cordes ; on en retire aussi de la pâte à papier.

Le Bambou est cultivé dans toutes les régions chaudes du globe ; il lui faut de la chaleur et de l'humidité : c'est la plante indispensable par excellence dans tout l'Extrême Orient ; où elle croît, le bois des autres plantes ligneuses est inutile. Ses tiges, creuses, légères, solides, sont propres à tous les usages. Une grosse tige coupée entre deux nœuds et munie d'un trou de bonde fait un tonneau : les maisons, dans toute

Fig. 234. — Récolte de la *canne à sucre*.

l'Asie tropicale, sont construites et couvertes en bambou ; les meubles, les échelles, les mâts de barque, les conduites d'eau, les manches d'outil, tout est en bambou. Les tiges, divisées en lanières, servent à façonner des objets de vannerie ; on en fait aussi du papier. Les pousses se mangent comme des asperges ; la sève des jeunes tiges peut fermenter et donne une liqueur pétillante, sucrée et rafraîchissante, le *vin de bambou*.

✻ *La tige de la Canne à sucre et celle du Sorgho renferment une moelle d'où l'on extrait le sucre ; l'Alfa possède des feuilles fournissant des fibres textiles et une bonne pâte à papier ; le Bambou remplace le bois dans tous ses usages : c'est la plante indispensable en Extrême Orient.* Voir, ci-dessous, le *Tableau-résumé de la classification des* MONOCOTYLÉDONES.)

XII. — TABLEAU-RÉSUMÉ DES MONOCOTYLÉDONES.

ENVELOPPES FLORALES, OU PÉRIANTHE.		OVAIRE.	ÉTAMINES.	FRUIT.	NOMS des FAMILLES.	EXEMPLES.
Coloré ;	régulier	libre	6 étamines	Baie ou capsule	LILIACÉES	*Lis, Asperge, Colchique.*
	irrégulier	adhérent	3 étamines	Capsule	IRIDÉES	*Iris, Safran.*
		adhérent	1 ou 2 étamines	Capsule	ORCHIDÉES	*Orchis, Vanille.*
Verdâtre ;	très visible	libre	6 étamines	Baie ou drupe	PALMIERS	*Dattier, Cocotier.*
	peu apparent	libre	3, rarement 6	Caryopse	GRAMINÉES	*Blé, Bambou.*

Fig. 255. — *Cèdres de l'Atlas*, dans la forêt de Teniet-el-Haad (Algérie).

VI. GYMNOSPERMES

93. Généralités sur les Gymnospermes. — Ce sont des plantes à fleurs différant des Angiospermes, que nous venons d'étudier, surtout par leur pistil. Les carpelles ne sont ni repliés ni soudés pour former un ovaire clos ; il n'y a ni style ni stigmate ; les ovules sont *nus*, posés simplement sur l'écaille tenant lieu de carpelle. L'embryon de la graine a toujours au moins 2 cotylédons, parfois plus, et jusqu'à 15, avec un nombre variable pour les graines d'une même espèce. Les fleurs sont toujours unisexuées.

Ce sont des plantes ligneuses dont le tronc s'accroît, comme celui des arbres dicotylédones, par une couche génératrice circulaire ; cependant le bois et le liber y sont moins différenciés que chez les Angiospermes ; les feuilles sont persistantes d'ordinaire. Beaucoup moins nombreuses que les Angiospermes, ces plantes sont réparties en deux familles : les Cycadées et les Conifères.

Les Cycadées sont des arbres des pays chauds ; leur port rappelle celui des Palmiers. Leur tige est droite, non ramifiée, portant les cicatrices des feuilles. Celles-ci, rigides, longues de plusieurs mètres, forment un bouquet terminal (*fig.* 256).

✽ *Les* Gymnospermes *sont des plantes ligneuses à fleurs unisexuées ; elles n'ont pas d'ovaire clos ; les ovules*

Fig. 256. — *Cycas.* (10 à 15 m.)

GYMNOSPERMES

sont nus sur un carpelle non replié. On les divise en Cycadées, arbres à port de Palmiers, croissant dans les pays chauds, et en Conifères.

FAMILLE DES CONIFÈRES
Types : *Pin, Cyprès, If*.

94. Caractères généraux. — Les Conifères sont des arbres ou des arbrisseaux toujours verts, à forme conique ou pyramidale. Ils sont riches en *produits résineux*, contenus dans des canaux sécréteurs. Leurs feuilles, d'un vert sombre, sont étroites et longues, en *aiguilles*, à une seule nervure, et portées par des rameaux très courts.

Les fleurs, unisexuées et sans enveloppe, sont monoïques, rarement dioïques, groupées en une sorte de chaton conique, ou cône (*fig.* 257, *c*), d'où le nom de la famille. Les cônes à étamines (*fig.* 257, *a*) sont jaunes; chaque fleur est une écaille portant sur sa face dorsale deux sacs polliniques (*fig.* 257, *b*). Ceux-ci s'ouvrent par des fentes longitudinales, pour laisser sortir des grains de pollen munis de deux petites ampoules pleines d'air qui facilitent l'action du vent (*fig.* 259). Ce pollen forme, au printemps, dans les pays à grandes forêts de Conifères, de véritables nuages d'une poussière jaunâtre, qualifiés parfois de *pluies de soufre*.

Les cônes à pistil (*fig.* 257, *c*) sont violacés ou verdâtres au sommet des rameaux; chaque fleur est un carpelle plat, avec deux ovules sur sa face dorsale. Ces carpelles sont portés par de grandes écailles ligneuses dont l'ensemble forme le cône (*fig.* 258). Le pollen apporté par le vent passe entre elles et parvient jusqu'aux ovules; les écailles s'épaississent alors; le cône est clos; c'est un fruit sec, composé, dans lequel mûrissent les graines. A la maturité, les écailles se dessèchent et s'écartent pour les laisser sortir. La graine est munie d'une membrane prolongée en aile (*fig.* 257, *f*) qui facilite la dissémination par le vent.

On divise les Conifères en trois tribus, d'a-

Fig. 257.
Fleurs et *fruit* du Pin.
a, cône de fleurs mâles; *b*, étamine isolée; *c*, cône de fleurs femelles; *d*, une fleur isolée montrant le carpelle et les deux ovules; *e*, cône mûr coupé en partie pour montrer les graines; *f*, graine.

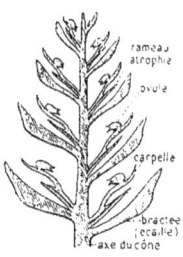

Fig. 258.
Section théorique d'un *cône de Pin*.

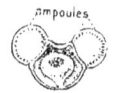

Fig. 259. — *Grain de pollen* de Sapin.

près la nature de leur cône : 1° les Abiétinées, qui ont les cônes formés de nombreuses écailles à ovules pendants; 2° les Cupressinées, à cônes globuleux comprenant peu d'écailles, à ovules dressés; 3° les Taxinées, qui n'ont pas de cônes, et dont les fleurs à pistil sont solitaires.

※ *Les Conifères sont des arbres ordinairement résineux, toujours verts, à feuilles en aiguilles. Les fleurs unisexuées, monoïques ou dioïques, sont nues et groupées en chatons coniques; chaque fleur comprend une écaille, avec 2 sacs polliniques ou avec 2 ovules. Le fruit en cône est sec, composé; la graine est ailée. Les Conifères se divisent en 3 tribus, d'après la nature du cône.*

95. Tribu des Abiétinées. — Le *Pin sylvestre* (*fig.* 266) est un bel arbre à écorce rougeâtre, bronzée; ses feuilles, très longues, sont groupées par deux dans une gaine écailleuse commune entourant leur base (*fig.* 260); les cônes ou *pommes de pin* sont pendants; ils ne sont mûrs qu'au bout de deux ans. Le *Pin maritime* (*fig.* 272) forme de vastes forêts dans les Landes. Le *Pin pignon* ou *Pin parasol* (*fig.* 267) habite les pays méridionaux; il doit son nom à la forme de sa tête. Certaines espèces de Pins ont les feuilles grou-

82 BOTANIQUE ÉLÉMENTAIRE

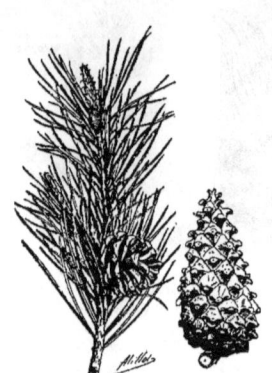

Fig. 260.
Pin sylvestre. (5 à 35 m.)
Rameau et cône mûr.

Fig. 261.
Mélèze d'Europe.
(5 à 35 m.) *a*, graine.

Fig. 262.
Genévrier. (1 à 7 m.)
a, fl. mâle ; *b*, fl. femelle.

de même forme et de même structure, mais *pendants* ; ils tombent à terre sans s'effeuiller ; on les nomme, à tort, *cônes de sapin* (*fig.* 264).

Le *Mélèze* (*fig.* 261) a des cônes dressés, petits, à écailles minces ; ses feuilles molles, groupées par touffes, sont caduques, unique exception chez les Conifères. Le *Cèdre* (*fig.* 255) ressemble beaucoup au Mélèze par la disposition en touffe de ses feuilles,

Fig. 263.
Cône dressé de Sapin pectiné.

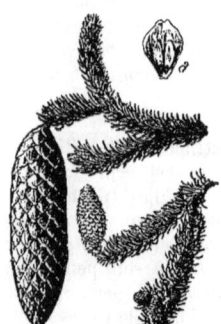

Fig. 264.
Épicéa. (40 à 60 m.) Les *cônes* mûrs sont *pendants.*
a, écaille avec ses graines.

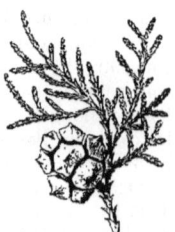

Fig. 265. — *Cyprès.*
(10 à 25 m.)

pées par 3 ou par 5 dans une même gaine.

Les *Sapins* (*fig.* 263) ont les feuilles moins longues, isolées le long de la tige ; les cônes *dressés*, allongés en carotte, et à écailles minces ; on ne les trouve jamais à terre, car les écailles dont ils sont formés tombent à mesure qu'elles s'écartent. L'*Épicéa*, ou *Faux sapin*, a des cônes

Fig. 266.
Pins sylvestres dans la forêt de Fontainebleau.

GYMNOSPERMES

mais celles-ci sont persistantes et coriaces.

✱ *Les* Abiétinées *sont des arbres résineux, monoïques; leurs cônes ont de nombreuses écailles à ovules pendants; tels sont* Pins, Sapin, Épicéa, Mélèze *et* Cèdre.

96. Tribus des Cupressinées et des Taxinées.

— Les principales *Cupressinées* sont le Cyprès, le Génévrier et aussi le gigantesque Séquoia (**36**).

Le *Cyprès* (*fig.* 265) a une verdure très sombre, des feuilles écailleuses serrées contre les rameaux; ses cônes arrondis sont à écailles épaisses. Le *Genévrier* (*fig.* 262) est un arbrisseau dioïque à feuilles dures, piquantes, disposées 3 par 3 sur les branches. Le fruit est vert, puis noir bleu et nommé improprement *baie de genièvre*.

Fig. 267. — *Pins pignons*, de la pineta de Ravenne (Italie).

Les *Taxinées* sont des arbres non résineux, dioïques, à fleurs pistillées solitaires; par suite, le fruit n'est pas un cône. L'*If* est un arbre dont le fruit à une graine, entouré d'un arille charnu rouge vif, est pris à tort pour une baie (*fig.* 268). Ses feuilles sont vénéneuses. Le Gingko (*fig.* 269) est un bel arbre de Chine; ses feuilles caduques ne sont pas en aiguille, mais pétiolées et en cœur; son fruit charnu ressemble à une drupe.

✱ *Les* Cupressinées *ont de petits cônes à peu d'écailles; ils sont* ligneux *chez le Cyprès;* charnus, *chez le Genévrier. Les* Taxinées *n'ont pas de cône; le fruit est charnu.*

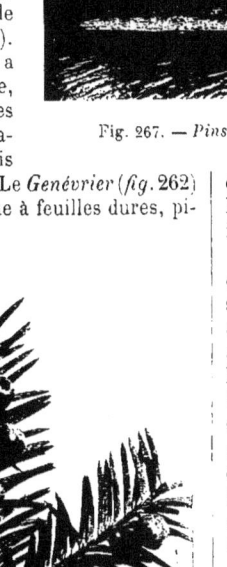

Fig. 268. — *If* (4 à 15 m.). Rameau femelle en fruits.

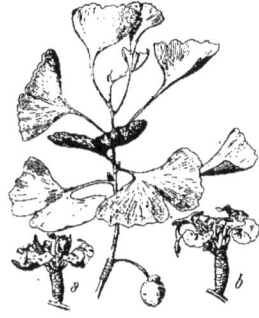

Fig. 269. — *Gingko* (25 m.).
a, fleur mâle; *b*, fleur femelle.

Fig. 270.
Thuya (6 à 10 m.).

a, chaton mâle; *b*. fleur mâle;
c. fleur femelle; *d*. cône
mûr; *e*, écaille femelle avec
sa graine mûre.

Fig. 271. — *Récolte* de la *résine* dans le département des Landes.

97. Usages des Conifères. — Les Conifères sont utiles pour leur bois et leurs résines.

Bois. Il résiste bien à l'humidité ; sert dans la construction navale, la charpente, le chauffage, le pavage des rues ; le Pin sylvestre et le Sapin fournissent des mâts de navire.

Produits résiniers. Le *gemmage* des pins, pour en extraire la résine, se fait en France dans les forêts de Pins maritimes de Gascogne. Au printemps, on fait à la base de l'arbre une incision assez large ; le suc résineux coule dans un godet. Toutes les semaines on ravive la plaie, puis on en fait de nouvelles. La résine donne par distillation de *l'essence de térébenthine* et, comme résidu, de la *colophane.*

Usages divers. La graine du Pin pignon se mange crue ou

Phot. de M. F. Faideau.
Fig. 272. — Jardin avec *Ifs* taillés.

Fig. 273. — *Arbre nain.*
D'après un dessin du maître japonais
Hiroshighé.

rôtie; le fruit du Genévrier, par macération dans l'alcool, donne le *genièvre* ou *gin*.

Ornementation. Les Conifères jouent un grand rôle dans l'ornementation des parcs et des jardins, à cause de leur port et de leur feuillage persistant. Le Cyprès, à la sombre verdure, est un arbre funéraire. L'If se laisse tailler aisément *(fig. 272)*. Les *arbres nains japonais (fig. 273)* sont presque tous des Conifères. En privant la plante de nourriture, dans des pots étroits, en forçant ses branches à prendre des formes bizarres, les jardiniers japonais obtiennent des monstres d'un effet curieux dans les jardins de petites dimensions; des Pins, des Thuyas, de plus d'un siècle, tordus, rabougris, ont à peine 0^m.80 de haut.

❦ *Les Conifères sont utiles par leur bois, propre à une foule d'usages, et par leurs résines; ils servent à l'ornementation des parcs et des jardins.*

XIII. — TABLEAU-RÉSUMÉ DES CONIFÈRES
PERMETTANT DE RECONNAITRE LES PRINCIPAUX ARBRES DE CETTE FAMILLE.

TRIBUS.	FEUILLES.		ESPÈCES.	CÔNES.	
ABIÉTINÉES. Arbres résineux, monoïques, à cônes formés de nombreuses écailles; ovules pendants.	isolées, courtes.	à section ovale; blanchâtres en dessous.	Sapin argenté.	Dressés, à écailles caduques.	En carotte, à écailles minces; rameaux verticillés.
		à section quadrangulaire; vertes sur les 2 faces.	Épicéa.	Pendants, à écailles persistantes.	
	groupées.	raides, longues de 3 à 7 cm.	Pin sylvestre.	Pédonculés, groupés par 2 à 3, ternes; longs de 5 à 7 cm.	Pendants, en toupie; à écailles épaisses.
		raides, longues de 8 à 15 cm.	Pin pignon.	Ovoïdes, très gr. s. luisants; 12 à 18 cm.	
		raides, longues de 10 à 20 cm.	Pin maritime.	Pédoncules courts; luisants; 6 à 10 cm.	
		molles, chiffonnées, longues de 12 à 16 cm.	Pin laricio.	Courts, pointus; sans pédoncule; luisants.	
	en touffes.	dures et sombres.	Cèdre.	Dressés, gros, ovoïdes, à écailles caduques.	
		caduques, molles, vert clair, section en losange.	Mélèze.	Dressés, petits, à écailles minces.	
CUPRESSINÉES. Arbres ou arbustes monoïques ou dioïques; cônes globuleux à peu d'écailles; ovules dressés.		groupées par 3, étroites, piquantes.	Genévrier.	Très petits, globuleux, verts, puis noirâtres.	
		petites, écailleuses, opposées.	Cyprès.	Petits, globuleux; rameaux cylindriques.	
			Thuya.	Petits, ovoïdes ou elliptiques; rameaux aplatis.	
TAXINÉES. Arbres résineux, dioïques, sans cône.		isolées, plates, pointues, vert sombre.	If.	Petit fruit rouge charnu, visible en septembre-octobre.	

Fig. 274. — Forêt de *Fougères arborescentes*, en Australie.

VII. CRYPTOGAMES A RACINES

98. Généralités et divisions. — Le mot *cryptogame* signifie « union cachée » ; il ne répond pas à la réalité, car les organes fructificateurs de plusieurs Cryptogames, par exemple ceux des Prêles (*fig.* 279) et de beaucoup de Champignons (*fig.* 296), sont plus apparents que la fleur de certaines Phanérogames. Les Cryptogames à racines sont supérieures aux autres Cryptogames par la division nette de leurs corps en trois membres : tige, feuille, racine, et par la présence de vaisseaux. Si l'on donnait un peu moins d'importance au caractère tiré des organes reproducteurs, il serait logique de diviser les végétaux en deux groupes : 1° les Plantes *à vaisseaux*, comprenant les Phanérogames et les Cryptogames à racines; 2° les Plantes *cellulaires*, comprenant les Muscinées et les Thallophytes.

Les Cryptogames à racines se divisent en trois classes : les Fougères, les Équisétacées, les Lycopodiacées.

✤ *Les Cryptogames à racines ont le corps divisé en trois membres : tige, feuille, racine, et elles ont des vaisseaux. On divise cet embranchement en trois classes : Fougères, Équisétacées, Lycopodiacées.*

99. Fougères : Caractères généraux. — Les Fougères de nos pays sont des herbes vivaces, sans tige aérienne, mais pourvues d'un

CRYPTOGAMES A RACINES

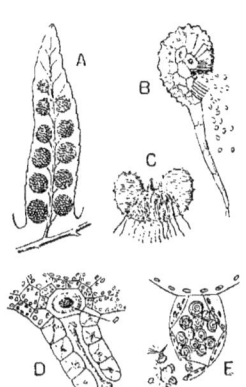

Fig. 275.
Fructification du Polypode.

A, groupes de sporanges à la face inférieure d'une feuille (réduite); B, sporange (très grossi) laissant échapper les spores; C, prothalle (vraie grandeur); D, archégone (très grossi) contenant l'oosphère *o*; E, anthéridie (très grossie) dans laquelle se forment les anthérozoïdes : *a*, anthérozoïdes.

Fig. 276.
Développement du Polypode.

Prothalle sur lequel l'œuf s'est déjà formé et a donné un commencement de feuille, *f*.

Fig. 277.
Polypode vulgaire.

10 à 50 cm.). A droite, jeunes feuilles en crosse.

sont des taches brunes, de forme variable avec les espèces; ce sont des amas de sacs microscopiques, les *sporanges*, s'ouvrant à la maturité pour laisser sortir une fine poussière brune, les *spores*. Celles-ci ne sont comparables, par leur rôle, ni au grain de pollen, ni à la graine des Phanérogames; elles germent au contact du sol humide et, au lieu de donner une Fougère semblable à celle qui les forma, elles se transforment en une petite lame verte, le *prothalle*, qui absorbe sa nourriture dans la terre par des filaments tenant lieu de racine (*fig.* 275, C).

2° A la face inférieure du prothalle apparaissent deux sortes d'organes minuscules : les *archégones*, en forme de bouteille (*fig.* 275, D), renfermant chacun une cellule, l'*oosphère*, et les *anthéridies*, sacs dans lesquels se forme une sorte de pollen mobile, les *anthérozoïdes* (*fig.* 275, E). Ceux-ci, enroulés en un tire-bouchon terminé par des cils très mobiles, nagent dans une goutte d'eau, parviennent jusqu'à l'oosphère, s'y fusionnent, formant l'*œuf*, qui se développe sur le prothalle (*fig.* 276 : il redonne une Fougère feuillée.

rhizome à nombreuses racines. Les feuilles, seuls organes aériens, sont ordinairement très découpées; elles partent directement du rhizome; elles sont enroulées en crosse dans leur jeunesse. Ces plantes, très élégantes, aiment les lieux couverts et humides, les fissures des rochers. Dans les régions tropicales, vivent des *Fougères arborescentes* (*fig.* 274), à port de Palmiers; leur tige, non ramifiée, pouvant atteindre 18 mètres de haut, se termine par un bouquet de feuilles. Les organes destinés à assurer la reproduction des Fougères n'apparaissent, comme les fleurs des Phanérogames, qu'à une certaine époque de l'année; ils sont portés par la face inférieure des feuilles.

✻ *Nos Fougères sont des herbes vivaces, dépourvues de tige aérienne et à feuilles découpées; celles des pays chauds sont souvent arborescentes; chez toutes, les jeunes feuilles sont enroulées en crosse.*

100. Fructification des Fougères. — Très différente de celle des Phanérogames, elle a lieu en deux phases : 1° A la face inférieure des feuilles (*fig.* 275, A), les corps reproducteurs

✻ *La reproduction des Fougères comprend deux phases : 1° les spores, formées sous les feuilles, germent et donnent une lame verte, le prothalle; 2° celui-ci produit des anthérozoïdes et une oosphère. De la fusion de ces corps résulte l'œuf, qui redonnera la Fougère feuillée.*

101. Principaux genres de Fougères. — La *Fougère à l'aigle* ou *Grande fougère* (*fig.* 278 est très commune dans les bois siliceux et dans les landes; elle porte une seule feuille. En coupant obliquement, par une section nette, la partie du pétiole enfoncée

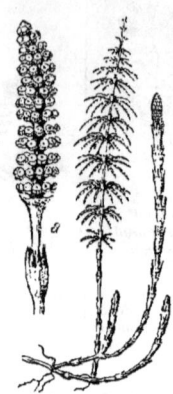

Fig. 278. — *Fougère à l'aigle.*
(1 m. 50 à 2 m.)

a, coupe du pétiole, montrant l'aigle double formé par les vaisseaux.

Fig. 279.
Prêle des champs.

a, détail de l'épi fructifère.

Fig. 280. — *Scolopendre.* (10 à 80 cm.)

dans la terre, on voit un dessin formé par les vaisseaux et rappelant l'aigle double d'Autriche.

Le *Polypode* (fig. 277) se plaît dans toutes les stations ; la *Scolopendre* (fig. 280) aime la fraîcheur des puits ; ses feuilles n'ont aucune découpure. Le long des murs vivent de petites espèces : *Capillaires, Cétérach, Rue-de-muraille*, etc., dont plusieurs sont *reviviscentes* ; après une longue sécheresse, elles semblent mortes, la pluie leur rend leur fraîcheur.

❋ *La* Fougère à l'aigle *n'a qu'une feuille découpée ; la* Scolopendre, *unique exception, a des feuilles sans découpures.*

102. Équisétacées, Lycopodiacées. — Les Prêles, type des Équisétacées, ont une tige aérienne très apparente et des feuilles réduites à des écailles ; elles aiment les endroits humides. Du rhizome de la *Prêle des champs* (fig. 279) partent successivement deux sortes de tiges : les tiges *fertiles*, non ramifiées, se terminent par un épi ovoïde, composé d'écailles portant, en dessous, les sporanges ; ces tiges sont formées d'articles, entourés à leur base d'une collerette de feuilles peu développées.

Les tiges *stériles*, très différentes d'aspect, portent à chaque nœud des rameaux verticillés par 8 à 15.

Les Lycopodiacées (*Lycopode, Sélaginelle*) sont de petites herbes rappelant un peu les mousses par leur port ; leurs racines et leurs tiges sont bifurquées régulièrement ; un épi fructificateur en massue termine certaines tiges.

❋ *Les* Prêles *ont une tige aérienne articulée et des feuilles réduites ; leur épi de sporanges est ovoïde. Les* Lycopodiacées *ont des tiges et des racines bifurquées.*

103. Usages des Cryptogames à racines. — Les Cryptogames à racines ont joué un grand rôle dans la formation de la houille : certaines espèces atteignaient alors une taille considérable.

Les usages actuels sont peu importants : les feuilles des grandes Fougères servent d'emballage ou de literie ; le rhizome de la Fougère mâle est un vermifuge énergique ; les spores des Lycopodes forment la poudre de lycopode employée par les pharmaciens et les artificiers. Enfin les Fougères sont utilisées pour orner les rocailles dans les jardins.

❋ *Les* Fougères *sont ornementales ; les feuilles de certaines d'entre elles servent pour les emballages ; on utilise en pharmacie les spores de lycopode.*

Fig. 281. — Groupe de *Mousses*, en forêt.
Phot. de M. F. Faideau.

Mnium ondulé. (5 à 15 cm.)   *Polytric élégant.* (5 à 20 cm.)   *Hypnum cyprès.* (4 à 8 cm.).

VIII. MUSCINÉES

104. Caractères généraux. — Les Mousses, principal groupe des Muscinées, se distinguent des plantes de l'embranchement précédent par l'absence de vraies racines et de vaisseaux. Leur tige rousseâtre (*fig.* 281), un peu enfoncée dans le sol, présente à sa base des filaments, à la fois crampons fixateurs et poils absorbants, mais qui ne sont pas des racines véritables. Les feuilles, vertes, petites, serrées, minces, ont une nervure médiane, mais sont uniquement formées de cellules que la sève traverse de proche en proche.

Les Mousses sont de petites plantes très élégantes, toujours vertes, atteignant au plus 20 centimètres de haut. Dépourvues de longues racines, elles ne peuvent puiser l'humidité qu'à la surface du sol; aussi leur vie est-elle intermittente; par les temps secs, elles ont l'air de plantes mortes; la pluie les fait se redresser, s'étaler et reverdir.

※ *Les* Muscinées *sont des* Cryptogames cellulaires *pourvues d'une tige et de feuilles; des filaments remplacent les racines pour la fixation et l'absorption.*

105. Fructification des Mousses. — Elle comprend deux phases : **1°** Au printemps apparaît au sommet des tiges un long et mince pédoncule surmonté du *sporange* (*fig.* 282, A). Celui-ci est une sorte de boîte fermée par un couvercle et surmontée d'un bonnet pointu, la *coiffe* (*fig.* 282, B). A la maturité, la coiffe et le couvercle tombent (*fig.* 282, C, D); les spores, mises en liberté, germent et donnent un filament (*fig.* 283) sur lequel se développent des tiges feuillées. Une même spore donne donc plusieurs pieds de Mousse. **2°** Au sommet de chaque tige ainsi formée apparaît une collerette de petites feuilles rigides, brunes, entourant, comme chez les Fougères (**100**), deux sortes d'organes minuscules (*fig.* 285, 286).

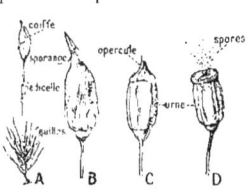

Fig. 282. — *Sporange* d'une Mousse Polytric.
A, vue d'ensemble; B, sporange et sa coiffe; C, la coiffe vient de tomber; D, l'urne est ouverte et les spores sortent.

90   BOTANIQUE ÉLÉMENTAIRE

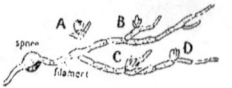

Fig. 283. — *Germination* d'un spore de Mousse.

A. B. C. D. tige de Mousse se développant sur les filaments.

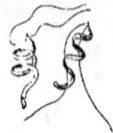

Fig. 284. *Anthérozoïdes.*

dont les uns produisent les *anthérozoïdes* (*fig.* 284), les autres l'*oosphère* ; leur fusion assure la formation de l'œuf. Celui-ci se développe en parasite sur la tige et donne le sporange. Cette fructification rappelle celle des Fougères, mais les phénomènes s'y produisent en ordre inverse.

❋ *La reproduction des Mousses est à deux phases : 1° les spores, formées dans un sporange, germent et donnent un filament d'où naissent des tiges feuillées ; 2° celles-ci produisent des* anthérozoïdes *et une* oosphère *qui formeront l'œuf, dont le développement redonnera le sporange.*

106. Principaux genres, rôle. — Les *Polytrics* (*fig.* 281), communs dans les bois sablonneux, ont un sporange anguleux à coiffe velue. La *Funaire hygrométrique* (*fig.* 287) pousse surtout en forêt ; la soie de son sporange s'enroule par la sécheresse, se déroule à l'humidité. Les *Hypnums* (*fig.* 281) ont des tiges très ramifiées ; on les emploie pour l'emballage et pour garnir les jardinières.

Les générations successives des Mousses augmentent l'épaisseur de la couche végétale créée par les Lichens (**117**) ; sous bois, elles conservent l'eau comme une vaste éponge. Les *Sphaignes* (*fig.* 288) sont des mousses de marais ; la partie inférieure de leur tige meurt et se décompose lentement en donnant la *tourbe*, tandis que la partie supérieure continue à croître. Les tourbières ne se forment que dans les eaux lim-

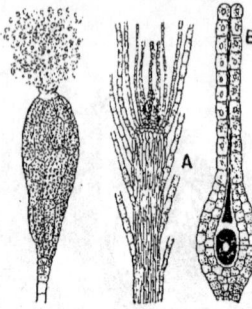

Fig. 285. *Anthéridie.*
a, anthérozoïdes s'échappant.

Fig. 286. — *Fructification* des Mousses.
A, sommet d'une tige de Mousse avec trois archégones : B, archégone grossi, montrant l'oosphère o.

Fig. 287. *Funaire.* (5 mm. sans le pédicelle.)
o, urne grossie.

pides et dans les régions où la température moyenne de l'année est d'environ 8°. Les Sphaignes peuvent absorber jusqu'à quinze fois leur propre poids d'eau ; ces végétaux sont tellement spongieux qu'il existe des tourbières sur des pentes assez accentuées où toute eau libre ne pourrait séjourner. Il existe en France des tourbières dans la vallée de la Somme, en Champagne, dans le Jura, au nord de Saint-Nazaire. L'extraction de la tourbe, substance employée comme combustible, se pratique à l'aide d'une sorte de grande bêche, ou *louchet*, qui est manœuvrée par deux hommes (*fig.* 289).

❋ *Les Mousses augmentent par leurs débris accumulés l'épaisseur de la couche végétale, préservent le sol de la sécheresse ; leur lente décomposition sous l'eau donne la tourbe.*

Fig. 288. *Sphaigne.* (10 à 25 cm.)

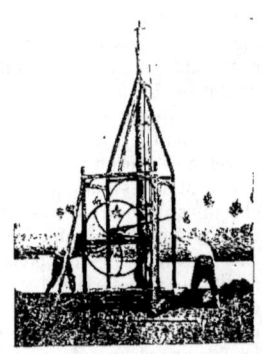

Fig. 289. Extraction de la *tourbe*.

Fig. 290. — *Goémons* croissant sur les rochers, près de Boulogne-sur-Mer.

IX. THALLOPHYTES

107. Généralités et division. — Les Thallophytes sont, comme les Muscinées, des Cryptogames cellulaires, mais leur organisation est encore moins complexe ; leur corps ne peut être divisé en membres distincts ; il se compose d'une seule partie, le *thalle*, qui assure à la fois la nutrition et la reproduction. Le thalle a des formes très variables ; parfois il est microscopique, le plus souvent c'est une lame ou un filament simple ou ramifié. On divise les Thallophytes en deux classes : 1° les Algues, pourvues de chlorophylle ; 2° les Champignons, qui en sont dépourvus. On peut envisager une troisième classe, celle des Lichens ; ce ne sont pas des végétaux distincts, mais des plantes formées par l'association intime d'une Algue et d'un Champignon.

❉ *Les* Thallophytes *sont des* Cryptogames cellulaires ; *leur corps, ou* thalle, *ne peut se diviser en membres distincts. On les classe en Algues, Champignons, Lichens.*

CLASSE DES ALGUES

Type : *Fucus vésiculeux*.

108. Caractères généraux. — Les Algues ont besoin d'humidité. Les unes sont unicellulaires et, par suite, microscopiques. Au contraire, certaines espèces marines atteignent une taille considérable. Presque toutes les Algues contiennent de la chlorophylle ; mais celle-ci peut être masquée par une matière colorante bleue, brune ou rouge, ce qui a permis la division très nette de ces plantes en quatre ordres : Algues vertes, Algues brunes, Algues rouges, Algues bleues. La matière colorante supplémentaire est

92   BOTANIQUE ÉLÉMENTAIRE

soluble dans l'eau douce, montrant l'existence de la chlorophylle.

✻ *La plupart des Algues vivent dans l'eau et contiennent de la chlorophylle qui peut être masquée par d'autres matières, d'où leur division en Algues vertes, brunes, rouges, bleues. Leur taille est variable.*

109. Fructification des Algues. — Les Algues se reproduisent par des spores ou par des œufs, mais sans alternance régulière.

Les *Conferves*, filaments verts des eaux douces, se reproduisent uniquement par des spores munies de deux cils vibratiles. Mises en liberté par l'ouverture de la paroi cellulaire, ces *zoospores* nagent, puis se fixent, s'allongent et redonnent une Conferve.

Le *Fucus vésiculeux* (*fig.* 291) se reproduit uniquement par des œufs. A l'extrémité de certains rameaux on aperçoit les orifices de petites cavités : dans les unes se forment des *anthérozoïdes* à deux cils ; dans d'autres, de grosses *oosphères* (*fig.* 293). L'œuf, résultant de la fusion d'un anthérozoïde et d'une oosphère, redonnera un Fucus.

✻ *Les Algues se reproduisent par des spores (Conferves) ou par des œufs (Fucus).*

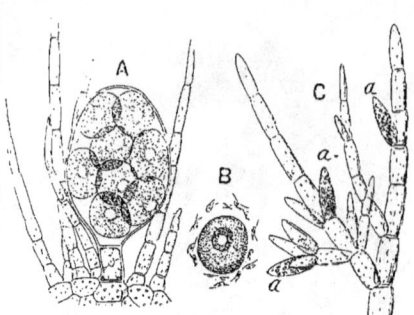

Fig. 293. — *Reproduction* du Fucus :
A, oosphères dans leur enveloppe ; B, oosphère libre entourée d'anthérozoïdes ; C, poils rameux avec anthérozoïdes, *a, a, a* (très grossis).

110. Algues vertes ; Algues brunes. — Les *Protocoques* sont de petites cellules sphériques qui couvrent d'une poudre verte la terre humide, l'écorce des arbres. Les *Conferves*, étroits filaments verts, se développent dans les fossés, les étangs. Les *Ulves* ou *Laitues de mer* abondent sur les roches.

La plupart des Algues brunes sont marines et se rencontrent jusqu'à 100 mètres de profondeur, tandis que les Algues vertes restent toujours voisines de la surface. Les *Fucus* sont extrêmement abondants sur nos côtes. Le thalle ramifié du *Fucus vésiculeux* (*fig.* 291) offre à sa base des crampons fixateurs ; il porte çà et là des flotteurs ou vésicules pleines d'air. Les *Laminaires* sont des rubans, longs parfois de plusieurs mètres. Les Algues brunes de nos côtes sont recueillies sous le nom de *goémon* ou *varech* (*fig.* 290), puis utilisées comme engrais ; de leurs cendres on retire de la soude, du brome et de l'iode.

Les *Macrocystes* des mers australes peuvent atteindre 300 mètres de long. Les *Sargasses* (*fig.* 292) sont des Algues des mers tropicales ; leur thalle, très différencié, présente des crampons en forme de

Fig. 291.
Fucus vésiculeux. (30 cm. à 1 m.)
a, fragment montrant en *f* les fructifications.

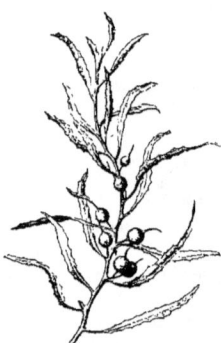

Fig. 292.
Rameau de *Sargasse* réduit de moitié, avec ses flotteurs.

THALLOPHYTES

racines, une partie cylindrique ressemblant à une tige, des lames pareilles à des feuilles et des flotteurs arrondis simulant des fruits. Détachées des côtes d'Amérique, ces Algues suivent le *Gulf-stream*, puis se rassemblent dans la célèbre *mer des Sargasses*.

Les *Diatomées* (*fig.* 294) sont microscopiques; leur membrane incrustée de silice forme une carapace à deux valves. Elles vivent dans les eaux douces et dans la mer. Le *tripoli* est formé de carapaces de Diatomées.

※ *Les principales Algues vertes sont les Protocoques, les Conferves, les Ulves. La plupart des Algues brunes ont un thalle très différencié et sont marines (Fucus, Sargasse).*

111. Algues rouges, Algues bleues, rôle. — Les Algues *bleues* sont les plus simples des Algues; elles vivent dans la terre humide, dans les eaux douces. On y range les *Bactériacées*, plantes microscopiques sans chlorophylle; ce sont les *microbes*, qui existent partout dans l'air, dans l'eau, dans le corps des plantes et des animaux aux dépens desquels ils vivent; ils produisent les fermentations, les putréfactions, les maladies.

Les Algues *rouges* sont celles qui s'avancent le plus dans les profondeurs de la mer; on en rencontre jusqu'à 250 mètres. A marée basse, on peut observer quelques jolies espèces; les *Corallines* (*fig.* 295) forment des touffes incrustées de calcaire.

Les Algues nourrissent des poissons et retiennent leurs œufs.

Les Diatomées font partie du *plankton*, ensemble des êtres minuscules en suspension dans les eaux et nourrissant les invertébrés qui, eux-mêmes, sont la proie des poissons.

※ *Les Algues bleues, très simples, renferment les Bactériacées; les Algues rouges sont marines.*

CLASSE DES CHAMPIGNONS

Type : *Champignon de couche.*

112. Caractères généraux. — Tout le monde connaît comme Champignons les grosses espèces qui apparaissent à la surface du sol sous forme d'une partie large arrondie, le *chapeau*, supportée par un pédoncule; ce n'est là que l'appareil fructificateur de la plante. Sa partie essentielle, celle à l'aide de laquelle il se nourrit, est cachée sous terre et consiste en un thalle filamenteux, nommé *mycélium* ou *blanc de champignon* (*fig.* 296, B).

Les Champignons, dépourvus de chlorophylle, ne peuvent décomposer le gaz carbonique de l'air et assimiler le carbone; ils sont forcés d'emprunter cet élément indispensable aux animaux ou aux plantes dans lesquels ils vivent en *parasites* ou aux matières organiques en décomposition : fumier, humus, bois mort; ils sont dits alors *saprophytes*.

La plupart des Champignons se reproduisent uniquement par des spores; quelques-uns forment tantôt des spores, tantôt des œufs. Nous envisagerons quatre groupes : 1° les Champignons à basides; 2° les Champignons à asques; 3° les Levures; 4° les Moisissures, auxquelles nous joindrons quelques Champignons parasites.

※ *Les Champignons comprennent un thalle filamenteux ou* mycélium; *ils n'ont pas de chlorophylle et, par suite, sont parasites ou saprophytes; ils se reproduisent seulement par* spores *ou par* spores *et par* œufs.

113. Champignons à basides. — Considérons le *Champignon de couche* (*fig.* 296, A). Sur les filaments de son mycélium naissent des appareils fructificateurs; ils

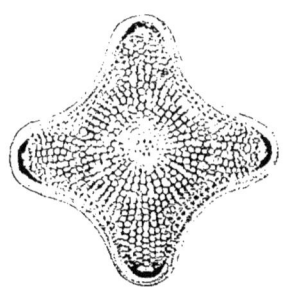
Fig. 294.
Diatomée très grossie.

Fig. 295.
Coralline. 3 cm.

comprennent deux parties : 1° le *pied;* 2° le *chapeau*, à la face inférieure duquel sont des lames rayonnantes ou *feuillets*. Un *anneau* ou *bague* résulte de la rupture d'une membrane qui reliait le pied à la base du chapeau. Les lames portent des renflements ou *basides* (*fig.* 297 sur lesquels naissent les *spores*.

Chez d'autres Champignons à basides, les spores naissent dans de petits *tubes* placés sous le chapeau, tels sont : les *Bo-*

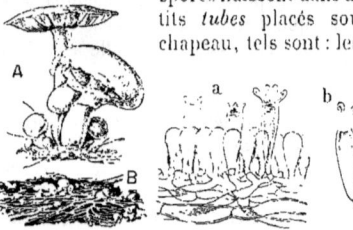

Fig. 296.
A. *Champignon de couche;*
B. blanc de champignon.

Fig. 297.
a, formation des *basides* du Champignon de couche;
b, basides (très grossis).

lets ou *Cèpes* (*fig.* 298), les *Polypores*, dont la plupart sont parasites des arbres; certaines espèces servent à préparer l'amadou. Enfin, chez les *Lycoperdons* ou *Vesses-de-loup* (*fig.* 299), les spores se forment par milliards dans l'*intérieur* même du chapeau, qui s'ouvre pour les laisser sortir.

Le Champignon de couche est cultivé pour l'alimentation dans d'anciennes carrières souterraines. Cette culture exige de l'eau, une température de 16 à 18° et du fumier de cheval dont on fait des *meules* « qu'on ensemence » de blanc de champignon : on recouvre ensuite le tout d'une mince couche de terre (*fig.* 300).

❃ *L'appareil fructificateur des Champignons à basides se compose d'un pied et d'un chapeau. Sous ce dernier sont des feuillets rayonnants ou des tubes portant des basides, ou cellules qui forment les spores.*

114. Champignons vénéneux. — Beaucoup de Champignons, comme la Chanterelle ou Girole, constituent un aliment sain, d'une saveur exquise, mais peu riche en principes nutritifs. Malheureusement, certaines espèces renferment des poisons violents, mortels même. La plupart des accidents sont dus à des préjugés dont aucun n'a la moindre valeur générale : noircissement d'une pièce d'argent, présence d'un anneau, attaque par les limaces, etc. Il n'existe qu'un procédé pour distinguer les espèces vénéneuses des comestibles, c'est de connaître d'une façon absolument parfaite leurs caractères botaniques (*fig.* 301).

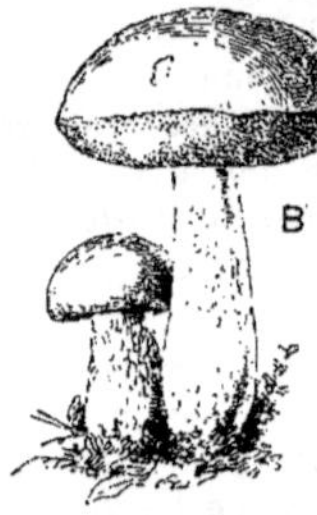

Fig. 298.
Bolet ou *Cèpe*.

Fig. 299. — *Lycoperdon*.
(3 à 10 cm.)

Examinons, par exemple, les *Oronges* qui appartiennent au groupe des *Amanites*. L'*Oronge vraie*, délicieux comestible, a le chapeau rouge orangé, sans taches blanches, les feuillets jaune doré, et un étui blanc, qui peut *disparaître*, entoure la base de son pied. La *Fausse oronge*, très vénéneuse, a le chapeau vermillon, avec des taches blanches qui peuvent d'ailleurs disparaître; les feuillets sont blancs, le pied est renflé à la base, mais ne présente pas d'étui.

En cas d'empoisonnement, il faut se hâter de provoquer le vomissement et de débarrasser l'intestin par un purgatif énergique.

❃ *La plupart des accidents dus aux Champignons vénéneux résultent de la croyance en d'absurdes préjugés.*

115. Champignons à asques, Levures. — Ce groupe renferme des espèces qui ne se reproduisent que par des spores naissant dans de grandes cellules allongées ou *asques*. L'appareil fructificateur, chez les *Morilles*, consiste en un pied creux surmonté d'un chapeau creusé d'alvéoles. Les *Truffes* sont des Cham-

THALLOPHYTES

Fig. 300. — *Culture* et *cueillette* du Champignon de couche dans une ancienne carrière.

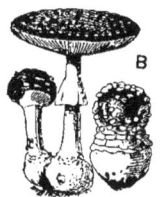

Fig. 301.
Oronges:
A, vraie;
B, fausse.

pignons souterrains (*fig.* 302) à spores internes; elles sont probablement parasites sur les jeunes racines du Chêne ou du Noisetier.

Les *Levures* sont microscopiques et formées d'une cellule ovoïde. La nourriture manque-t-elle, il se forme dans leur masse des spores très résistantes qui bourgeonneront activement quand les conditions de milieu deviendront convenables. Placées à la surface d'un milieu organique, les Levures respirent comme tous les êtres en absorbant de l'oxygène et dégageant du gaz carbonique; plongées dans un milieu dépourvu d'oxygène libre, mais contenant du sucre, elles le décomposent, pour vivre, en alcool et en gaz carbonique, produisant la *fermentation alcoolique*.

✾ *Les Champignons à asques ne se reproduisent que par des spores naissant dans des asques. Certains sont de grande taille (Morille, Truffe); d'autres sont microscopiques (Levure) et produisent la fermentation alcoolique.*

116. Moisissures; Champignons parasites. — Toutes les substances organiques abandonnées à l'air humide : aliments, cuir, colle, etc., se recouvrent d'efflorescences blanches ou verdâtres qui sont des Moisissures. La *Moisissure blanche* développe sur le beurre son mycélium qui forme un gazon de filaments blancs, terminés par un

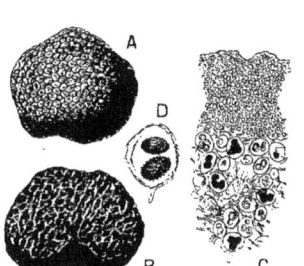

Fig. 302. — *Truffe*. (2 à 8 cm.)
A, *comestible*; B, coupe; C, grossissement montrant les asques; D, asque à deux spores.

Fig. 303.
Pénicille
(grossi 20 fois).

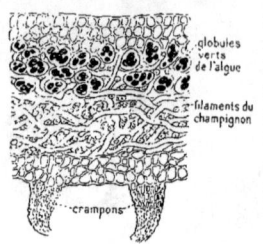

Fig. 304. — Coupe très grossie du thalle d'un *Lichen*.

renflement ou *sporange* renfermant des milliers de spores. Une autre moisissure, le *Pénicille glauque* (*fig.* 303), est très commune.

Une foule de Champignons vivent sur les végétaux et causent des dégâts considérables (maladies cryptogamiques). L'*Oïdium* se développe sur toutes les parties de la vigne, dont les feuilles sèchent et tombent; on le combat par le soufrage. Le *Mildiou* envahit les organes verts et les fleurs de la Vigne et amène bientôt leur chute. D'autres espèces encore sont parasites du Chou, des céréales (*Ergot, Charbon, Rouille*).

✾ *Les Moisissures se développent sur les matières organiques abandonnées à l'humidité. Les maladies cryptogamiques sont dues à des champignons parasites.*

CLASSE DES LICHENS

Type : *Parmélie des murailles*.

117. Caractères, usages, rôle. — Les Lichens (*fig.* 305) sont répandus partout, sur les écorces, les murs. Leur thalle en lames, en croûtes, etc., porte des filaments fixateurs et absorbants et de petites coupes renfermant des asques dans lesquelles naissent les spores.

Les Lichens résultent de l'association, ou *symbiose*, d'une Algue et d'un Champignon ; la première apporte sa chlorophylle qui permet d'assimiler le carbone ; le second, son tissu spongieux, propre à retenir l'eau (*fig.* 304). Les petites arborescences du *Lichen des rennes*, commun à terre en France, forment en Laponie d'immenses tapis. Les *Roccelles* des rochers maritimes fournissent une matière tinctoriale rouge, l'*orseille*.

Les Lichens créent la *terre végétale*. Ils prennent possession du roc, s'y cramponnent, en attaquent la surface, et de leurs débris forment la première couche d'humus.

✾ *Les Lichens sont formés par l'union d'une Algue et d'un Champignon.*

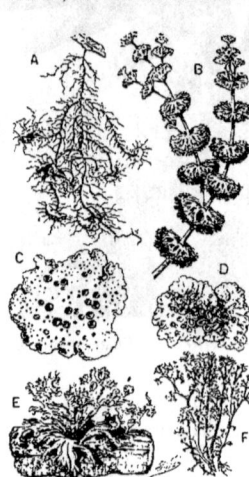

Fig. 305. — Lichens :
A. Usnée barbue (8 à 20 cm.);
B. Cladonie verticillée (1 à 10 cm.);
C. Umbilicaire (10 cm.);
D. Parmélie (10 à 20 cm.);
E. Ramaline (3 à 10 cm.);
F. Lichen des rennes (5 à 15 cm.).

XIV. — TABLEAU-RÉSUMÉ DE LA CLASSIFICATION DES CRYPTOGAMES.

EMBRANCHEMENTS	CLASSES	EXEMPLES
Cryptogames à racines. Racine, tige, feuille, des vaisseaux.	FOUGÈRES. Grandes feuilles d'abord enroulées en crosse . . . . ÉQUISÉTACÉES. Feuilles petites, verticillées. . . . . LYCOPODIACÉES. Feuilles petites, isolées.	*Polypode.* *Prêle.* *Lycopode.*
Mousses. Tige, feuille, pas de vaisseaux.		*Polytric.*
Thallophytes. Ni tige, ni feuilles, ni racines, mais un thalle. Pas de vaisseaux.	ALGUES. Plantes à chlorophylle . . . . CHAMPIGNONS. Pas de chlorophylle, plantes parasites ou saprophytes. . . . LICHENS. Union ou symbiose d'une algue et d'un champignon	*Fucus.* *Orange.* *Parmélie.*

Fig. 306. — *Végétation tropicale* de la Guinée française (Afrique occidentale) :
A, Fromager ; B, Bananiers ; CC, Palmiers à huile (on voit dans leur feuillage des nids de tisserins) ; DD, Papayers.

LECTURES

118. La forêt vierge. — *Entre les deux tropiques la température est très élevée d'un bout à l'autre de l'année et le climat est très humide. La flore est extrêmement riche, variée, exubérante (fig. 306).*

C'est surtout dans l'Inde, au Brésil, à Java, au Congo, qu'on peut admirer la forêt tropicale, la forêt vierge. Chacune de ces régions a sa flore particulière, toujours abondante en espèces, surtout dans les forêts du Brésil, mais on retrouve dans toutes les mêmes caractères. « La forêt vierge est, dit un voyageur, un inextricable fouillis de feuilles et de branchages, férocement armés de dards, d'épines et de griffes qui arrêtent la marche à chaque pas. » Elle forme une masse solide et compacte de verdure. « Il faut, dit Stanley, s'ouvrir un tunnel à travers ces masses étouffantes, tellement mêlées, enchevêtrées, entrelacées que, si le sommet était plan, il semblerait facile de faire route par-dessus. »

Les arbres de la forêt vierge peuvent se diviser, au point de vue de la *dimension*, en trois catégories : les grands, les moyens, les arbustes. Les grands arbres s'élèvent parfaitement droits sans une seule branche et étalent à 30 mètres de haut un immense dôme de verdure presque impénétrable aux rayons du soleil. De ces troncs énormes, les uns sont cylindriques comme des colonnes ; d'autres,

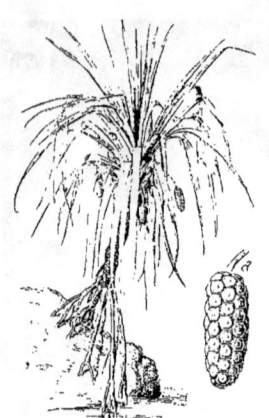

Fig. 308. — *Palétuvier*. (15 à 18 m.)

Fig. 307. — *Pandanus*.
(4 mètres.)
a, fruit.

qui sont surtout des Figuiers et des Légumineuses, présentent à leur base des *racines-palettes* (*fig.* 168), sortes d'arcs-boutants, hauts de 2 à 10 mètres, qui les maintiennent verticaux.

Sous cette première forêt, et malgré l'absence de lumière, en pousse une seconde composée d'arbres de 12 à 20 mètres de haut; puis, au-dessous, des Palmiers nains, des Fougères arborescentes (*fig.* 274). Le sol est couvert d'un amas de feuilles mortes, de branches, de fruits, au milieu desquels croissent une foule de plantes herbacées. Les fleurs des arbres n'apparaissent pas toutes ensemble, comme sous nos climats; elles se succèdent pendant toute l'année, ce qui fait croire qu'il y en a peu; elles sont d'ailleurs ordinairement petites, de couleurs ternes.

Les espèces sont très nombreuses et ne comprennent qu'un petit nombre d'individus. Nous avons, sous nos climats, des forêts formées uniquement de Chênes, de Hêtres, de Sapins ou d'un mélange d'un petit nombre de ces espèces; en tout, 40 essences forestières; dans les forêts tropicales, il y en a des centaines rassemblées dans une même forêt.

Après les grands arbres, ce qui frappe le plus dans la forêt tropicale, c'est la profusion des plantes *grimpantes* qui vont fleurir au sommet des arbres, en pleine lumière. Leurs tiges ou *lianes* s'élèvent en spirale autour des troncs, pendent comme des cordages ou courent sur le sol d'un arbre à l'autre. Les plantes *épiphytes*, Orchidées (*fig.* 227), Broméliacées, Fougères, recouvrent partout les troncs et les branches, et chaque arbre devient lui-même une petite forêt.

Pour consoler ceux qui n'ont pas vu et ne verront jamais la forêt tropicale, ajoutons, avec le naturaliste Wallace : « Cette richesse de végétation devient à la longue monotone, oppressive, et on regrette parfois les teintes de l'automne, si riches et si variées, des régions tempérées, le froid sommeil de l'hiver et le charme du réveil de la nature au printemps. »

Les *Palmiers* forment un des traits les plus saillants de la région tropicale. Ils croissent en forêt sous les grands arbres, mais surtout par petits groupes sur les montagnes, au bord des rivières et des marais (*fig.* 224 à 237, et 320, etc.). Le *Bananier* (*fig.* 221 et 306, B), le *Baobab*, le *Ravenala* (*fig.* 327) ne croissent aussi que dans les régions tropicales. Les *Pandanus* ou *Vaquois* (*fig.* 307) se fixent solidement dans les terrains sablonneux par de nombreuses racines aériennes.

Les *Palétuviers* (*fig.* 308) ne croissent que dans la vase des côtes maritimes et de l'embouchure des fleuves; ils sont souvent plongés à moitié dans l'eau de mer et doivent résister à l'action des vagues. Leurs branches émettent des racines latérales arquées qui s'enfoncent dans la vase, mais restent flexibles et se déplacent en tous sens sous l'action du flux et du reflux; la base de la tige principale se détruit souvent et l'arbre reste fixé sur ses racines-échasses. Ce sont des arbres *vivipares*; leurs graines se développent sur la branche même et, quand la plantule a atteint 80 centimètres à 1 mètre de long, elle tombe dans la vase par son propre poids et s'y fixe en quelques heures.

Fig. 309. — *Cierges* dans un paysage du Mexique.

119. Les savanes et les déserts. — *Le contraste est saisissant entre la flore tropicale, si riche en espèces et si exubérante, et les flores des savanes et des déserts dont nous allons indiquer les grandes lignes.*

Au delà de l'immense zone forestière, large de 300 lieues, entourant la terre à l'équateur, sauf quelques rares solutions de continuité, se trouvent, au nord et au sud des tropiques, deux autres zones renfermant, au contraire, beaucoup de plaines arides et même de vastes déserts ; le climat y est peu humide ou très sec et la température moins égale ; la sécheresse règne pendant au moins la moitié de l'année.

Ces plantes arides sont les *savanes*, couvertes de Graminées vivaces de haute taille, atteignant parfois 7 mètres, avec des bouquets d'arbres çà et là, surtout le long des cours d'eau ; on rencontre des savanes aux Antilles, dans la Guyane, au sud de la grande forêt du Brésil. La *brousse* africaine du Soudan et de la vallée du Zambèze a des caractères analogues à ceux des savanes américaines.

A ces régions, couvertes d'une végétation encore assez abondante, succèdent des régions franchement désertiques : dans l'hémisphère sud, le Kalahari, en Afrique, et les immenses espaces sans eau de l'Australie centrale ; dans l'hémisphère nord, le Sahara africain, continué par les déserts de l'Arabie, du Béloutchistan, de la Mongolie. On y trouve de grandes Graminées à racines traçantes et des plantes grasses. Dans les *oueds* du Sahara, lits de fleuves desséchés, l'eau est peu profonde ; elle apparaît parfois par une source ou jaillit d'un puits artésien. Tous ces points d'eau deviennent des *oasis* (*fig.* 231), centres de culture du Dattier, de quelques autres arbres fruitiers et de légumes.

Le Mexique, au climat si varié grâce à ses

diverses altitudes, possède une région désertique d'un caractère tout à fait spécial ; elle est extrêmement remarquable et d'un aspect impressionnant : c'est une étrange végétation composée de plantes à feuilles rigides, piquantes comme les Agaves (*fig.* 310), ou de Cactées arrondies en boules, façonnées en raquettes superposées, ou allongées en tiges cylindriques plus ou moins ramifiées (*fig.* 309). Les feuilles, comme on le sait, sont absentes et remplacées par des piquants ; les Cactées sont utilisées au Mexique pour faire des haies impénétrables.

120. Les zones des cultures en France. —
Par suite des différences de climat, un grand nombre de plantes peuvent être cultivées en France. Il en est auxquelles ne conviennent que des régions déterminées.

L'*Oranger* est cantonné dans le Var et les Alpes-Maritimes. L'*Olivier* (*fig.* 311) a une aire plus étendue ; on le cultive en Provence, dans la vallée du Rhône, jusqu'à Valence, et sur tout le littoral méditerranéen ; c'est, par excellence, l'arbre caractéristique de la flore méditerranéenne, et la limite septentrionale de sa culture coïncide avec la séparation de cette flore et de celle des forêts. Le *Mûrier* croît surtout dans la vallée du Rhône. Les limites de la culture du *Maïs* sont nettement visibles sur la carte. On le cultive, à vrai dire, au nord de cette ligne, mais ses graines n'y mûrissent pas, il y sert de fourrage. La *Vigne* croît à peu près dans toute la France, sauf en Bretagne, en Normandie, en Picardie, où les arbres à pépins la remplacent pour la production de la boisson courante. La *Betterave* sucrière, le *Colza*, le *Lin* sont cultivés surtout dans le nord. Le *Blé* l'est partout, en particulier dans la plaine de Beauce. Dans les terrains trop riches en silice, comme le Plateau Central, la Bretagne, une partie des Vosges, le *Sarrasin* et le *Seigle* le remplacent ; le *Blé* ne peut croître non plus dans les vallées trop élevées des Alpes et des Pyrénées. La culture du *Tabac* est l'objet d'une surveillance spéciale, en raison du monopole de l'État ; elle n'est autorisée que dans certains départements.

(*Voir* ci-contre la *Carte de France* avec les limites septentrionales de quelques cultures).

121. Les plantes caractéristiques et les cultures des différentes parties du monde.
— *Les flores naturelles sont parmi les éléments importants des paysages, mais il en est bien peu aujourd'hui qui soient complètement incultes. Le paysage botanique a été profondément modifié par l'homme, qui a introduit de nouvelles plantes alimentaires, industrielles ou ornementales. Un coup d'œil d'ensemble sur les plantes caractéristiques et les cultures des différentes parties du monde est donc d'un grand intérêt. Les trois pages qui suivent, sous forme de tableaux illustrés, en donnent une idée suffisante.*

Phot. A. Briquet.

Fig. 310. — Plantation d'*Agaves*, au Mexique.

HISTOIRE NATURELLE.

LIMITES SEPTENTRIONALES DE QUELQUES CULTURES EN FRANCE
avec l'indication de leurs centres les plus importants.

PLANTES CARACTÉRISTIQUES ET CULTURES DES DIFFÉRENTES PARTIES DU MONDE

Fig. 311. *Olivier.* (5 à 15 m.) — Fig. 312. *Pin maritime.* (10 à 30 m.) — Fig. 313. *Pin laricio.* (10 à 40 m.) — Fig. 314. *Pin pignon.* (15 à 35 m.) — Fig. 315. *Pin sylvestre.* (10 à 30 m.)

Fig. 316. — *Bouleau.* (10 à 25 m.) — Fig. 317. — *Chêne rouvre.* (20 à 45 m.) — Fig. 318. — *Châtaignier.* (5 à 30 m.) — Fig. 319. — *Hêtre.* (10 à 35 m.)

EUROPE. — **Principales cultures** : *Céréales* (blé, orge, seigle, avoine, maïs, millet, sarrasin ou blé noir). — *Plantes à fécule* (pomme de terre). — *Plantes à sucre* (betterave). — Vigne, houblon. — *Arbres fruitiers* des pays tempérés. — Tabac. — *Plantes oléagineuses* (olivier, pavot noir ou œillette, lin, colza). — *Plantes textiles* (lin, chanvre). — *Prairies naturelles* et *artificielles*. — *Cultures maraîchères* (chou, navet, etc.).

Parmi les pays d'Europe, la Russie tient la tête pour le *blé*, avec une production moyenne annuelle de 150 millions d'hectolitres ; la France vient ensuite, avec 125 millions. L'*orge* occupe de grandes surfaces en Allemagne, et le *seigle*, en Russie. Pour la *pomme de terre*, le premier rang appartient à l'Allemagne, avec une production annuelle de 45 millions de tonnes ; la France tient le troisième rang, avec 12 millions. L'Allemagne vient en tête également, pour la production de la *betterave*, avec 1 800 000 tonnes ; la France n'occupe que le troisième rang, avec 860 000 tonnes. Pour la culture de la *vigne*, notre pays vient en première ligne, avec une production de 60 millions d'hectolitres ; l'Italie vient ensuite avec 42 millions. Enfin, pour le *tabac*, le premier rang appartient à l'Autriche-Hongrie, avec 92 000 tonnes ; la France ne vient qu'après la Russie et l'Allemagne, avec 25 000 tonnes.

Fig. 320. — *Cocotier.* (10 à 25 m.) Fig. 321. — *Sagoutier.* (5 à 10 m.) Fig. 322. — *Arec.* (10 à 15 m.) Fig. 323. — *Figuier banian.* (15 à 20 m.)

ASIE. — **Principales cultures :** *Céréales* (riz). — *Plantes à fécule* (patate, sagoutier). — *Plantes à sucre* (canne à sucre, divers palmiers). — Arbuste à thé, jacquier ou arbre à pain, cocotier, quinquina, kolatier, cacaoyer, pavot à opium, tabac. — *Plantes à épices* (muscadier, giroflier, cannelier, poivrier). — Camphrier. — *Plantes tinctoriales* (indigotier). — *Plantes oléagineuses* (lin, ricin, cotonnier, cocotier). — *Plantes à caoutchouc* (figuier élastique, arbre à gutta-percha). — *Plantes textiles* (cotonnier, ramie ou ortie de Chine, jute, abaca ou chanvre de Manille, mûrier à papier).

Fig. 324. — *Dattier.* (10 à 20 m.) Fig. 325. — *Palmier doum.* (5 à 10 m.) Fig. 326. — *Palmier à huile.* (10 à 20 m.) Fig. 327. — *Ravenala.* (5 à 15 m.)

AFRIQUE. — **Principales cultures :** *Céréales* (sorgho, millet, riz). — *Plantes à fécule* (patate, manioc). — *Plantes à sucre* (canne à sucre, sorgho, betterave, en Égypte). — Vigne (colonie du Cap), dattier, bananier, caféier, vanillier, kolatier. — *Plantes oléagineuses* (arachide, sésame, ricin, palmier à huile). — *Plantes à caoutchouc* (liane du genre *Landolphia*, de la famille des Apocinées). — *Plantes textiles* (cotonnier, alfa).

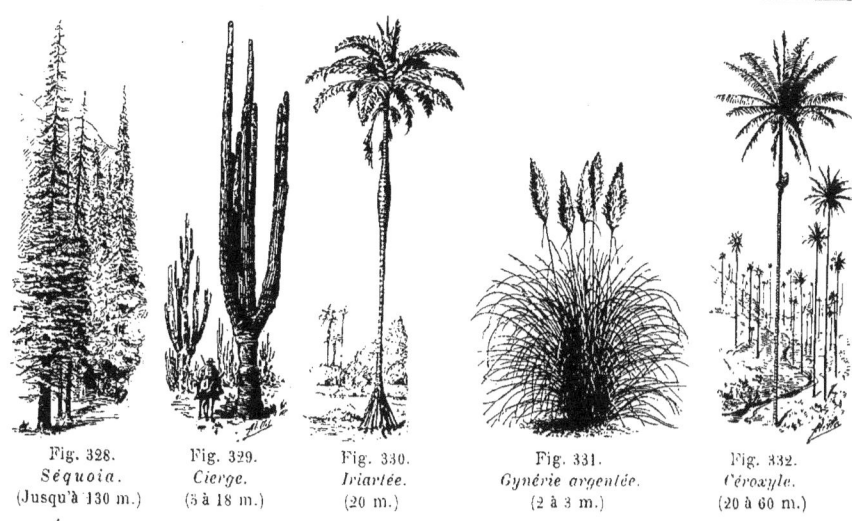

Fig. 328. Séquoia. (Jusqu'à 130 m.) — Fig. 329. Cierge. (5 à 18 m.) — Fig. 330. Iriartée. (20 m.) — Fig. 331. Gynérie argentée. (2 à 3 m.) — Fig. 332. Céroxyle. (20 à 60 m.)

AMÉRIQUE. — **Principales cultures :** *Céréales* (maïs, blé, orge, riz, seigle). — *Plantes à fécule* (manioc, patate, pomme de terre). — *Plantes à sucre* (canne à sucre, betterave). — Vigne (Californie, Chili, Argentine). — *Arbres fruitiers* des pays tempérés. — Ananas, bananier, caféier, cacaoyer, quinquina, vanillier, tabac. — *Plantes tinctoriales* (indigotier). — *Plantes oléagineuses* (olivier, lin, cotonnier, maïs). — *Plantes à caoutchouc* (castilloa, manihot, hévéa). — *Plantes textiles* (cotonnier, agave).

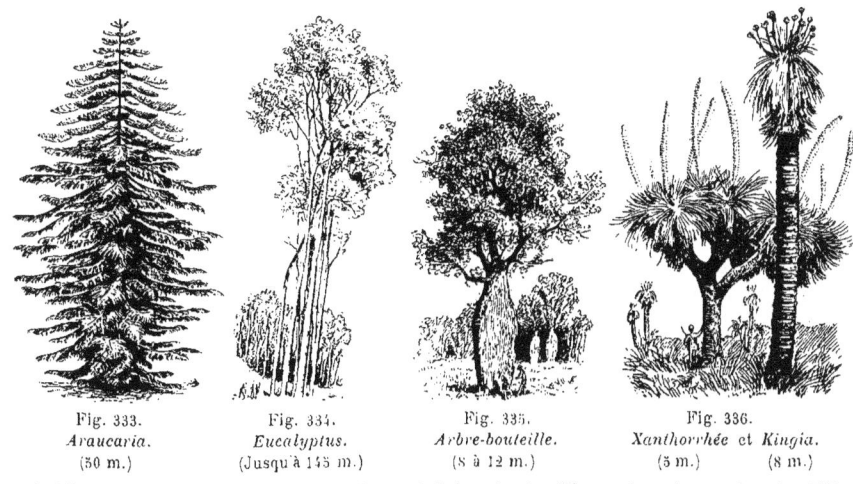

Fig. 333. Araucaria. (50 m.) — Fig. 334. Eucalyptus. (Jusqu'à 145 m.) — Fig. 335. Arbre-bouteille. (8 à 12 m.) — Fig. 336. Xanthorrhée et Kingia. (5 m.) (8 m.)

AUSTRALIE. — 1° *Région tropicale*, au Nord, avec Palmiers, Acacias, Filao ou Casuarina, aux branches déliées presque sans feuilles, Brachychiton ou Arbre-bouteille, au tronc renflé ; 2° *Steppes et déserts*, de l'Ouest et du Centre, avec une graminée : Spinifex ou Herbe porc-épic, et des arbustes : Xanthorrhée et Kingia ; 3° *Flore tempérée*, au Sud, rappelant la flore méditerranéenne, avec forêt d'Araucarias, d'Eucalyptus géants et arbustes toujours verts.
Principales cultures : *Céréales* (blé, avoine, orge, seigle, maïs, sorgho). — *Plantes à sucre* (canne à sucre). — Vigne. — *Arbres fruitiers* des pays tempérés. — *Plantes oléagineuses* (olivier). — *Prairies artificielles*.

122. La confection d'un herbier.

Les promenades à la campagne sont plus charmantes quand on s'intéresse aux plantes, qu'on apprend à les connaître, à les grouper en collections dont l'ensemble est un herbier, permettant en toute saison d'étudier et de revoir chaque espèce.

Tous les organes d'une plante étant utiles pour sa détermination, il faut la cueillir entière, en y comprenant ses parties souterraines, exception faite évidemment pour les arbres, dont on cueillera de petites branches fleuries ou chargées de fruits. Pendant l'herborisation, les plantes sont mises dans une boîte spéciale. On détermine de suite les échantillons recueillis, à l'aide d'ouvrages nommés *Flores* ou *Herbiers*. On enlève la terre des racines ; on étend la plante sur une grande feuille de papier non collé, en lui donnant son aspect naturel : on étale les feuilles et on les maintient à l'aide de rondelles métalliques, on retourne quelques feuilles pour montrer leur face inférieure. Si la plante est trop longue, on en brise la tige en autant de brisures qu'en peut contenir le papier (*fig.* 337).

Une autre feuille non collée est ensuite posée sur la plante ; on enlève les rondelles et on place la plante dans un matelas formé par cinq ou six feuilles doubles du même papier. Ce paquet est recouvert d'une planche chargée de livres et laissé sous presse une nuit. Le lendemain, on arrange une dernière fois et on remet sous presse dans de nouveau papier et ainsi de suite pendant quatre ou cinq jours.

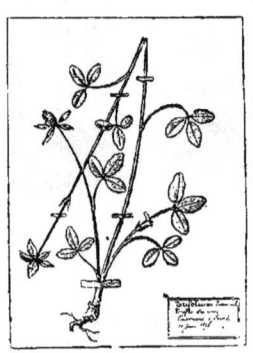

Fig. 337. — Page d'herbier.

On fixe alors chaque plante dans une feuille de papier double assez fort, à l'aide de bandes de papier gommé. Une étiquette indique le nom de l'espèce, la date, le lieu et les circonstances intéressantes de sa découverte. A mesure, on range ces feuilles mobiles dans l'ordre indiqué par la classification.

Il faut conserver l'herbier dans le tiroir d'un meuble placé dans une pièce non humide et mettre de la naphtaline en poudre qu'on renouvelle de temps à autre ; sans cette précaution, les insectes attaquent rapidement les plantes.

Pour réaliser un herbier d'Algues marines, un couteau, un crochet au bout d'une canne, un seau contenant un peu d'eau de mer forment l'outillage. Les Algues doivent être préparées le plus tôt possible. On les lave à l'eau de mer et on enlève le sable avec précaution. L'échantillon nettoyé est mis dans un plat contenant de l'eau de mer ; on glisse au-dessous une feuille de bristol et, avec un pinceau, on étale les rameaux de manière à leur laisser leur physionomie naturelle. On soulève len-

Fig. 338. — Préparation des Algues.

tement le bristol et on l'enlève du plat pour poser le tout sur une vitre inclinée ou sur une planchette qu'on laisse égoutter (*fig.* 338). Une heure après, on recouvre de papier huilé la feuille de bristol et on la place entre les feuilles de papier buvard qui sont soumises ensuite à une forte pression, comme il a été indiqué plus haut. Le lendemain on enlève les poids ; l'Algue fait corps avec le bristol grâce à la gélose qu'elle contient.

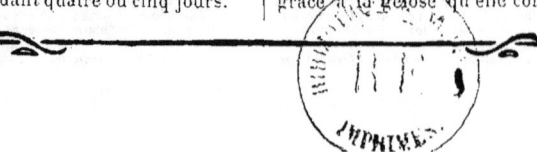

INDEX ALPHABÉTIQUE ET ÉTYMOLOGIQUE

DES TERMES BOTANIQUES ET NOMS CITÉS DANS LE VOLUME.

Tous les chiffres renvoient aux *paragraphes*: les chiffres en caractères gras (**47**) indiquent les paragraphes où les termes botaniques sont *définis*.

A

Abaca (fibres d'un Bananier, le *Musa textilis*), 81, 121.
Abiétinées (lat. *abies, abietis*, Sapin), 94, 95.
Abricotier (arabe *albirkouk*, abricot), 30, 34.
Absinthe (gr. *apsinthion*, herbe amère), 60.
Acacia (lat. *acacia*, gr. *akakia*, de *aké*, pointe : beaucoup sont épineux), 27, **28**; blanc, 25; jaune, 27.
Acérinées (du lat. *acer*, Érable), 23.
Aconit (gr. *akoniton*; de *akoné*, pierre à aiguiser : croît dans les lieux pierreux), **10**, 11.
Agaricinées (du gr. *agarikon*, agaric), **113**.
Agave (gr. *agauos*, magnifique), 70, 119.
Ail (lat. *allium*, même sens), 76, 78
Ajonc (*Ulex Europæus*), 25, 27.
Alfa (nom arabe: *Stipa tenacissima*), 92, 121.
Algues, 2, 107, **108** à **111**, 122; bleues, 108, **111**, brunes, 108, **110**; rouges, 108, **111**; vertes, 108, **110**.
Alisier (*Sorbus torminalis*), 34.
Aloès (lat. *aloe*, gr. *aloé*; *Aloe vulgaris*), 76, 78.
Alysson (gr. *alusson* : *a* privatif; *lussa*, rage), 17.
Amandier (*Amygdalus communis*), 30, 34.
Amanite (de *Amanus*, montagne où ces champignons abondaient), **114**.
Amaryllidées (du gr. *amarussô*, je brille), 79
Amentacées (du lat. *amentum*, chaton), 63, **68** à **73**.
Ampélidées (du gr. *ampelos*, Vigne), 23.
Ananas (*Ananassa sativa*), 81, 121.
Ancolie (*Aquilegia vulgaris*: du lat. *aquila*, aigle : pétales en serres d'aigle), 10, 11.
Anémone (du gr. *anemos*, vent; on croyait que l'Anémone s'épanouissait au souffle du vent), 9, 11.
Angélique (trad. *ange* : à cause de prétendues vertus médicinales), 37.
Angiospermes (gr. *aggeion*, petit vase; *sperma*, semence), 5, **6** à **92**
Anis vert, gr. *anison*. *Pimpinella anisum*. L'anis étoilé provient d'une plante de Chine, 37, 60.
Anthéridie (du gr. *anthéros*, fleuri; *eidos*, forme), **100**, 105, 110.
Anthérozoïde, du gr. *anthéros*, fleuri; *zôon*, animal; et *eidos*, forme, **100**, 105, 110.
Apétales gr. *a* privatif; *petalon*, pétale), 7, 63 à 73.
Arabette, 17.
Arachide (*Arachis hypogea*; gr. *hupô*, sous; *gé*, terre : son fruit s'enfonce sous terre et y mûrit), 27, 121.

Araucaria (de *Araucanie*, partie du Chili où croissent certaines espèces), 121.
Arbre à lait (*Brosimum galactodendron* : gr. *brósimos*, comestible; *gala*, lait; *dendron*, arbre), 66; à ivoire (*Phytelephas macrocarpa* : gr. *phuton*, plante, et *elephas*, ivoire; *makros*, grand, et *karpos*, fruit), 87; à pain *Artocarpus incisa*: gr. *artos*, pain, et *karpos*, fruit, 66, 121; -bouteille, 121; de Judée, 28; du voyageur, 81.
Archégone gr. *arché*, principe; *gonos*, rejeton), **100**, 105.
Arec *Areca catechu*, Palmier cachou, 121.
Armoise de *Artemis*, nom gr. de Diane *Artemisia vulgaris*), 60.
Arnica gr. *ptarmikos*, qui fait éternuer, 60.
Artichaut (*Cynara scolymus*), 58.
Asperge gr. *asparagos*, jeune tige), 77, 78.
Asque gr. *askos*, outre, **115**.
Astragale gr. *astragalos*, vertèbre : rhizome à nœuds en vertèbres, 26, 27.
Aubépine lat. *albus*, blanc; *spina*, épine), 33, 34.
Aubergine *Solanum melongena*), 41, 43.
Aune *Alnus glutinosa*, Verne, **71**
Avoine *Avena sativa*), 88, 89, 90, 121.

B

Bactériacées gr. *baktérion*, petit bâton), **111**.
Baguenaudier *Colutea arborescens*, 26.
Bambou, mot malais. *Bambusa arundinacea*, 89, 92
Bananier *Musa sapientium*, 81, 118, 121.
Baobab, nom signifiant *arbre de mille ans*, 20, 121.
Bardane italien *bardu*, couverture : feuilles larges; *Lappa communis*, 57.
Baside, du gr. *basis*, base, **113**.
Basilic *Ocimum basilicum* : du gr. *ozein*, avoir une odeur, et *basilikos*, royal, 50.
Baume du Pérou *Myroxylon peruiferum*; gr. *muron*, parfum; *xulon*, bois; de Tolu *M. toluiferum* : Tolu, ville de Colombie), 27.
Belladone ital. *bella*, belle; *donna*, dame. *Atropa belladona*, gr. *Atropos*, l'une des Parques : propriétés vénéneuses), 41, 43.
Betterave de *bette*, et *rave*; *Beta communis*, 67, 120, 121.
Bétulinées (du lat. *betula*, Bouleau), 68, **71**.

Bigarreautier (de *bigarreau*, cerise *bigarrée*, rouge et blanche), 34.
Blé du bas latin *bladum* ; *Triticum sativum*; lat. *tritus*, broyé : graine réduite en farine), 88, **89**, 90, 120, 121.
Bleuet ou Bluet (dimin. de *bleu*), 18, 56, **57**, 58.
Bois du Brésil, 28; **de Campêche**, 28.
Bombax mot lat. signifiant *Cotonnier*), 21.
Borraginées (du bas lat. *borrago*, Bourrache), **47**, 48.
Bouillon blanc (feuilles cotonneuses. Molène), 46.
Bouleau (*Betula alba*), 68, **71**, 121.
Bourrache (de l'arabe *abou rach*, père de la sueur . **47**.
Brachychiton, 121.
Brize (gr. *briza*, sorte de céréale), 91.
Brugnon (corruption du lat. *prunum*, prune), 34.
Bugle (lat. *bugula*. même sens. *Ajuga reptans*). 49.
Buis (*Buxus sempervirens*; gr. *puxos*, gobelet : forme du fruit), 67.

C

Cacaoyer (*Theobroma cacao*; gr. *theos*, dieu, et *broma*, aliment : nourriture des dieux; *cacao*, mot caraïbe désignant la graine), 22, 121.
Cachou (contraction du nom indien *catechu*), 28.
Cactées (du gr. *kaktos*, plante épineuse), 119, 121.
Caféier (de *kuebwa*, son nom arabe. *Coffea arabica*), **54, 55**, 121.
Caméline (gr. *chamai*, en bas; *linon*, Lin: petit Lin : graines oléagineuses comme celles du Lin), 16, 17.
Camomille (gr. *chamai*, en bas ; *mélon*, pomme : odeur de pomme d'une des espèces), 60.
Camphre (bas lat. *camphora*). 121.
Canne à sucre (*Saccharum officinarum* ; lat. *saccharum*, gr. *saccharon*, sucre), **89, 92**, 121.
Cannelier (rad. *canne* : de la forme des écorces), 121.
Caoutchouc (indien *caluchu*, suc d'arbre), 65, 66, 67, 121.
Capillaire (du lat. *capillus*, cheveu; nom de plusieurs fougères à pétiole mince), 101.
Capselle bourse à pasteur (dimin. du lat. *capsa*, boîte : mode d'ouverture du fruit), **16**.
Cardon (lat. *carduus*, Chardon. *Cynara cardunculus*. 58.
Carotte (*Daucus carota*; lat. *daucus*, espèce de carotte), 35, **36**, 37, 121.
Caroubier (de l'arabe *kharrouba*, caroube), **28**.
Caryophyllées (gr. *karuon*, noix; *phullon*, feuille : tige renflée aux nœuds), **18**.
Caryopse (gr. *karuon*, noix; *opsis*, aspect . **88**.
Casse (gr. *kassia*, cannelle; *Cassia fistula*), **28**.
Cassis (*Ribes nigrum*), 38.
Casuarina (du malais *kasouari*, casoar : les feuilles ressemblent aux plumes du casoar), 121.
Cèdre (gr. *kedros*, lat. *cedrus*), 95.
Céleri (altérat. de l'italien *selleri* pour *seleni*; du lat. *selinum*, Persil. *Apium graveolens*), 37.
Cèpe (du lat. *cippus*, tronc d'arbre), **113**.
Céréales (de *Cérès*, déesse des moissons). 90, 91, 92, 121.
Cerfeuil (lat. *cærefolium*, même sens), 36.

Cerisier (*Cesarus vulgaris*), 30, 34.
Céroxyle (gr. *kéros*, cire ; *xulon*, bois), 121.
Cétérach de l'arabe *chétrak*, même sens), 101.
Chamærops (gr. *chamai*, à terre; *opsis*, aspect ; *Chamærops humulis*, Palmier nain), **87**.
Champignon de couche (*Psalliota campestris*; gr. *psalion*, anneau), 107, **113**.
Champignons (du bas latin *campinio*, qui vit dans les champs), 2, 99, 107, **112** à **116**, 117.
Chanterelle (gr. *kantharos*, coupe : forme du chapeau . 114.
Chanvre (*Cannabis sativa*), 45, **65, 66**, 121.
Charbon des céréales (l'épi devient noir), **116**.
Chardons (du lat. *carduus*, nom de nombreuses espèces épineuses, Composées surtout), **36, 57**.
Charme (*Carpinus betulus*), **69, 70**.
Châtaignier (*Castanea vulgaris* . 69, 90, 121.
Chélidoine (gr. *chelidôn*, hirondelle : cet oiseau, disait-on, se servait du suc de la plante pour éclaircir la vue à ses petits. *Chelidonium majus*), 12, **13**.
Chêne du bas lat. *caxanum*), 68, **69, 70**, 121.
Chénopodées (du gr. *chên*, *chenos*, oie; et *pous*, *podos*, pied : feuilles en patte d'oie), 67.
Chicorée (ital. *cicorea*. *Cichorium intibus*), **61, 62**.
China-grass (angl. *grass*, herbe : herbe de Chine), 66.
Chou (du lat. *caulis*. même sens. *Brassica oleracea*, Chou potager), 3, **16**, 17.
Chrysanthème (du gr. *chrusos*, or; *anthemon*, fleur . 3, **60**.
Ciboule (lat. *cæpulla*, dim. de *cæpa*, oignon. *Allium fistulosum*), 78.
Cierge (lat. *cereus*. Famille des Cactées), 121.
Ciguë (lat. *cicuta*: nom de plusieurs ombellifères vénéneuses . **36**.
Cinéraire du lat. *cineris*, cendre : couleur du dessous des feuilles), 60.
Citronnier (*Citrus limonium*), 23.
Citrouille (ital. *citruolo*. *Cucurbita pepo*), 28.
Cladonie (gr. *klados*, rameau), 117.
Clématite (gr. *klêma*, sarment), **9, 11**.
Cochléaria (du lat. *cochlear*, cuiller : forme des feuilles , **17**.
Cocotier (*coco*, nom portugais: *Cocos nucifera* . 86, **87**, 121.
Cognassier (du lat. *cotoneus*, coing. *Cydonia vulgaris*; gr. *kudônion*; coing), 33, **34**.
Coiffe (bas lat. *cofea*, de l'allem. *kopf*, tête), 105.
Colchique (proprement, plante de *Colchide*, patrie de plusieurs espèces), **76**.
Coloquinte, 38.
Colza hollandais *kool*, chou ; *zaad*, semence. *Brassica napus*, variété *oleifera*), **16**, 17, 121.
Composées, **56** à **62**.
Concombre (*Cucumis sativus*), 38.
Conferve du lat. *confervere*, souder : prétendue propriété de cicatriser les plaies , 109, **110**.
Conifères lat. *conus*, *coni*, cône, et *fero*, je porte). 93, **94** à **97**.
Convolvulacées (du lat. *convolvulus*, Liseron). **44**.

INDEX ALPHABÉTIQUE

Coquelicot (rad. *coq* : fleur rouge comme la crête d'un coq. *Papaver rhœas*), 12, **13**, 14, 18.
Coralline (du lat. *corallium*, corail, **111**.
Coriandre (gr. *koris*, punaise : odeur de la plante, 37.
Cormier (*Sorbus domestica*), 34.
Corrète (*Corchorus capsularis*), 22.
Cotonnier (arabe *qothon*. *Gossypium herbaceum*; lat. *gossypium*, Cotonnier), **20**, **21**, 121.
Coudrier (lat. *corylus*, même sens. *Corylus avellana*). **69, 70**.
Cresson (ancien haut allem. *chresso*, même sens, **17**.
Crithme (gr. *krêthmon*, Fenouil de mer: vulgairement Christe-marine; *Crithmum maritimum*, 36.
Crocus (gr. *krokos*, Safran), 80.
Crosnes (du village de S.-et-O. où fut d'abord semée la plante. *Stachys tubifera*), 50.
Crucifères (lat. *crux, crucis*, croix: *fero*, je porte : pétales étalés en croix), 12, **15, 16, 17**, 30.
Cryptogames (du gr. *kruptos*, caché: *gamos*, union, 2, 98 à **117**; cellulaires, 2, 104 à **117**; à racines, ou vasculaires du lat. *vasculum*, vaisseau . 2, 98 à 103.
Cucurbitacées (du lat. *cucurbita*, courge), 38.
Cultures : de France, **120**; des différentes parties du monde, **121**.
Cupressinées (du lat. *cupressus*, Cyprès), 94, **96**.
Cupulifères (du lat. *cupula*, petite coupe; *fero*, je porte), 68, **69, 70**.
Cuscute (gr. *kasutas*, même sens), **44**, 45.
Cycadées (genre principal : *Cycas*), 93.
Cyclamon (gr. *kuklos*, cercle : tubercules arrondis), 51.
Cynorrhodon (gr. *kuôn, kunos*, chien; *rhodon*, rose), 32.
Cyprès (*Cupressus sempervirens*). 94, **96**, 97.
Cypripède (*Cypripedium calceolus*. Sabot de Cypris), 83.
Cytise faux ébénier (*Cytisus laburnum*), 27.

D, E

Dactyle (du gr. *daktulos*, doigt : forme de l'épi, 91.
Dahlia (de *Dahl*, botaniste suédois), 60.
Dattier (*Phœnix dactylifera*), **86, 87**, 118, 121.
Datura (de l'arabe *tatorha*. *Datura stramonium*), 42.
Dauphinelle (*Delphinium consolida*; du lat. *delphinus*, dauphin : éperon en queue de dauphin , **10, 11**.
Déserts (Flore des), **121**.
Dialypétales (du gr. *dialuein*, séparer, et *petalon*, 7, **8** à **38, 39**.
Diatomées (du gr. *dia*, à travers: *tomé*, section), **110**
Dicotylédones (du gr. *dis*, deux, et *kotulédon*, cavité), 6, 7, **8** à **73**.
Digitale (lat. *digitale*, dé à coudre), **45, 46**.
Douce-amère (*Solanum dulcamara* : saveur douce, puis amère), 41.
Doum (mot arabe: *Hyphæne crinita*), 121.
Dragonnier (*Dracæna draco*; gr. *drakaina*, dragon), 77.
Échalote (*Allium Ascalonicum*. Ail d'Ascalon, ville d'où elle fut rapportée par les croisés), 76, 78.

Edelweiss (allemand *edel*, noble; *weiss*, blanc : plante d'une blancheur noble, distinguée), **59**.
Églantier (anc. français *aiglant*; du lat. pop. *aquilentum*, de *acus*, aiguille. *Rosa canina*, Rosier de chien : sa racine passait pour guérir la rage), **32**, 34.
Eleis (du gr. *elaion*, huile; *E. Guineensis*), **87**, 121.
Ellébore (*E. fétide; E. noir*, etc.), **10, 11**.
Élyme (*Elymus arenarius*), 91.
Épicéa (corrupt. du lat. *picea*. *Picea excelsa*), **95**.
Épinard (de l'espagn. *espinaca*), 67.
Épiphytes (Plantes [du gr. *epi*, sur; *phuton*, plante], 82, 84, **118**.
Équisétacées (du lat. *equus*, cheval: *seta*, crin : forme des tiges stériles, 98, **102**.
Érable (du lat. *acer*, Érable, et *arbor*, arbre), 23.
Ériodendron (gr. *erion*, laine; *dendron*, arbre, 21.
Estragon (lat. *dracunculus*. *Artemisia dracunculus*), 60.
Eucalyptus (gr. *eu*, bien; *kaluptos*, couvert : disposition de la corolle), 121.
Eupatoire (de *Eupator*, nom propre), 58.
Euphorbiacées (du gr. *euphorbion*, herbe grasse), 67.

F, G

Fausse oronge (*Amanita muscaria*), **114**.
Fenouil (*Anethum fœniculum*; du gr. *anison*, anis, 36, 37, 60.
Fermentation (lat. *fermentare*, bouillir), **111**.
Fétuque (lat. *festuca*, fétu, brin de paille), 91.
Fève (*Faba vulgaris*), **25**, 27.
Févier rad. *fève*, à cause de la grande gousse. *Gleditschia triacanthos: Gleditsch*, botan. allemand; gr. *treis*, trois: *akanthos*, épine), 28.
Figuier (F. ordinaire. *Ficus carica*; F. des pagodes, *F. religiosa*; F. banian, *F. indica*; Caoutchouc, *F. elastica*, etc., 118, 121.
Fléole ou **Phléole** *Phleum pratense*, 91.
Flouve *Anthoxanthum odoratum*; gr. *anthos*, fleur, et *xanthos*, jaune, 91.
Fougères, 2, 98, 99 à **101**, 103, 105, 118: à l'aigle *Pteris aquilina*; lat. *pteris*, fougère), **101**; mâle (*Aspidium filix mas*; gr. *aspis*, bouclier), 103.
Fragariées du lat. *fragaria*. Fraisier, 34.
Fraisier rad. *fraise*; du lat. pop. *frasea*, tiré de *frasum*, pour *fragum*), 29, **31**, 34.
Framboisier rad. *framboise*, de l'anc. allem. *brambese*, mûre sauvage. *Rubus Idæus*; lat. *ruber*, rouge, couleur du fruit), **31**, 34.
Frêne *Fraxinus excelsior*, 52.
Fritillaire du lat. *fritillus*, cornet à jouer aux dés : forme des fleurs), 78.
Fromager bois blanc et tendre, comparable à du fromage), 21.
Fucus gr. *phukos*, algue). 109, **110**.
Funaire (du lat. *funale*, flambeau : nombreux pédicelles dressés comme des cierges , **106**.
Gaillet (gr. *gala*, lait : passait pour faire cailler le lait , **53, 54**.

Gamopétales (du gr. *gamos*, union, et *petalon*), 7, 39 à 62.
Garance (*Rubia tinctorum*; lat. *ruber*, rouge), 53, 55.
Genêt (G. à balais, *Sarothamnus scoparius*; gr. *saros*, balai, et *thamnos*, buisson. Genêt d'Espagne, *Spartium junceum*), 25, 27.
Genévrier (*Juniperus communis*), 96, 97.
Gentiane (lat. *gentiana*), 133.
Géranium (du gr. *geranos*, grue : forme du fruit), 19.
Gesse (G. odorante, *Lathyrus odoratus*; gr. *lathuros*, sorte de pois chiche), 25, 27.
Gingko nom japonais, 96.
Giroflée (rad. *girofle*; de l'odeur des fleurs, *Cheiranthus cheiri*: gr. *cheir*, main, et *anthos*, fleur : fleur pour la main, bouquet), 16, 17.
Giroflier bouton floral : clou de girofle . 121.
Glaïeul *Gladiolus communis*; lat. *gladiolus*, petite épée : forme des feuilles), 80.
Gléchome faux lierre Lierre terrestre), 49.
Glycine *Wistaria sinensis*), 27.
Graminées du lat. *gramen*, *graminis*. gazon . 88 à 92.
Groseillier (rad. *groseille*; allem. mod. *grosselbeere*, de l'anc. allem. *kraus*, crêpé, et *bere*, baie. 38.
Grossulariées du lat. *grossularia*, Groseillier , 38.
Guignier variété du Cerisier des oiseaux, ou *Cerasus avium*. 34.
Guimauve (lat. *bismalva*, même sens. *Althæa officinalis*; gr. *althaia*, Mauve). 20, 21.
Gymnosperme (gr. *gumnos*, nu: *sperma* semence . 5, 93 à 97
Gynérie (gr. *guné*, femelle, pistil; *erion*, laine . pistil plumeux), 91. 121.

H, I, J, K

Haricot *Phaseolus vulgaris* , 25, 27.
Hélianthe (gr. *hélios*, soleil; *anthos*. fleur . 59, 60.
Héliotrope gr. *hélios*, soleil; *trepein*, tourner , 47.
Hespéridées (des îles Hespérides, patrie des orangers), 23.
Hêtre (holland. *heester*, même sens. *Fagus silvatica*), 69, 70, 121.
Hévéa du brésilien *hévé*, 67, 121.
Houblon *Humulus lupulus*), 65, 66, 121.
Humus matière brune qui se forme dans le sol par la décomposition des feuilles, du bois , 83, 112.
Hypnum gr. *hupnon*, mousse . 106.
If (breton *ivin*. *Taxus baccata*), 94, 96, 97.
Immortelles Composées dont l'involucre ne change pas avec le temps . 60.
Indigotier du lat. *indicus*, de l'Inde), 27, 121.
Ipécacuanha (mot d'origine brésilienne), 55.
Iriartée de *Iriarte*, nom propre), 121.
Iridées (rad. *iris*), 80.
Iris gr. *iris*, arc-en-ciel : couleur variée des fleurs . 80.
Ivraie (lat. *ebrieca*, ivre : graines enivrantes), 91.
Jacinthe (*Hyacinthe*, personnage mytholog.), 76, 78
Jacquier, 66, 121.
Jasmin (arabe *yasemin*), 52.
Joubarbe (lat. *Jovis barba*, barbe de Jupiter), *fig.* 1.

Juglandées (lat. *juglans*, Noyer), 68, 72.
Jusquiame (*Hyoscyamus niger*; gr. *huos*. porc, et *kuamos*, fève : fruit pour les porcs). 42.
Julienne (de *Julien*), 17.
Jute (mot angl. Fibres de la Corrête), 22.
Kingia Monocotylédone, voisine des Joncs). 121.
Kolatier (rad. *Kola*, nom de la noix d'une espèce), 121. 144.

L

Labelle (lat. *labellum*, petite lèvre). 82.
Labiées du lat. *labium*, lèvre), 48 à 50.
Laitue (rad. *lait*. *Lactuca scariola* . 61 à 62.
Lamier gr. *lamia*, lamie, monstre marin : corolle à gueule de lamie), 48, 49.
Laminaire du lat. *lamina*, lame), 110.
Laurier-cerisier, 30, 34.
Lavande ital. *lavanda*, action de laver : elle fournit une eau de senteur pour la toilette . 50.
Légumineuses, 24 à 28, 118.
Lentille (lat. *lenticula*, même sens), 27.
Leucanthème gr. *leukos*, blanc: *anthemon*, fleur), 59.
Levures (rad. *lever*, au sens de fermenter), 115.
Lianes (rad. *lier*; nom général de toutes les tiges sarmenteuses, grêles, grimpantes), 86, 118.
Lichens gr. *leichèn* , 2. 107. 117.
Lichen d'Islande (Cétraire d'Islande), 117; des rennes Cladonie des rennes), 117.
Ligule lat. *lingula*, petite langue . 56, 59, 61.
Liguliflores de *ligule*, et lat. *flos*, *floris*, fleur . 56, 61, 62.
Lilas esp. *lilac*. *Syringa vulgaris*; gr. *syrinx*, tuyau : forme de la corolle . 52.
Liliacées du lat. *lilium*, Lis . 74 à 78.
Lin gr. *linon*; lat. *linum*. *Linum usitatissimum* . 19, 121.
Linaire feuilles rappelant celles du Lin . 45.
Lis lat. *lilium* . 76, 78.
Liseron dimin. de *lis*. *Convolvulus arvensis*: lat. *volvo*, je roule : *cum*. avec . plante qui s'enroule . 44.
Lunaire du lat. *luna*, lune : forme du fruit), 17.
Luzerne *Medicago sativa*; rad. *Médie* : pays d'origine . 25, 26, 27, 44.
Lychnis du gr. *luchnos*, lampe : forme du fruit , 18.
Lycoperdon Vesse-de-loup . 113
Lycopodiacées du gr. *lukos*, loup: *podion*, petit pied. 98. 102.

M

Macrocyste gr. *makros*, grand; *kustis*, vessie : grands flotteurs renflés en vessie . 110
Maïs (espagn. *maiz*), 89, 90, 121.
Malvacées du lat. *malva*, Mauve). 20, 21.
Mandarinier rad. *mandarine*, sorte d'orange . 23.
Manioc (*Manihot utilissima* , 67, 121.
Manne (gr. *manna*; nom donné à un lichen et à des matières sucrées retirées du Frêne . 52.
Marguerite (petite Marguerite ou Pâquerette; grande Marguerite ou Leucanthème , 59.

INDEX ALPHABÉTIQUE

Marjolaine, bas lat. *majorana*. Origan . 49.
Mauve, lat. *malva*, 20, 21.
Mélampyre, Blé de vache : du gr. *melas*, noir : *puros*, blé . 45.
Mélèze, *Larix Europæa* . 95, 97.
Mélisse, gr. *melissa*, abeille : plante mellifère , 50, 60.
Melon, *Cucumis melo*. 38.
Menthe, lat. *mentha*; gr. *mintha*. 49, 50.
Merisier, variété du *Cerisier des oiseaux* . 30.
Microbes, gr. *mikros*, petit: *bios*, vie , 111.
Mildiou, anglais *mildew*, nielle, tache . 23. 116.
Millet, nom donné à plusieurs Graminées . 121.
Mimosa, du lat. *mimus*, gr. *mimos*, imitateur : de *mimeomai*, j'imite. *M. pudica*. Sensitive . 28.
Moisissure, rad. *moisir*; du lat. *mucire*, même sens . 112. 116; blanche *Mucor mucedo* . 116.
Molène·*Verbascum thapsus*. Bouillon blanc . 46.
Monocotylédones, du gr. *monos*, un, et *kotulédon*, cavité . 6. 74 à 92.
Morelle, nom vulgaire du genre Solanum . 41, 43.
Morille, anc. haut allem. *morhila*, de *mohr*, noir . 115.
Mouron des oiseaux, 18, 51 ; rouge, 51.
Mousses, lat. *muscus* . 2. 104 à 106.
Moutarde blanche *Sinapis alba;* gr. *sinapi*, moutarde . 17; noire *Brassica nigra* . 16, 17.
Muflier, rad. *mufle* : forme de la corolle . 45, 46.
Muguet, *Convallaria maialis*; lat. *convallis*, vallée. et *maius*, mai . 77, 78.
Mûrier, rad. *mûre*; lat. *morum*. 31. 65, 66, 120.
Mûrier à papier, *Broussonetia papyrifera* . 121.
Muscadier, rad. *musc* . 121.
Muscinées, du lat. *muscus*, mousse . 2. 104 à 106.
Mycélium, du gr. *mukès*, champignon . 112, 113.
Myosotis, gr. *mus*, *muos*, souris, et *ous*, *otos*, oreille : forme des feuilles . 47.

N, O

Narcisse, nom d'un personnage mythologique . 79.
Navet, lat. *napus*; *Brassica napus* . 16, 17.
Navette, variété de navet, à gr. oléagineuses . 16. 17.
Néflier, *Mespilus Germanica*; gr. *mesos*, moitié : *pilos*, boule : forme du fruit . 33, 34.
Néottie, nid d'oiseau, gr. *neottia*, nid : forme des racines . 83.
Nielle, *Lychnis githago* . 18.
Noisetier, rad. *noisette*, dimin. de *noix* . 69, 70.
Noyer, lat. pop. *nucatium*; classiq. *nux*, noix. *Juglans regia* . 68, 72.
Œillet, rad. *œil*. *Danthus caryophyllus*: gr. *dia*, au-dessus de tout, et *anthos*, fleur . 3. 18.
Œillet d'Inde *Tagetes patula* . 60.
Œillette, ital. *olietta*, petite huile . 14, 121.
Œuf, 100, 105. 109. 112.
Oïdium (dimin. du gr. *ôon*, œuf . 23. 116.
Oignon, lat. *unio*, même sens. *Allium cepa* . 76. 78.
Oléacées, du lat. *olea*, Olivier . 52.
Olivier, rad. *olive*, lat. *oliva*. *Olea Europæa* , 52, 120. 121.
Ombellifères, lat. *umbella*, ombelle, et *fero*, je porte . 35 à 37, 48.
Oosphère, gr. *ôon*, œuf : *sphaira*, boule . 100, 105. 109.
Ophrys, gr. *ophrus*, sourcil : forme des sépales . 83.
Oranger *Citrus aurantium* . 23. 120. 121.
Orchidées, 82 à 84. 118.
Orchis, 83, 84.
Orge, lat. *hordeum*, même sens . 89, 90. 91. 121.
Orme, lat. *ulmus* . 65, 66.
Orobanche, gr. *orobos*, (Orobe, plante légumineuse; *agchein*, étrangler : plante parasite . 45.
Oronge, provençal *ouranjo*, orange : de sa couleur. *Amanita cæsarea* . 114.
Ortie, lat. *urtica*, même sens . 49. 64. 65, 66.
Oseille, lat. *oralis*. *Rumex acetosa*; lat. *rumex*, pique : forme des feuilles : *acetosa*, chose acide . 67.

P

Palétuviers, Nom de diverses plantes tropicales du bord des eaux, surtout le *Rhizophora mangle* ou Manglier noir: du gr. *rhiza*, racine : *phoros*, qui porte . 118.
Palmiers, 85 à 87, 118. 121: à cire *Céroxyle* . 87, 121: à huile *Eleis* . 87. 121: à ivoire, 87; doum, 121: nain, 87.
Panais, lat. *pastinaca* . 37.
Pandanus, du malais *pandang*. 118.
Papavéracées, lat. *papaver*. Pavot . 12, 13, 14.
Papilionacées, du lat. *papilio*, papillon . 24 à 27.
Pâquerette, de *Pâques*, époque de floraison . 56, 59.
Parmélie, 117.
Patate, espagn. *batata* . 44. 121.
Patchouli, de l'angl. *patch-leaf*; *patch*, nom indien de la plante, et *leaf*, feuille , 50.
Pâturin, rad. *pâture* . 91.
Paulownia, de Anna *Paulowna*, fille du tsar Paul Ier, 46.
Pavot, du lat. *papaver* . 12. 13, 14, 121.
Pêcher *Persica vulgaris* , 30, 34.
Pénicille, lat. *penicillum*, pinceau , 116.
Pensée, *Viola tricolor* . 19.
Perce-neige *Galanthus nivalis*; gr. *gala*, lait ; *anthos*, fleur : fleur blanche comme le lait , 79.
Persil *Pretroselinum sativum* . 36, 37.
Peuplier, du gr. *paipallein*, agiter : les feuilles s'agitent; lat. *populus* . 73.
Phanérogames, gr. *phaneros*, apparent : *gamos*, union . 2. 5 à 97, 99.
Phormium *P. tenax*. Lin de la Nouvelle-Zélande; gr. *phormos*, corbeille : usage des feuilles , 78.
Pied-d'alouette, forme de l'éperon , 10, 18.
Piment, lat. *pigmentum*, de *pingere*, peindre : fruit rouge écarlate . 43.
Pin, 94, 95, 97. 121.
Pissenlit, *Taraxacum dens leonis;* gr. *taraké*, trouble : *akos*, remède : calmant . 56. 61, 62.
Pivoine, lat. *Pæonia*, de *Pæon*, médecin grec, 11.
Plantes caractéristiques des régions du globe, 121.
Poireau *Allium porum* , 76, 78.

BOTANIQUE ÉLÉMENTAIRE

Poirier (*Pirus communis*), 33, 34, 121.
Pois (*Pisum sativum*), 24, 25, 27.
Poivrier (du lat. *piper*, poivre; *Piper nigrum*), 121.
Polygonées (du gr. *polus*, beaucoup; *gonu*, nœud : tige noueuse), 67.
Polypode (gr. *polus*, beaucoup; *pous*, *podos*, pied : nombreuses racines), 101.
Polypore (gr. *polus*, beaucoup; *poros*, orifice), 113.
Polytric (gr. *polus*, beaucoup; *thrix*, *trichos*, cheveu : capsule velue), 106.
Pomacées rad. *pomme*. Synonyme de *Pirées*, 33.
Pomme de terre *Solanum tuberosum*, 41, 43, 121.
Pommier rad. *pomme*; du lat. *pomum*, fruit. *Malus communis*, 29, 33, 34, 121.
Potentille dim. fr. du lat. *potens*, puissant : prétendues propriétés puissantes de la plante, 31.
Potiron *Cucurbita maxima*, 38.
Prêle P. des champs, *Equisetum arvense*, 98, 102.
Primevère lat. *primus*, premier; *ver*, printemps : l'une des premières fleurs du printemps, 4, 51.
Primulacées du lat. *primula*. Primevère, 51.
Prothalle lat. *pro*, en avant; *thallus*, rameau, 100.
Protocoque gr. *prôtos*, premier; *kokkos*, grain, 110.
Prunées (rad. *prune*), 29, 30.
Prunellier (Prunier épineux. *Prunus spinosa*), 30, 34.
Prunier (*Prunus domestica*), 29, 30, 34.
Pulmonaire (lat. *pulmo*, poumon : taches blanches des feuilles rappelant l'aspect du poumon), 47.
Pulsatille (*Anemone pulsatilla*), 9.
Pyrèthre (gr. *purethron*; de *pur*, feu, *aithô*, je brûle), 60.

Q, R

Quarantaine (ou Giroflée annuelle, *Cheiranthus annuus*), 17.
Quinquina (du péruvien *quina quina*), 54, 55, 121.
Radiées (du lat. *radius*, rayon : fleurs en rayons), 59, 60.
Radis (ital. *radicchio* ou *radice*, racine), 16, 17, 26.
Raifort (anc. franç. *rais*, racine, et *fort*), 17.
Ramie (*Bœhmeria nivea*), 66, 121.
Raphia (*R. ruffia*, de Madagascar), 87.
Rave (lat. *rapum*; *Brassica rapa*), 17.
Ravenala (nom madécasse), 84, 118, 121.
Ray-grass (angl. *ray*, rayon; *grass*, herbe), 91.
Réglisse (pour *requelice*, venu par transposition de *lequerice*; lat. *liquiritia*, altération du gr. *glukhurrhiza*, douce racine), 27.
Renonculacées (rad. *renoncule*), 8 à 11, 12, 29.
Renoncules (lat. *ranunculus*; de *rana*, grenouille : plantes amphibies), 9, 11.
Réséda (*resedare*, calmer), 19.
Rhubarbe (lat. *reubarbarum*, racine barbare, c'est-à-dire étrangère), 67.
Ricin 67, 121.
Riz (ital. *riso*, lat. *oryza*), 89, 90, 121.
Robinier (dédié au botaniste *Robin*), 25, 27.
Roccelle (dim. du lat. pop. *rocca*, roche), 117.

Romarin lat. du moyen âge *ros marinus*, rose de mer : abonde sur le littoral méditerranéen), 50.
Ronce *Rubus fruticosus*, 31, 34.
Rosacées du lat. *rosa*, rose, 29 à 34.
Roseau nom vulgaire de diverses Graminées du bord des eaux, 91.
Rosées du lat. *rosa*, rose), 32.
Rose trémière (ou Passe-rose), 21.
Rosier rad. *rose*, 3, 29, 32, 34.
Rotang ou **Rotin** (*rotan*, nom malais), 86, 87.
Rouille du blé de la couleur des épis attaqués, 116.
Rubiacées *rubia*, nom lat. de la Garance), 53 à 55.
Rue de muraille, 101.
Rutabaga mot d'or. suédoise; variété de navet), 16, 17.

S

Safran bas lat. *safranum*, du persan *zaafer*), 80.
Sagoutier du malais *sagou*), 87, 121.
Sainfoin *sain*, *foin*. *Onobrychis sativa*; gr. *onos*, âne; *bruchein*, braire : l'âne brait de plaisir devant ce fourrage), 26, 27, 45.
Salicinées du lat. *salix*, *icis*, Saule), 68, 73.
Salsifis ital. *sassefrica*, même sens), 61, 62.
Sapin lat. *sapinus*. *Abies pectinata*, Sapin argenté; lat. *abies*, *abietis*, Sapin), 95, 97.
Saponaire (lat. *sapo*, *saponis*, savon), 18.
Saprophytes (**Plantes**, [gr. *sapros*, pourri; *phuton*, plante : qui vit sur les plantes pourries), 83, 112.
Sargasses (du portug. *sargasso*), 110.
Sarrasin, 67, 121.
Sarriette (lat. *satureia*), 50.
Sauge (lat. *salvia*), 49, 50.
Saule (lat. *salix*), 68, 73.
Savanes, **Flore des** [esp. *savana*], 119.
Scarole ou **Escarole** ital. *scariola*: sorte de chicorée: se dit aussi d'une laitue), 62.
Sceau de Salomon rhizome à cicatrices rondes), 77.
Scolopendre (gr. *skolopendra*, mille-pieds; les spores parallèles rappellent les pattes d'un mille-pieds), 101.
Scorpiure (du gr. *skorpios*, scorpion, et *oura*, queue : gousse recourbée), 26.
Scorsonère (ital. *scorzonera*, écorce noire), 62.
Scrofulaire (du lat. *scrofula* : remède contre la scrofule), 45.
Scrofularinées (synonyme de *Personées*), 45, 46, 48.
Seigle (lat. *secale*), 89, 90, 121.
Selaginelle (du lat. *selago*, genre de plantes), 102.
Seneçon (du lat. *senex*, vieillard : aigrette blanche comme une chevelure de vieillard), 59.
Sensitive (rad. *sensitif*, du lat. *sensus*, sens), 28.
Séquoia, 96, 121.
Serpolet *Thymus serpyllum*), 50.
Sésame (herbe voisine des Scrofularinées), 121.
Silène (calice ventru comme le dieu Silène), 18.
Solanées du lat. *solari*, soulager : plantes calmantes), 40, 43, 48.
Sorbier (lat. *sorbus*), 33.
Sorgho (mot italien), 92, 121.
Souci lat. *solsequia*, qui suit le soleil), 59.

INDEX ALPHABÉTIQUE

Sphaigne (lat. *sphagnum*), **106**.
Sporange (gr. *spora*, semence; *aggeion*, petit vase), **100**, **102**, **105**.
Spore (gr. *spora*, semence), **100**, **105**, **107**, **115**.
Stachys (gr. *stachus*, épi : fleurs en épi. Épiaire), **49**, **50**.
Stellaire (lat. *stella*, étoile : fleur en étoile), **18**.

T, U, V, Z

Tabac espag. *tabaco*. *Nicotiana tabacum*, de Nicot, introducteur du tabac en France. **42**, **43**, **120**, **121**.
Tanaisie (*Tanacetum vulgare*). **59**.
Taxinées (lat. *taxus*. If), **94**, **96**.
Tempérées Flore des zones. **121**.
Thalle (gr. *thallos*, rameau), **2**, **107**, **112**.
Thallophytes du gr. *thallos*, rameau, et *phuton*, plante : plantes à thalle. **2**, **107 à 117**.
Thé chinois *té*. **22**, **121**.
Thuya du gr. *thuos*, parfum, encens : bois brûlé dans les sacrifices), **97**.
Thym (*Thymus vulgaris*), **30**.
Tilleul (lat. pop. *tiliolum*, du lat. *tilia*, même sens). **22**.
Tomate (*Lycopersicum esculentum* : gr. *lukos*, loup; *persikon*, pêche : pêche de loup). **43**.
Topinambour, **59**, **60**.
Tourteau (résidu des fruits ou graines dont on a extrait l'huile), **14**, **17**, **34**.
Trèfle lat. *trifolium*; gr. *triphullon*, trois feuilles : feuilles à trois folioles. **25**, **27**, **45**.
Tremble (*Populus tremula*; lat. pop. *tremulare*, trembler), **73**.
Tropicales Flore des zones, **118**.
Truffe lat. *tuber*, même sens), **115**.
Tubuliflores du lat. *tubulus*, petit tube, et *flos*, *floris*, fleur. **57**, **58**.
Tulipe turc *tolipend*, turban). **76**, **78**.
Tussilage *Tussilago farfara*; lat. *tussis*, toux: *ago*, je chasse : Pas d'âne : forme des feuilles, **59**.
Ulve, **110**.
Urticées (du lat. *urtica*. Ortie. **63**, **64 à 66**.
Usnée, **117**.
Vanillier espagn. *vainilla*, vanille; de *vaina*, gaine, **84**, **86**, **121**.
Varech de *wrak*, mot des langues du Nord signifiant débris, chose rejetée. **110**.
Véronique, **45**.
Vesce (lat. *vicia*), **25**, **27**.
Vigne lat. *vinea*. *Vitis vinifera*. **23**, **132**, **120**, **121**.
Vigne vierge *Cissus quinquefolia*, **23**.
Violette (*Viola odorata*, **4**, **19**.
Volubilis, **44**.
Vulpin du lat. *vulpes*, renard : épi en queue de renard. **91**.
Xanthorrhée, **121**.
Yeuse lat. *ilex*, même sens. Chêne vert. **69**.
Yucca (nom caraïbe de la plante). **76**, **78**.
Zinnia de Zinn, botaniste allem.), **60**.
Zoospore du gr. *zôon*, animal ; *spora*, semence. **109**.

TABLE DES MATIÈRES

		Pages.
I.	Principes généraux.	1
	Tableau-résumé des Caractères des Embranchements.	4
	Tableau-résumé de la Classification des Phanérogames.	4
II.	Dicotylédones dialypétales.	5
	Tableau-résumé des Renonculacées.	7
	Tableau-résumé des Papilionacées.	23
	Tableau pour reconnaître les Arbres fruitiers.	28
	Tableau-résumé des Rosacées.	29
	Tableau-résumé des Dicotylédones dialypétales.	33
III.	Dicotylédones gamopétales.	35
	Tableau-résumé des Solanées, Scrofularinées, Borraginées et Labiées.	41
	Tableau-résumé des Dicotylédones gamopétales.	50
IV.	Dicotylédones apétales.	51
	Tableau-résumé des Dicotylédones apétales.	60
	Tableau pour reconnaître les principaux Arbres.	61
V.	Monocotylédones.	62
	Tableau-résumé des Monocotylédones.	79
VI.	Gymnospermes.	80
	Tableau-résumé pour reconnaître les Conifères.	85
VII.	Cryptogames a racines.	86
VIII.	Muscinées.	89
IX.	Thallophytes.	91
	Tableau-résumé des Cryptogames.	96
	Lectures.	97
	Index alphabétique et étymologique.	105

CARTES EN COULEURS

Limites septentrionales de quelques Cultures en France, avec l'indication de leurs centres les plus importants. 100

Paris. — Imp. Larousse, 17, rue Montparnasse.

LIBRAIRIE LAROUSSE, 17, rue Montparnasse, PARIS

Envoi franco au reçu d'un mandat-poste.

TABLEAUX DE GÉOLOGIE

Par Aug. ROBIN, Correspondant du Muséum

Aide-mémoire des plus précieux pour l'étude de la géologie. Deux tableaux synoptiques en couleurs avec illustrations (*I. Les Formations sédimentaires. — II. Géologie de la région parisienne*). Chaque tableau, en feuille colombier (63 × 80) . . . **1 fr. 50**

HERBIER CLASSIQUE

Par F. FAIDEAU

50 plantes caractéristiques des principales familles analysées et décrites, avec reproductions photographiques. 140 pages, 162 gravures. Broché, **2 fr. 25** ; — relié toile. . . **3 francs**

PETIT LAROUSSE ILLUSTRÉ

Le meilleur et le plus complet des dictionnaires manuels, recommandé aux élèves des lycées, collèges, etc. 1 664 pages (format 13,5 × 20), 5 800 gravures, 130 tableaux encyclopédiques dont 4 en couleurs, 120 cartes dont 7 en coul. Relié toile, **5 francs**
En reliure souple pleine peau. . . . . **7 fr. 50**

(Ajouter 1 fr. pour frais d'envoi dans les localités non desservies par le ch. de fer et à l'étranger.)

MÉMENTO LAROUSSE

Condensant en un seul volume toutes les matières des programmes scolaires, très précieux pour les revisions et la préparation des examens. Nouvelle édition agrandie. 730 pages (format 13,5 × 20), 900 gravures, 82 cartes dont 50 en couleurs. Cartonné, **5 francs** ; — relié toile. . . . . . . **6 francs**

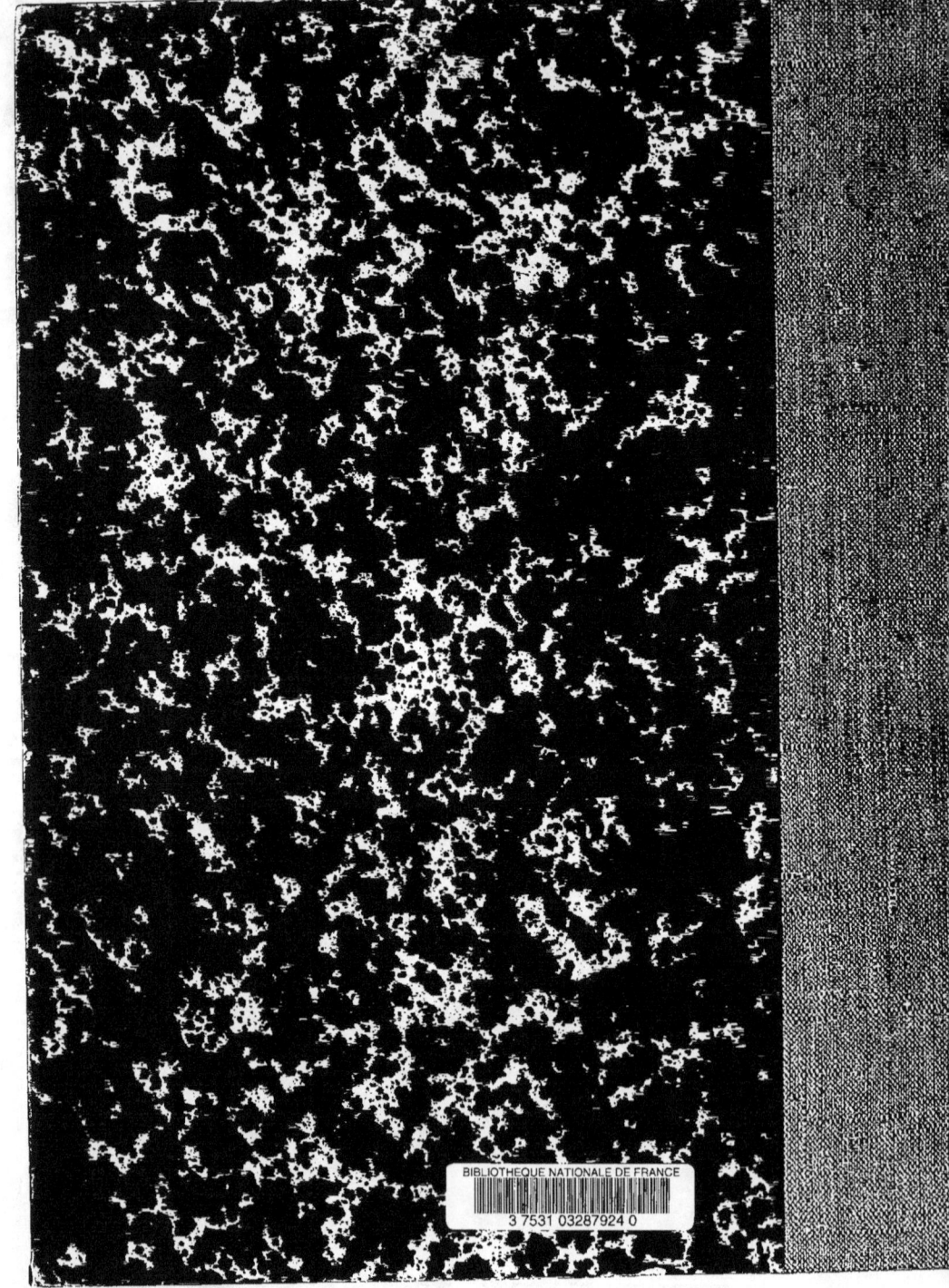

www.ingramcontent.com/pod-product-compliance
Lightning Source LLC
Chambersburg PA
CBHW051902160426
43198CB00012B/1712